U0158445

论似德并筑器件
致广大而尽精微

中国科学院院长 白春礼院士题

白春礼

戊戌 善月

中国科学院科学出版基金资助出版

低维材料与器件丛书

成会明　总主编

微纳机器人：从个体到集群

张　立　俞江帆　杨立冬　著

科学出版社

北　京

内 容 简 介

本书为"低维材料与器件丛书"之一。本书作者基于自身的研究工作，深入细致地介绍了微纳机器人的发展史、运动方式、自动控制等方面的内容，并对微纳机器人的未来应用进行了展望。全书共分十三章，以磁场驱动的微纳机器人为核心，从单个的微纳机器人到微纳机器人集群，涵盖了当前微纳机器人领域的热点问题与最新研究成果。

本书的目标读者是微纳机器人领域的研究人员，包括教师、博士和硕士研究生。具有一定机器人学基础的对微纳机器人感兴趣的大学生亦可从本书中受益。

图书在版编目（CIP）数据

微纳机器人：从个体到集群 / 张立，俞江帆，杨立冬著. —北京：科学出版社，2020.9

（低维材料与器件丛书 / 成会明总主编）

ISBN 978-7-03-065901-9

Ⅰ. ①微… Ⅱ. ①张… ②俞… ③杨… Ⅲ. ①纳米材料—机器人—研究 Ⅳ. ①TP242

中国版本图书馆 CIP 数据核字（2020）第 156556 号

责任编辑：翁靖一　侯亚薇 / 责任校对：杜子昂
责任印制：吴兆东 / 封面设计：耕者设计工作室

科 学 出 版 社 出版
北京东黄城根北街 16 号
邮政编码：100717
http://www.sciencep.com
北京建宏印刷有限公司 印刷
科学出版社发行　各地新华书店经销
＊
2020 年 9 月第 一 版　开本：720×1000　1/16
2024 年 1 月第四次印刷　印张：16 1/4
字数：300 000
定价：149.00 元
（如有印装质量问题，我社负责调换）

总　序

　　人类社会的发展水平，多以材料作为主要标志。在我国近年来颁发的《国家创新驱动发展战略纲要》、《国家中长期科学和技术发展规划纲要（2006—2020年）》、《"十三五"国家科技创新规划》和《中国制造2025》中，材料都是重点发展的领域之一。

　　随着科学技术的不断进步和发展，人们对信息、显示和传感等各类器件的要求越来越高，包括高性能化、小型化、多功能、智能化、节能环保，甚至自驱动、柔性可穿戴、健康全时监/检测等。这些要求对材料和器件提出了巨大的挑战，各种新材料、新器件应运而生。特别是自20世纪80年代以来，科学家们发现和制备出一系列低维材料（如零维的量子点、一维的纳米管和纳米线、二维的石墨烯和石墨炔等新材料），它们具有独特的结构和优异的性质，有望满足未来社会对材料和器件多功能化的要求，因而相关基础研究和应用技术的发展受到了全世界各国政府、学术界、工业界的高度重视。其中富勒烯和石墨烯这两种低维碳材料的发现者还分别获得了1996年诺贝尔化学奖和2010年诺贝尔物理学奖。由此可见，在新材料中，低维材料占据了非常重要的地位，是当前材料科学的研究前沿，也是材料科学、软物质科学、物理、化学、工程等领域的重要交叉，其覆盖面广，包含了很多基础科学问题和关键技术问题，尤其在结构上的多样性、加工上的多尺度性、应用上的广泛性等使该领域具有很强的生命力，其研究和应用前景极为广阔。

　　我国是富勒烯、量子点、碳纳米管、石墨烯、纳米线、二维原子晶体等低维材料研究、生产和应用开发的大国，科研工作者众多，每年在这些领域发表的学术论文和授权专利的数量已经位居世界第一，相关器件应用的研究与开发也方兴未艾。在这种大背景和环境下，及时总结并编撰出版一套高水平、全面、系统地反映低维材料与器件这一国际学科前沿领域的基础科学原理、最新研究进展及未来发展和应用趋势的系列学术著作，对于形成新的完整知识体系，推动我国低维材料与器件的发展，实现优秀科技成果的传承与传播，推动其在新能源、信息、光电、生命健康、环保、航空航天等战略新兴领域的应用开发具有划时代的意义。

　　为此，我接受科学出版社的邀请，组织活跃在科研第一线的三十多位优秀科学家积极撰写"低维材料与器件丛书"，内容涵盖了量子点、纳米管、纳米线、石墨烯、石墨炔、二维原子晶体、拓扑绝缘体等低维材料的结构、物性及其制备方法，并全面探讨了低维材料在信息、光电、传感、生物医用、健康、新能源、环境保护等领域的应用，具有学术水平高、系统性强、涵盖面广、时效性高和引领性强等特点。本套丛书的特色鲜明，不仅全面、系统地总结和归纳了国内外在低维材料与器件领域的优秀科研成果，展示了该领域研究的主流和发展趋势，而且反映了编著者在各自研究领域多年形成的大量原始创新研究成果，将有利于提升我国在这一前沿领域的学术水平和国际地位、创造战略新兴产业，并为我国产业升级、提升国家核心竞争力提供学科基础。同时，这套丛书的成功出版将使更多的年轻研究人员和研究生获取更为系统、更前沿的知识，有利于低维材料与器件领域青年人才的培养。

历经一年半的时间，这套"低维材料与器件丛书"即将问世。在此，我衷心感谢李玉良院士、谢毅院士、俞书宏教授、谢素原教授、张跃教授、康飞宇教授、张锦教授等诸位专家学者积极热心的参与，正是在大家认真负责、无私奉献、齐心协力下才顺利完成了丛书各分册的撰写工作。最后，也要感谢科学出版社各级领导和编辑，特别是翁靖一编辑，为这套丛书的策划和出版所做出的一切努力。

材料科学创造了众多奇迹，并仍然在创造奇迹。相比于常见的基础材料，低维材料是高新技术产业和先进制造业的基础。我衷心地希望更多的科学家、工程师、企业家、研究生投身于低维材料与器件的研究、开发及应用行列，共同推动人类科技文明的进步！

成会明

中国科学院院士，发展中国家科学院院士
清华大学，清华-伯克利深圳学院，低维材料与器件实验室主任
中国科学院金属研究所，沈阳材料科学国家研究中心先进炭材料研究部主任
Energy Storage Materials 主编
SCIENCE CHINA Materials 副主编

芥子纳须弥

微纳藏乾坤

庚子初至 徐扬生题

徐扬生
中国工程院院士
香港中文大学（深圳）校长

序

在 21 世纪的科学前沿中，微纳机器人无疑是最令人瞩目的研究领域之一。理查德·费曼先生在 1959 年提出微纳机器人的概念，一石激起千层浪，自此这一领域的创意不断涌现，研究成果层出不穷。人们惊讶于微纳机器人的飞速发展，同时也意识到这些可以小至纳米尺度的微型机器中蕴含着能够改变世界的能量，或许会在不久的将来给人们的生活带来巨大的变革。

《微纳机器人：从个体到集群》一书的作者在微纳机器人领域取得了十分优秀的研究成果，对于这一领域的研究与发展也有深入的认知与独到的见解。他们在书中为读者描绘了一幅关于微纳机器人的宏伟画卷：从微纳机器人的起源到发展现状再到未来应用，从运动原理到驱动方式再到方向控制，从个体到集群，从手动到自动……令读者仿佛置身于微观世界中与微纳机器人携手遨游。本书关于微纳机器人背景与原理的介绍全面详细，关于实验研究的介绍深入且细致，对其未来应用的展望富有想象力，对于从事微纳机器人研究的科研工作者来说具有重要的参考价值，对于初涉这一领域的学生或研究者来说有一定的引导作用，而对于不了解微纳机器人的读者来说也不失为一部科普佳作。

微纳机器人作为一个新兴的研究领域，正处于其发展的关键时期。过去数十年间取得的成果固然令人欣喜，而未来尚有许多谜团留待人们探索。希望该书能为微纳机器人领域的研究带来更多的新鲜血液，激发这些微型机器的无穷潜力，共同书写属于微纳机器人的未来。也祝愿各位读者能从该书获取解决问题的创造性思维，在学习或科研中更上一层楼。

沈祖尧

中国工程院院士

香港中文大学原校长

香港中文大学莫庆尧医学讲座教授

前　言

　　大至宇宙星辰，小至微粒尘埃，自然世界的奥秘总是吸引着人们去不断探索。在许多条件恶劣、人类难以生存的地方，机器人已经成为人类探索世界的有力工具。在地底、深海，甚至外太空，都能看到它们的身影。微观世界是一个人类双手难以触及的领域，"芥子纳须弥"，这里的一切与宏观世界一样精彩绝伦。而在这里，同样有一类机器人可以大展身手，它们便是本书的主角——微纳机器人。

　　什么是微纳机器人？顾名思义，可以简单地理解为小至微纳米尺度的机器人。人们对微纳机器人的概念或许并不陌生，在科幻作品中时常能看到它们出现。各位读者脑海中幻想的微纳机器人或许是这样的：它们小至肉眼难以分辨，有着精致的机械结构，能执行不同的任务。例如，像电影《奇妙旅程》（Fantastic Voyage）中的微型潜艇一样，微纳机器人能在人体复杂的血管网络中自由穿梭、处理病变组织；或如《复仇者联盟》所示，微纳机器人可以彼此相连，构成钢铁侠身上能自我修复的纳米战甲。这些关于微纳机器人的想象足以令人激动，但又似乎遥不可及，只是科幻作家笔下天马行空的幻想。

　　想象是人类创造力的源泉。实际上，在 20 世纪 50 年代末，科研人员就已经开始设计并尝试制造纳米尺度的机器人。1959 年，诺贝尔物理学奖获得者理查德·费曼在他的著名演讲《在底部大有可为》（There is Plenty of Room at the Bottom）中首次提出了微纳机器人的概念。自此，微纳机器人进入了人们的视野，越来越多的科学家投入到微纳机器人的研究之中，这一领域的研究成果如雨后春笋般不断涌现。时至今日，虽然关于微纳机器人的研究仍然停留在实验阶段，但全世界的研究人员正共同努力，让微纳机器人从实验室走入人们的日常生活中。

　　运动是生命之源，对于机器人来说也至关重要。常规的机器人可以利用多种动力源（如电池、燃料）进行运动，而对微纳机器人来说，运动却尤为不易。一方面，在微观世界，布朗运动的存在可能会使微纳机器人的运动难以精确控制。另一方面，在微纳米尺度的低雷诺数环境下，运动无法借助惯性进行，因而需要外界源源不断地为微纳机器人提供动力。而常规的动力源也难以装载在微纳机器人上，因此需要新的驱动方式（如化学能、电能、磁能、声能、光能、热能等）来为微纳机器人提供能量，这也是微纳机器人领域一直以来的研究热点。此外，微纳机器人运动方式的设计也尤为关键。在科学家们苦恼于如何设计出能在低雷诺数环境下运动的微纳机器人时，自然界中的微生物早已找到了它们的解决方法。

通过模仿这些微生物的身体结构与运动方式，研究人员制备出了各种类型的微纳机器人，通过外界提供的动力，这些个体微纳机器人可产生运动。

自然界为微纳机器人领域的研究者们带来的灵感远远不止于此。自然界中的生物能组成许多集群结构（如鸟群、虫群），这些集群能使生物躲避风险、完成生命活动、更好地适应环境。而微纳机器人同样也能形成集群，微纳机器人集群并不是成千上万个单体的简单聚集或者堆积，它们之间有着复杂的相互作用，其集体行为也非常复杂，仍有待深入的研究。集群能赋予微纳机器人许多个体所没有的功能与性质，是微纳机器人未来发展的关键之一。

微纳机器人在生物、医学、环保、军事等诸多领域都有着广阔的应用前景，它的未来充满了无限的可能。或许在不久的将来，科幻电影中能进入人体内的"纳米医生"将成为现实，但在实现这一美好愿景的道路上，我们依旧任重而道远。近年来，研究人员在微纳机器人的制造、驱动、导向、运动控制、功能化以及集群等方面取得了丰硕的成果，中国学者在其中做出了许多重大贡献。而有关微纳机器人的中文读物却寥寥无几，在一定程度上阻碍了微纳机器人在国内的发展。因此，本书的写作目的之一便是为国内的读者，尤其是对微纳机器人感兴趣的学生以及科研工作者提供一本关于微纳机器人的中文书籍，让他们能快捷且全面地了解微纳机器人。由于篇幅限制，本书重点介绍近期外磁场操控微纳机器人研究的一些前沿发展：从个体到集群的微纳机器人。作者希望能为各位读者展示微纳机器人领域的发展现状与无穷的魅力，通过本书抛砖引玉，吸引更多科研人员投入到本领域的研究工作之中，也期待本书能为微纳机器人研究道路上的同行者们带来新的启发，共同完成微纳机器人的"奇妙旅程"。

在本书撰稿过程中，许多前辈、同事和朋友为作者们提供了多方面的帮助，以及进行了非常具有启发性的讨论。我们非常感谢香港中文大学医学院内科及药物治疗学系教授、消化疾病研究所所长沈祖尧院士对本课题组在进行相关研究时提供的无私帮助和医学方面的悉心指导。同时，我们也要感谢香港中文大学（深圳）校长、机器人学专家徐扬生院士长期给本课题组发展的鼓励和无私帮助。我们也非常感谢香港中文大学医学院外科系赵伟仁教授对本课题组在医用微纳机器人研究方面的长期大力支持和帮助。没有这些前辈的帮助，本著作不可能顺利地完成。

本书由张立、俞江帆、杨立冬共同进行内容构思、全书框架设计、各章节的撰写以及统稿与审校。在此特别感谢课题组杨世豪、陈启枫、张亚斌、王奔、金东东、杨正馨等在本书撰写过程中提供的学术支持与修改意见。

本书作者也感谢香港研究资助局（RGC，项目编号：417812，439113，417213，14209514，14203715，14218516，F-CUHK408/13，JLFS/E-402/18）、香港创新科技署（ITC，项目编号：ITS/213/12，ITS/160/14FP，ITS/231/15，ITT/018/16AP，

ITS/440/17FP，ITS/374/18FP，MRP/036/18X）、国家自然科学基金委员会（NSFC，项目编号：61305124）、香港特别行政区政府 InnoHK 重点项目、香港科学园人工智能及机械人科技创新平台（AIR@InnoHK）的医疗机械人创新技术中心［Multi-Scale Medical Robotics Centre（MRC）］、香港中文大学周毓浩创新医学技术中心、香港中文大学天石机器人研究中心、中国科学院深圳先进技术研究院-香港中文大学机器人与智能系统联合实验室、香港中文大学信兴高等工程研究院和深圳市科技创新委员会等机构为本课题组在香港中文大学展开相关科研工作提供长期的资助和支持。

衷心感谢本丛书总主编成会明院士及编委会专家给本书提供的宝贵意见和热情帮助。同时感谢科学出版社及翁靖一编辑在出版过程中的支持和帮助。

由于本书涉及范围和内容较广，疏漏在所难免，恳请读者批评指正。

张　立　俞江帆　杨立冬

2020 年 6 月 19 日于香港中文大学

香港中文大學

The Chinese University of Hong Kong

目　录

第1章

1.1 ▶ 机器人学的发展和微纳机器人的起源

随着机器人学的发展，越来越多不同功能的机器人开始在人们生活中扮演起十分重要的角色。从外太空，到灾区，再到深海，它们代替人类实现原本无法完成的危险、艰难的任务。近年来，多尺度上各式机器人的设计及应用正急速发展着，令所有人耳目一新（图 1-1）。从大尺度来看，机器人与控制技术的发展衍生出了先进的空间机器人和人造地球卫星技术，为人类的空间探索、实时通信与导航立下了汗马功劳；火星探索者的成功问世使人类得到了火星地表的大量数据与图片信息，为人类寻找地外生存空间打好了扎实的基础。工业机器人技术的发展催生了机械臂技术与线驱动技术。在汽车制造等工程行业中，机械臂技术已经是不可或缺的元素。除此之外，在外科手术方面，达芬奇机器人系统的精密性与远程操作性也大力推动了人类的医疗事业[1]。救灾机器人和水下机器人的出现更是将机器人的远程作业能力发挥到了极致，使人类避免了在危险、复杂环境中工作。随着机器人尺度的逐渐缩小，机器人凭借精准性和灵活性扮演了更为重要的角色。导管机器人成功结合了这二者，可以在十分狭窄的环境中运动，采集图像甚至进行精准操作。在医疗中，导管技术已得到了广泛的应用，如在血管或其他狭窄管道中进行检查和微创手术[2]。例如，有研究人员成功利用微导管配合 X 射线影像导引，进入前列腺动脉进行前列腺动脉栓塞术，以纾缓尿道堵塞的情况[3]。英国劳斯莱斯公司及其合作的研究人员提出了导管机器人与厘米级小型化机器人相结合的概念，其可以进入狭窄的引擎空间进行探伤修复的工作[4]。在亚毫米尺度以及微米尺度，由于尺度的限制，大部分机器人的可控运动是在流体中实现的[5, 6]。例如，螺旋形微机器人通过模仿大肠杆菌鞭毛的螺旋推进方式得以向前运动[7]，同时通过在其顶端设计不同的结构，可以完成微操作等复杂的任务。有研究人员实现了利用螺旋形微机器人帮助运动能力较弱的精子接近卵细胞，以辅助受精过程。除了通过设计较为复杂的形态（如螺旋形微机器人）实现微纳机器人游动，简单形状的磁性颗粒也可以通过动态集群以实现快速运动。由磁性纳米颗粒组成的旋涡式集群有着形态可控、运动性好等优势，可以在黏度较大的流体中自由运动。某些特殊的自然界微生物也可以充当非常好的可控载体，如趋磁细菌（magnetotactic bacteria，MTB），其体内的线性磁小体排列使其游动方向可以被外部磁场的方向控制。此类微纳机器人将机器人的精准操控性和生物的特殊性质［如趋气性（aerotaxis）、趋光性（phototaxis）等］结合于一体，在未来的生物医疗应用中有着巨大的潜力。在本书中，我们将重点介绍不同种类亚毫米级到亚微米级的高精度微型机器人。

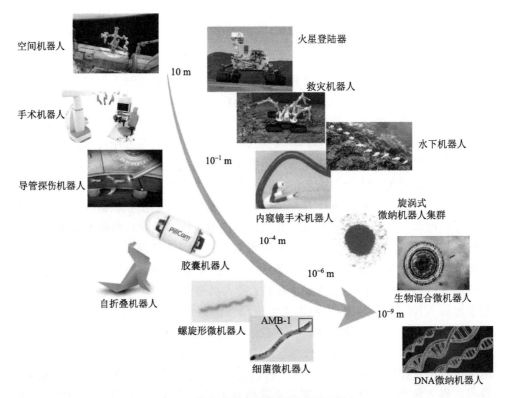

图 1-1　从宏观尺度到微观尺度的机器人

数十年来，在全世界科研人员的共同努力下，微纳机器人领域涌现出了许多引人瞩目的成果，同时也使微纳机器人成为当下最热门的研究方向之一，越来越多的国内课题组也为此立下了汗马功劳[8-10]，如中国科学院沈阳自动化研究所、哈尔滨工业大学、苏州大学、清华大学、北京理工大学、北京航空航天大学、南开大学、上海交通大学、武汉理工大学、中国科学院深圳先进技术研究院、香港大学、香港城市大学、香港中文大学等，在此无法一一尽数。即使是在科技飞速发展的今天，微纳机器人的发展速度也足以令人惊叹。理查德•费曼在 1959 年美国物理学会年会上发表的著名演讲《在底部大有可为》（There is Plenty of Room at the Bottom）[11]推开了微纳机器人研究的大门，从那时起，人们便开始幻想并期待着微纳机器人的出现。1966 年上映的电影《奇妙旅程》（Fantastic Voyage）更是首次将微纳机器人的概念以艺术形式呈现在大众面前。影片主要讲述一名科学家的脑血管受到创伤，五名医生被缩小至微米级别注射进科学家体内进行血管手术并成功完成任务的故事。这部电影对未来微纳机器人技术的展望和期待令许多人眼前一亮，但是如何选择一种有效的驱动方式使如此微小的机器人在以流体黏度为主导的环境中运动是困扰科学家们多年的问题。自然界总能给予人灵感，Purcell 在 1977 年总结微生物在低雷诺数环境下的运动特性时，提出了著名的"扇贝理论"（scallop theorem）[12]，科学家们随之分析并模仿微生物的身体结构与运动方式，制造出了尺寸相对较大的早期微型机器人。2014 年上映的电影《超能陆战队》更是对微纳机器人集群的强大能力进行了大胆想象。对微观领域的探索热情驱使研究者们致力于缩小微型机器人的尺寸，从厘米尺度到毫米尺度，最终小至微纳米尺度。与此同时，微纳机器人的结构也更加精致，驱动方式也更加多样，包括化学燃料驱动、磁场驱动、声场驱动、电场驱动、光驱动以及多种驱动方式混合。精心设计的结构与多样的驱动方式使微纳机器人在微纳米尺度的低雷诺数环境中"如鱼得水"，能像宏观尺度机器人一样在人工操控下灵活地运动。时至今日，微纳机器人已从科幻作品走向了现实世界，不再只是小说或电影中虚无缥缈的想象。它们的出现使人们不再对微观世界束手无策，那些肉眼无法看到的地方是属于它们的舞台，这一领域的每一步突破都将使我们更加了解微观世界以及开创更有前景的应用舞台。

　　2009 年，瑞士联邦理工学院 Nelson 教授科研团队模仿细菌的鞭毛结构，制造了一种仅 20μm 长的磁驱动螺旋形微纳机器人[13]，被《吉尼斯世界纪录大全 2012》认定为"最先进的医用微型机器人"。然而，微纳机器人体内应用的发展尚处于萌芽阶段，距离真正实现这一目标尚有很长距离。因为人体内部结构的复杂程度远超任何精密仪器，在体外能顺畅运行的微纳机器人到了体内将面临更多的挑战。例如，它需要足够小巧灵活以应对错综复杂且粗细不一的血管网络，并能在高速的血液流动及变化的环境成分中保持自身的稳定，还需要有能被定位并追踪的性质。经过设计的单个微纳机器人能实现特定的功能并完成许多复杂的任务，然而个体的力量始终是有限的，即使是最先进的单个微纳机器人也难以在复杂的体内环境中完成多样的预定任务。于是，科学家们提出了集群控制的观点，尝试增加机器人的数量，利用微纳机器人群体功能或智能，以突破微纳机器人应用发展的瓶颈，这便是微纳机器人领域目前的另一个热点研究方向和挑战——微纳机器人集群（图 1-2）。

图 1-2　《科学机器人》中指出现今机器人学科和行业面临的十大挑战[14]

1.2　微纳机器人的集群体系

　　集群的概念同样源于自然界，在我们的日常生活中时常能观察到一些集群现象，如蚁群组成蚁桥以通过障碍、鱼类集群游动以抵御捕食者。这些由数量庞大的简单个体组成的集群赋予了生物新的智能，以应对危险、适应环境变化。科学家们从中获取灵感，提出了微纳机器人集群的概念。积土成山，风雨兴焉；积水成渊，蛟龙生焉。成千上万个个体组成的微纳机器人集群并不只是简单的数量上的堆积，群体结构以及个体之间的相互作用使集群拥有了比单个微纳机器人更为强大的功能。例如，成群移动的微纳机器人在如血液等黏稠液体中移动时，往往具有比单个微纳机器人更快的速度。这使得微纳机器人的外形设计不必再拘泥于特殊结构，如早期的螺旋推进式微机器人。而且数量的增加也使得微纳机器人集群能携带更多的物质，这对于靶向递送来说至关重要。此外，为了引导成群的微纳机器人在人体内运动并利用它们进行各种操作，科学家们需要能够清楚地"看到"它们。而单个微纳机器人的信号强度较弱，因而成像较为困难。尽管有一些团队正在开发高分辨率的成像工具以实现单个微纳机器人的成像，但研究人员普遍认为对于现有医疗影像设备而言集群很可能是更加理想的方案，能使它们在人体内更容易被追踪到，并能为自动控制的实现提供必要条件。例如，香港中文大学张立课题组成功地利用螺旋藻为模板，制造了生物混合型微机器人（biohybrid microrobot），并在小鼠体内完成了微机器人群体的双模式成像，即磁共振成像（MRI）与荧光成像[15]。并且此种生物混合型微机器人还具有对于体内应用的一些重要特性，如生物降解和生物相容性、药物可控释放等。

当然，尽管数量的增多意味着体积的增大，但是集群结构并不违背微纳机器人减小尺寸的初衷。微纳机器人集群有着另一项特殊能力——灵活的形态变化。机器人的尺寸越小意味着它能通过更狭窄的通道、完成更精细的操作，因此研究者们在缩小微纳机器人尺寸的道路上不断努力。他们取得的成果固然令人欣喜，然而尺寸的减小也导致微纳机器人失去了大量运载药物或是在人体内清晰成像的能力。集群的引入使我们在将微纳机器人投入实际应用时不会面临两难的抉择，兼得了"鱼和熊掌"，这是因为理想的微纳机器人集群可以像自然界中的鸟群、虫群一样，根据外界环境而改变自身形态，甚至进行分散以及重组。近年来，香港中文大学张立课题组针对以直径为 $100\sim500nm$ 的顺磁性 Fe_3O_4 纳米粒子作为基本模块的微纳机器人集群进行了一系列相关研究，成功地利用磁场完成了集群形成、运动、形态转换的控制。例如，利用合适的动态磁场使几百万个 Fe_3O_4 纳米粒子形成长条状的集群，并通过调整外加磁场使集群进行可逆伸缩，或是分裂成数个较小的子群通过微流体通道，随后重新合并成一个大的集群[16-18]（详见第 9 章）。

微纳机器人集群的体内应用充满了无限可能，在不远的未来，或许就能让它们携带药物在微小腔道中运输，令其进入人脑、眼球或者其他人体难以达到的部位中执行任务。事实上，许多研究人员认为，微纳机器人集群非常有潜力应用于临床体内医疗。微纳机器人集群技术配合磁力驱动装置和控制系统、结合不同的医疗成像和递送工具，有望可以在现时医疗器具难以到达的部位，进行不同的高精度、主动性治疗（图 1-3）。人体内主要存在两种难以到达的部位：环境特别狭窄的腔道（如细小的血管、胆囊及胰脏内的管道等）以及具有特殊生物屏障的部位（如胃肠道、眼球、大脑等）。有专家预测，应用于人体消化道的微纳机器人技术可能能在 $5\sim10$ 年内进入临床试验阶段。而关于眼球的研究也取得了不错的进展，眼睛是身体中最为脆弱的部位之一，玻璃体像是致密的胶状物，阻止外界物质进入视网膜，使靶向递送变得十分困难。2018 年德国马克斯·普朗克研究所 Peer Fischer 课题组[19]在螺旋形磁性微纳机器人的表面添加了一层类似聚四氟乙烯的光滑涂层，以使其有能力在眼球内部穿越玻璃体形成的高聚物屏障。他们利用猪眼球进行离体（*ex vivo*）试验，在 30min 内便能将由一万多个个体组成的微纳机器人集群从眼球中心转移到视网膜上。2019 年香港中文大学的研究小组也实现了基于磁性纳米粒子群在牛眼玻璃体中遥控运动和超声实时成像的离体试验[20]。对于传统的眼部疾病，如老年性黄斑变性和糖尿病视网膜病变，现有的治疗方法一般是注射或滴加药物，然后药物再扩散到病变部位，因此治疗效率较低。而微纳机器人在眼部具有出色的运动能力，能高效地完成靶向治疗以及随后的降解。溶解血管内部血栓是微纳机器人另一重要的应用方向，如图 1-4 所示，人体中多处血管均可能会出现血栓，如脑、肺和眼，目前的导管技术无法进入一些细微的血管部位进行有效工作，微纳机器人集群可以充当非常理想的末端执行器，载上药物局部给药，溶解血栓，使血流尽快恢复通畅并降低溶栓后体内出血的风险。

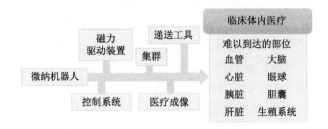

图 1-3 磁控微纳机器人的临床应用示意图

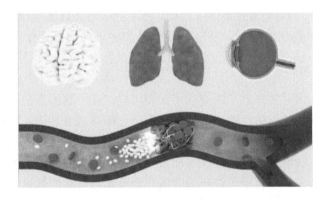

图 1-4 微纳机器人集群的体内应用构想

我们认为，要想将微纳机器人应用于临床体内医疗，集群是必不可少的一环。当我们能真正理解微纳机器人集群内部个体之间以及集群与外界之间的相互作用基本规律并合理设计和实现集群控制的机器人系统时，或许微纳机器人便能成为科幻作品中描述的能进入体内进行手术的"外科医生"。到那时，许多困扰人类的医学难题便能迎刃而解，而临床手术或许会变成这样的一幅场景，如图 1-5 所示，在手术台上为患者"操刀"的是一群肉眼难以观察到的机器人，医生可以通过医学成像设备准备定位、追踪到它们，并在控制系统以及驱动装置（如电磁线圈或永磁铁）的帮助下将它们准确地送达指定部位，随后进行治疗（如释放药物或清理病变组织）。这样美好构想的实现离不开各个领域研究者的通力合作，因为这是一个高度交叉的研究领域，从微纳机器人的制造、运动特性表征到集群控制等，都需要不同领域的相互协作。在实现微纳机器人广泛应用的道路上，我们任重而道远。我们完全可以相信，微纳机器人将成为 21 世纪人类科技进步的亮点之一，而微纳机器人的未来研究也将有很大一部分会聚焦于集群，本书将按照从个体到集群的顺序介绍微纳机器人领域的研究进展以及应用展望。

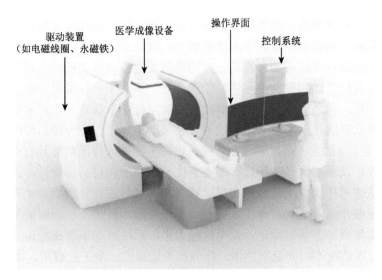

驱动装置
（如电磁线圈、永磁铁）

医学成像设备

操作界面

控制系统

图 1-5　磁控微纳机器人的临床应用概念图

1.3　本书架构

　　用于微纳机器人合成与加工的微纳米技术至今为止已日益成熟，物理法、化学法以及激光直写 3D 打印技术已被广泛报道[21]。而作为微纳机器人学的另一重要研究元素——小尺度下的闭环控制以及微纳机器人的重点应用方向也一直是亟待解决的问题[22]。本书在第 2 章对微纳机器人的发展史进行简要总结和整理之后，在第 3 章为读者们展示一种不依赖精确模型的微机器人运动控制方法。由于在微纳米尺度下，物体运动受很多因素影响，获取其精确模型有很大困难，此种方法可应用于无法获取微纳机器人精确模型或者模型有较大误差的情境中。在第 3 章中，我们使用双粒子微机器人，对其模型进行研究和实验验证。相对于人工材料，孢子作为一种天然包覆体，可能在货物递送以及生物传感等领域有更好的应用前景。在本书第 4 章中，我们通过对荧光磁性孢子微机器人的实时追踪，实现了在细菌培养液甚至临床粪便样本中检测难辨梭菌毒素。此种生物混合微机器人对难辨梭菌毒素的检测具有快速反应、高选择性和良好的敏感性等优点，在生物医学和生物防御领域的细菌毒素快速检测中具有广阔的应用前景。为了更好地实现自动控制磁性孢子微机器人，我们在第 5 章中展示了针对性的荧光成像自动控制策略，此方法具有很好的鲁棒性，可适用于路径规划、障碍物规避等复杂控制问题。相较于单个微纳机器人，微纳机器人集群具有载药量大、视觉成像质量好、形态可控等优势。然后，在第 6 章中我们对不同外场驱动的微纳机器人集群研究报道做了分类总结，并从第 7 章开始叙述微纳机器人集群的最新进展。为了更好地驱动微纳机器人形成形态可控的集群，集群组成单元的形态和尺寸需要基本保持在较小的范围内，然而由于磁场中产生的磁力，磁性单元相互之间易形成形态大小不可控的团聚物，因此将团聚物通过外加场可控地拆解对之后的集群形成至关重要。第 7 章我们借助顺磁性纳米颗粒作为介质，展示了一种可以调控其链状团聚物的拆解方法，为之后不同类型集群的可控触发打好了基础。在第 8 章中，我们介绍了旋涡状顺磁性纳米粒子集群的生成及运动控制。作为一种由简单动态磁场（平面旋转磁场）触发及驱动的集群，旋涡状顺磁性纳米粒子集群具有非常好的运动特性，并可以通过调节磁场进行形态变化。但由于集群的特殊性，其视觉跟踪及控制无法使用传统方法良好地实现。针对此类集群的视觉跟踪运动控制方法在第 9 章中详细介绍。在第 10 章中主要介绍了磁性纳米粒子条状集群的生成及运动控制。此类集群形态非常稳定，抗干扰能力强，通过外加振荡磁场可进行极大幅度的形变，以适应不同的受限环境。作为此类集群的一个工业应用，我们在第 11 章中详细介绍了可以利用条状集群模拟蚁桥，用以实现破损微电路的修复。通过改变集群的基本组成单元，微纳机器人集群可以发挥不同的巨大作用，第 12 章中主要介绍了利用天然孢子的多孔结构和高吸附性，磁性孢子集群可以充当生物混合吸附剂用以高效去除液态环境中有毒重金属成分。相比静态的吸附剂，此集群对多种重金属离子的吸附能力更强且吸附时间更短。事实上，除了已介绍的体外应用，微纳机器人在生物医疗领域也有着非常大的潜力[23-27]。人们想象有朝一日能使微纳机器人进入人体，在血管中灵活自如地移动并到达特定的部位，像医生一样为患者进行手术消除病痛。在本书最后一章中，我们对微纳机器人在医疗领域的未来应用进行了展望。

参 考 文 献

[1] 达芬奇手术机器人公司主页. https://www.intuitive.com/.

[2] 香港中文大学. 微就是美——中大微创手术领先亚洲. 2015. http://translate.itsc.cuhk.edu.hk/uniTS/www.cuhk.edu.hk/chinese/features/minimally-invasive.html[2020-02-01].

[3] 香港中文大学. 中大证实前列腺动脉栓塞术有效治疗良性前列腺增生. 2017. https://www.cpr.cuhk.edu.hk/sc/press_detail.php?1=1&id=2503[2020-02-01].

[4] Wade A. Rolls-Royce robots promise maintenance revolution. 2018. https://www.theengineer.co.uk/rolls-royce-robots- maintenance/[2020-02-01].

[5] Dreyfus R, Baudry J, Roper M L, et al. Microscopic artificial swimmers. Nature, 2005, 437(7060): 862-865.

[6] Abbott J J, Nagy Z, Beyeler F, et al. Robotics in the small, part Ⅰ: microbotics. IEEE Robotics & Automation Magazine, 2007, 14(2): 92-103.

[7] Tottori S, Zhang L, Qiu F, et al. Magnetic helical micromachines: fabrication, controlled swimming, and cargo transport. Advanced Materials, 2012, 24(6): 811-816.

[8] 高铭, 王莹. 微纳机器人: 微观世界里的奇兵. 2017. http://xinhua-rss.zhongguowangshi.com/13698/698224223040 8043704/1851197.html[2020-02-01].

[9] 刘阳. 中国科研人员开发出"蚁群"微型机器人. http://www.xinhuanet.com/2019-03/23/c_1124272806. htm [2020-02-01].

[10] 易蓉. 上海交通大学樊春海: 感知生命的"跨界"青年. 2019. https://wap.xinmin.cn/content/31614268.html [2020-02-01].

[11] Feynman R P. There is plenty of room at the bottom. Engineering Science, 1960, 23: 22-23.

[12] Purcell E M. Life at low Reynolds number. American Journal of Physics, 1977, 45(1): 3-11.

[13] Zhang L, Abbott J J, Dong L, et al. Artificial bacterial flagella: fabrication and magnetic control. Applied Physics Letters, 2009, 94(6): 064107.

[14] Yang G Z, Bellingham J, Dupont P E, et al. The grand challenges of science robotics. Science Robotics, 2018, 3(14): eaar7650.

[15] Yan X H, Zhou C Q, Vincent M, et al. Multifunctional biohybrid magnetite microrobots for imaging-guided therapy. Science Robotics, 2017, 2(12): eaaq1155.

[16] Pennisi E. This robot made of algae can swim through your body—thanks to magnets. 2017. https://www. sciencemag. org/news/2017/11/robot-made-algae-can-swim-through-your-body-thanks-magnets[2020-02-01].

[17] Yu J, Wang B, Du X, et al. Ultra-extensible ribbon-like magnetic microswarm. Nature Communications, 2018, 9(1): 3260.

[18] Bundell S. Making a microscopic swarm move through a maze. 2018. https://www.nature.com/articles/d41586-018-06120-x[2020-02-01].

[19] Wu Z, Troll J, Jeong H H, et al. A swarm of slippery micropropellers penetrates the vitreous body of the eye. Science Advances, 2018, 4(11): eaat4388.

[20] Yu J, Jin D, Chan K F, et al. Active generation and magnetic actuation of micro-robotic swarms in bio-fluids. Nature Communications, 2019, 10: 5631.

[21] Wang J. Nanomachines: Fundamentals and Applications. Singapore: John Wiley & Sons, 2013.

[22] Medina-Sanchez M, Schmidt O. Medical microbots need better imaging and control. Nature, 2017, 545(7655): 406-408.

[23] Li J, de Ávila B E F, Gao W, et al. Micro/nanorobots for biomedicine: delivery, surgery, sensing, and detoxification. Science Robotics, 2017, 2(4): eaam6431.

[24] Sitti M. Mobile Microrobotics. Cambridge: The MIT Press, 2017.

[25] Sitti M, Ceylan H, Hu W, et al. Biomedical applications of untethered mobile milli/microrobots. Proceedings of the IEEE, 2015, 103(2): 205-224.

[26] Nelson B J, Kaliakatsos I K, Abbott J J. Microrobots for minimally invasive medicine. Annual Review of Biomedical Engineering, 2010, 12(1): 55-85.

[27] Peyer K E, Zhang L, Nelson B J. Bio-inspired magnetic swimming microrobots for biomedical applications. Nanoscale, 2013, 5(4): 1259-1272.

第2章

磁性微纳机器人：现状与应用前景

微纳机器人是指微纳米级的微型机器人，其尺寸仅有几纳米至几百微米。这种微型机器人在生物医学、环境修复等领域具有极佳的应用前景，已有报道将其用于微创外科手术、靶向治疗、细胞操控、重金属检测、污染物降解等[1-5]。微纳机器人因其极大的潜在应用价值而受到国内外研究人员的广泛关注，然而相比于传统的大型机器人，微纳机器人的研究与开发仍处于初期阶段，它的未来充满了无限的可能，当然也会面临一系列的挑战。

雷诺数（Reynolds number，Re）是一种用于表征流体流动情况的无量纲数。研究表明，尺寸为微纳米级别的微纳机器人在流体中运动时将处于低雷诺数环境中。物体在流体中运动时的雷诺数可由式（2-1）计算：

$$Re = \frac{\rho v L}{\mu} \tag{2-1}$$

其中，v 和 L 分别为物体的运动速度和特征长度；ρ 和 μ 分别为流体的密度与黏性系数。因此可以将雷诺数 Re 看作物体在流体中运动时惯性力和黏滞力的比值。

我们的日常生活中便有许多与雷诺数相关的例子，例如，飞机在空中飞行时的雷诺数约在 10^7 数量级，人在水中游泳时的雷诺数约在 10^4 数量级，细菌在流体中运动时的雷诺数则仅在 10^{-4} 数量级。因为微纳机器人具有与细菌类似的微小的尺寸，故其运动时一般处于 $10^{-5} \sim 10^{-2}$ 数量级的低雷诺数环境下。在低雷诺数环境中，惯性力可忽略不计，黏滞力将起主导作用，此时可将物体看作是在一个非常黏滞的环境中进行缓慢、小幅度的运动。大型游动机器人通常能够借助惯性进行运动，与之不同，微纳机器人的运动必须有源源不断的外界动力。然而在小尺寸下，很难在微纳游动机器人上装载常规的动力源（如电池、发动机等），因此微纳机器人的驱动成了研究人员的关注重点。此外，能驱动宏观物体的往复式对称运动也无法有效驱动微纳机器人，因为微尺度下的惯性作用几乎可以忽略。Purcell[6]在 1977 年提出了著名的"扇贝理论"，该理论阐明只有非倒易运动（non-reciprocal motion）才能在低雷诺数环境中产生有效位移。我们以图 2-1 为例进行说明，图 2-1（a）中的运动模式即为非倒易运动，能使物体在低雷诺数环境下产生有效位移；而物体以图 2-1（b）中的运动模式完成一个循环后，仍将处于起始位置[6, 7]。虽然 Qiu 等[8]在 2014 年提出并验证了一种在特定条件下利用往复式运动在低雷诺数环境中发生有效位移的方法，但在微纳机器人领域，"扇贝理论"仍然具有十分重要的价值。想要驱动微纳机器人，打破其运动时的对称性仍是关键的一环，这通常由对其结构、组成或表面功能化的设计以及打破对称性的边界条件来实现。

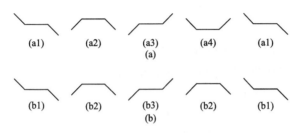

图 2-1　Purcell 提出的双铰链游动原理[6, 7]

（a）在低雷诺数环境下，非倒易运动在完成一个循环后能产生有效位移；
（b）运动循环为倒易运动（reciprocal motion），在完成一个循环后物体仍在起始位置

　　近年来，在全世界研究人员的共同努力下，微纳机器人的发展攻克了诸多难关，取得了丰硕的成果。按照驱动原理可将已有的微纳机器人分为两种类型：自驱动（自动）型和外场驱动（非自动）型。其中，自驱动微纳机器人是指能够从所处流体环境中获得动力，从而产生运动的微纳机器人，其驱动方式有自电泳驱动、自扩散泳驱动、自热泳驱动、气泡驱动等。而外场驱动微纳机器人是指仅在外场的作用下才能进行运动的一类微纳机器人。它们无法从周围环境中获得动力，所以当没有施加外场驱动时，这类微纳机器人不能产生运动（不包括布朗运动）。根据外场性质的不同，又可将外场驱动分为磁场驱动、声场驱动、光驱动等[9]。其中磁场驱动是一种极具前景的高效驱动方法，用于驱动磁性微纳机器人的低强度、低频率磁场穿透生物组织且对生物体无害，这对微纳机器人的生物医学应用来说有着非常重要的意义[10, 11]。通过对永磁铁和电磁线圈的设计可以得到不同类型的磁场，特别是对电磁线圈而言，通过实时调控线圈电流的强度、频率、相位及开关方式等，可以对磁性微纳机器人施加可控的磁力或磁力矩，从而实现微纳机器人的驱动和多自由度运动控制。

　　磁场用于驱动和控制磁性微纳机器人运动的具体应用方式可分为两种：①磁场驱动的微纳机器人，磁场不仅为微纳机器人提供能量，还将控制它们的运动方向；②磁导向的微纳机器人，磁场仅用于控制微纳机器人的运动方向，动力由其他方式提供。磁场在微纳机器人领域有着重要的地位，本章将简单介绍磁场在微纳机器人领域的应用现状。

2.1 磁场驱动的微纳机器人

磁场驱动磁性微纳机器人的本质是磁场梯度（magnetic gradient）或磁场扭矩（magnetic torque）的作用。磁性物体在磁场中受到的磁力和磁力矩可以由式（2-2）和式（2-3）计算：

$$F(P) = (m \cdot \nabla)B(P) \qquad (2\text{-}2)$$

$$T(P) = m \times B(P) \qquad (2\text{-}3)$$

其中，$F(P)$ 和 $T(P)$ 分别为磁性物体在磁场中的 P 点处受到的磁场梯度力和磁场扭矩；$B(P)$ 为该点处的磁通密度（magnetic flux density）；m 为磁性物体的磁偶极矩（magnetic dipole moment）。

从这两个式子中可以看出，任何磁性物体在均匀磁场中受到的磁场梯度力均为 0。若均匀磁场的方向与磁性物体的磁偶极矩方向相同，则磁场扭矩也为 0。只有在磁偶极矩方向与外加磁场方向不共线的情况下，磁性物体才会受到磁力扭矩的作用，并且向外加磁场方向偏转，直到其磁偶极矩方向与外加磁场方向共线时才停止运动。因此，在时间或空间上存在变化的磁场才能驱使微纳机器人持续运动。图 2-2 展示了目前用于驱动微纳机器人的几种磁场，其中包括绕中轴旋转的均匀磁场 [图 2-2（a）和（b）]、在一定角度内来回振荡的均匀磁场 [图 2-2（c）]、间歇性产生磁通密度的脉冲磁场 [图 2-2（d）] 以及在某一方向存在磁通密度梯度的磁场 [图 2-2（e）和（f）][12]。其中梯度磁场属于随空间变化的磁场，磁性物体在其中将会受到磁场力的作用，所以任意设计的磁性微纳机器人都可用这类磁场驱动。而旋转磁场、振荡磁场和脉冲磁场都属于随时间变化的磁场，磁性物体在其中仅受到磁力矩的作用，因为低雷诺数环境下惯性作用可以忽略不计，所以受此种磁场驱动的微纳机器人往往需要特殊的设计。

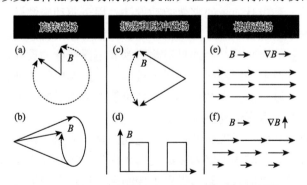

图 2-2　目前用于驱动微纳机器人的磁场分类[12]

（a）平面旋转磁场；（b）锥形旋转磁场；（c）振荡磁场；（d）脉冲磁场；
（e）沿磁场方向的梯度磁场；（f）垂直磁场方向的梯度磁场

　　自然界中的微生物通常也处于低雷诺数环境中，它们的运动方式为微纳机器人的磁场驱动设计提供了灵感。微生物在低雷诺数环境中有着各种各样有趣的运动方式，如通过自身纤毛或鞭毛的周期性运动而推动自身游动。草履虫的全身长满了纵向排列的纤毛，这些纤毛会周期性地协调统一摆动，像船桨一样推动身体向前运动，如图 2-3（a）所示。还有一些真核生物的身体一端长有一根或多根鞭毛，它们通过摆动这些鞭毛，像来回抽打鞭子一样产生波浪，推动自身前进，如图 2-3（b）所示。此外，长有鞭毛的细菌（原核生物，如大肠杆菌）也能通过控制鞭毛产生运动。但与真核生物不同，细菌的鞭毛是由连接在其身体基部的分子马达带动并产生螺旋式旋转，从而推动细菌运动，如图 2-3（c）所示。受这些微生物的启发，研究人员制备出了各种类型的磁场驱动微纳机器人，如旋转磁场驱动的螺旋推动式微纳机器人、振荡磁场驱动的微纳机器人、梯度磁场驱动的微纳机器人以及表面滚动型微纳机器人，下文将对这几种微纳机器人进行介绍。

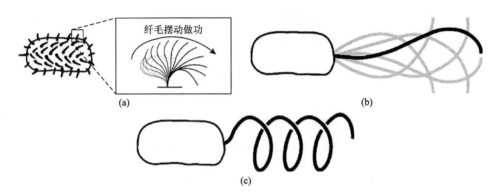

图 2-3　微生物在低雷诺数环境下的不同运动方式[13]

（a）草履虫通过协调统一地周期性摆动全身纤毛产生运动；
（b）一些真核生物通过来回抽打鞭毛产生运动；（c）一些原核生物通过旋转鞭毛产生运动

2.1.1　螺旋推动式微纳机器人

　　大肠杆菌等细菌能通过旋转鞭毛来产生定向运动，研究者受此启发开发出多种类型的螺旋推动式微纳机器人，这类机器人由两部分组成：磁性材料与螺旋形结构。图 2-4（a）的螺旋推动式微纳机器人是由磁性头部和螺旋形尾部组成的。除此以外还有其他类型的磁性螺旋推动式微纳机器人，例如，在机器人的螺旋形尾部表面沉积一层磁性薄膜，或直接采用磁性材料制备螺旋形机器人等。虽然螺旋推动式微纳机器人的设计各不相同，但其驱动原理基本一致，下文将对此进行简单介绍，并对螺旋推动式微纳机器人的制备方法进行总结。

　　对于非永磁性的螺旋推动式微纳机器人而言，当受到一个磁场方向垂直于其螺旋中轴的均匀磁场作用时，机器人会由于外加磁场和自身形状的各向异性而被磁化，最终产生与外加磁场方向相同的磁偶极矩 m，此时从左上方向观察的结果如图 2-4（b）所示。若将该外加均匀磁场方向绕螺旋中轴旋转一定角度，被磁化的螺旋推动式机器人的磁偶极矩方向将与外加磁场方向不一致，便会受到一个使其向新磁场方向偏转的磁力矩 T 的作用，如图 2-4（c）所示。在该磁力矩的作用下，机器人绕着自身螺旋长轴转动，直至其磁偶极矩方向与外加磁场方向再一次统一，机器人达到受力平衡状态（不考虑重力）而停止转动，如图 2-4（d）所示。因此，在绕螺旋中轴不断旋转的均匀磁场作用下［图 2-2（a）和（b）］，螺旋推动式微纳机器人将会随着磁场的变化而绕着中轴不断旋转，从而产生沿着中轴的定向运动。对于永磁性的螺旋推动式微纳机器人而言，只要保证其磁化方向与螺旋中轴不共线，也能使其在旋转磁场的作用下像大肠杆菌一样推动自身运动。

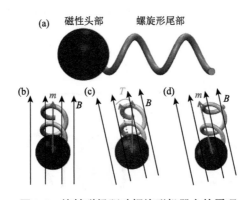

图 2-4　旋转磁场驱动螺旋形机器人的原理

（a）螺旋推动式微纳机器人；（b）机器人产生与外加磁场方向相同的磁偶极矩 m；（c）将磁场方向绕螺旋中轴旋转一定角度；（d）机器人绕自身螺旋长轴转动至再次平衡

日本东北大学的 Honda 等[14]在 1996 年首先提出了能够在低雷诺数环境下运动的螺旋推动式机器人，这种机器人以一个方形永磁铁（$1\ mm \times 1\ mm \times 1\ mm$ 的 $SmCo_5$）作为磁性头部，以铜线（直径 0.15 mm、长 21.7 mm）绕成的螺旋（直径 1 mm）作为尾部，并且永磁铁的磁化方向垂直于螺旋的长轴，如图 2-5（a）所示。然而这种螺旋推动式机器人的尺寸并非微纳米级，所以将其置于黏稠的硅油中以模拟低雷诺数环境，此时满足流体黏滞力占主导作用的条件。Honda 等[14]通过施加一个旋转的均匀磁场，成功实现了螺旋形机器人在低雷诺数环境下的定向运动，并可以通过调节磁场的旋转频率和机器人尾部螺旋的几何参数来调节其运动速度。在 2005 年，日本东北大学的 Kikuchi 等[15]制备了一种头部为 $SmCo_5$ 永磁铁、尾部由铜管和钨线绕制的螺旋推进式机器人。该机器人总长仅为 5.55 mm，但可以在旋转均匀磁场的作用下，拖曳一根 70 mm 的长线在充满硅油的通道中自由运动。这一成果打开了螺旋推动式微纳机器人应用于医学领域的大门，如在血管中进行医用导丝的牵引。

在完成毫米级螺旋推动式机器人的设计后，科研人员将目光聚焦于缩小机器人的尺寸。2007 年，瑞士苏黎世联邦理工学院 Nelson 课题组[16, 17]首次制备了与细菌大小相似的微米级螺旋推动式机器人，并将之命名为人造细菌鞭毛（artificial bacterial flagella，ABF），如图 2-5（b）所示。ABF 是基于自卷曲技术制备的，具体过程为：首先在 GaAs（001）基底上使用分子束外延依次生长 AlGaAs 和 InGaAs/GaAs 薄膜；随后用电子束蒸镀法沉积一层 Cr 薄膜；再分两次使用光刻胶作为掩模版，蚀刻掉部分的 Cr 和 InGaAs/GaAs 薄膜并部分沉积 Cr/Ni/Au 薄膜；最后使用 2%的氢氟酸选择性蚀刻掉 AlGaAs 薄膜，此时由于内应力的存在，InGaAs/GaAs 层会沿着⟨100⟩晶向发生自卷曲，从而形成一个以 Cr/Ni/Au 为磁性头部，以 Cr 和 InGaAs/GaAs 为尾部的螺旋形机器人。在旋转均匀磁场的作用下，ABF 可以在液体石蜡和去离子水中进行定向运动，其运动速度分别可达 3.9 μm/s 和 4.6 μm/s。此外，通过改变磁场可以精确控制 ABF 的运动方向，使其前进、转向或者后退，并可推动直径 6 μm 的小球，运动速度约为 3 μm/s。2016 年，Nelson 课题组与洛桑联邦理工学院 Sakar 课题组[18]合作研发了一种利用自卷曲技术制备的水凝胶基螺旋推动式机器人，如图 2-5（b）所示。这种机器人由两层性质不同的水凝胶组装而成，其中一层对温度敏感，会随温度的变化而发生收缩和膨胀；而另一层则对温度不敏感。并且在组装的同时，将磁性纳米粒子在外加磁场的作用下按指定的排列方向掺入成型的水凝胶中。当成型的水凝胶受到近红外光光线照射时，其中的磁性纳米粒子会吸收红外光而发热，组装好的水凝胶便会因内应力的作用而发生卷曲，而且磁性纳米粒子的排列方向还能决定水凝胶的卷曲方向。因此可以通过改变磁性纳米粒子的排列方向制得具备不同外形的水凝胶基机器人，它们质地柔软，对狭小空间有着很好的适应性，可以"随心所欲"地移动到任何位置，在生物医学领域具有极大的应用前景。

在缩小机器人尺寸的道路上，研究者的脚步从未停歇。2009 年，Ghosh 和 Fischer[19]制备了纳米尺度的螺旋推动式机器人，如图 2-5（c）所示。该机器人由掠射角沉积（glancing angle deposition，GLAD）技术制备，是当时最小的微纳机器人之一，其螺旋长度短至 1～2 μm，直径仅为 200～300 nm。其具体制备过程为：首先在 Si 基底上单层分散直径 200～300 nm 的 SiO_2 小球；然后将其置于电子束蒸镀装置中沉积 SiO_2；在沉积过程中，使 SiO_2 蒸气流与 Si 基底保持一个恒定的角度，并使 Si 基底以一定速度绕中轴旋转，这样便能在 SiO_2 球上生长出螺旋形"尾巴"；最后通过热蒸镀技术沉积一层 Co 薄膜以赋予制得的螺旋形机器人磁性。无磁场作用时，此种纳米尺度的机器人在去离子水中表现出了明显的布朗运动，然而一旦施加一个旋转均匀磁场，它们便能在磁场的作用下实现精确的定向运动。通过调节磁场的强度和旋转频率，可使直径 200 nm、长 2 μm 的螺旋形机器人以 40 μm/s 的运动速度在水中运动。

不同制造技术的引入为微纳机器人的发展带来了更多的可能。2012 年，Nelson 课题组[20]以三维激光直写（3D direct laser writing，DLW）技术制备出了如图 2-5（d）所示的螺旋推动式机器人。其制备方法是：利用负性光刻胶（如 IPL 和 SU8 系列光刻胶）在飞秒激光的作用下发生的固化现象，通过精确控制激光聚焦点的移动，"写"出一个个螺旋形结构；随后通过电子束蒸镀技术依次沉积 Ni 和 Ti 薄膜，以赋予这些螺旋形机器人磁性及较好的生物相容性。在外加旋转均匀磁场的作用下，这类螺旋推动式机器人在水中能达到 180 μm/s 的运动速度。他们还通过实验发现，当将这类机器人与小鼠肌肉细胞 C2C12 一起培养时，细胞可以在螺旋结构上黏附并生长，这说明制得的螺旋形机器人对小鼠细胞在短期内没有生物毒性，为其在生物医学领域中的应用开辟了道路。2015 年，德国莱布尼茨固体与材料研究所 Schmidt 课题组[21]利用该方法制得的螺旋推动式机器人可用于促进精子运动，辅助受精过程。此外，由于 DLW 具有极高的自由性，可以使用合适的光刻胶"写"出任意结构的螺旋推动式机器人，并将其与一些功能性附件结合，如固定抓手、针管状结构、螺杆泵结构等[22-24]，极大地拓宽了螺旋推动式微纳机器人的发展道路。2011 年，韩国成均馆大学 Park 课题组[25]以阳极氧化铝（anodic aluminum oxide，AAO）为模板，通过电沉积成功制备出了 Pd 纳米弹簧。随后，美国加利福尼亚大学圣迭戈分校 Wang 课题组[26]在 2014 年利用这种方法制得了螺旋推动式微纳机器人。他们以 AAO 为模板，使 Pd 和 Cu 同时沉积到 AAO 的纳米孔道中。在 AAO 孔壁处的双电层分布、Pd 和 Cu 的活泼性差异以及螺旋位错等诸多因素的共同作用下，沉积的 Pd 和 Cu 并不会形成合金纳米线，而是以图 2-5（e）所示的形态存在。此时，Pd 以螺旋的形式缠绕并嵌在 Cu 纳米线上，将 Cu 刻蚀去除后，便能得到 Pd 螺旋形机器人。再通过电子束蒸镀技术沉积一层 Ni 薄膜，便可赋予其磁性，使其能在旋转均匀磁场下进行定向运动。

此外，自然界中存在的螺旋形结构也为螺旋形微纳机器人的制备提供了新的思路。Wang 课题组[27]以植物叶子中的螺旋形导管为模板，经电子束蒸镀技术沉积 Ti/Ni 薄膜并进行切割后，制得了大量直径和长度都在几十微米的螺旋推动式机器人，如图 2-5（f）所示。2015 年，本课题组[28]以自然界中广泛存在的螺旋藻为模板，采用浸渍-热还原处理技术，制得了一种由 Fe_3O_4 纳米粒子组成的空心多孔螺旋形机器人，其直径和长度可通过改变螺旋藻的培养条件来调节。这种螺旋形机器人特殊的成分和形态使其能在外加旋转均匀磁场作用下进行精确的可控运动，而且还具有良好的生物相容性和较大的比表面积，并能通过超声波使其粉碎，因此在靶向递送领域具有较大的应用潜力。

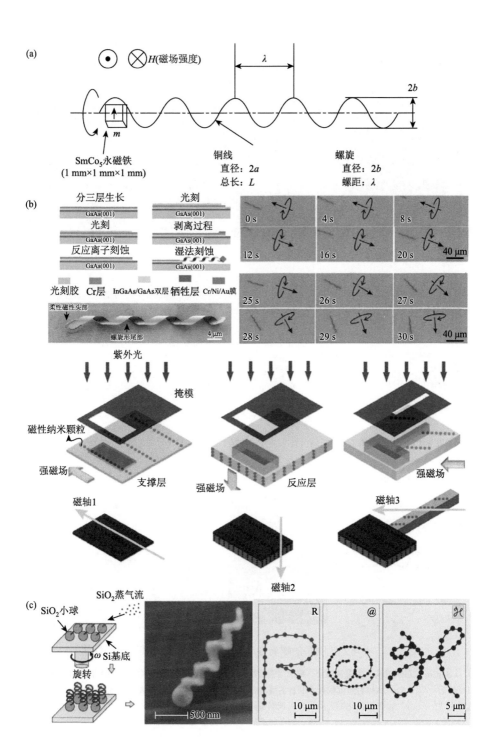

(a)

H(磁场强度)

λ

$2b$

m

SmCo$_5$永磁铁
(1 mm×1 mm×1 mm)

铜线
直径：$2a$
总长：L

螺旋
直径：$2b$
螺距：λ

(b)

分三层生长

光刻

GaAs(001)

GaAs(001)

光刻

剥离过程

反应离子刻蚀

湿法刻蚀

GaAs(001)

GaAs(001)

光刻胶　Cr层　InGaAs/GaAs双层　牺牲层　Cr/Ni/Au膜

柔性磁性头部

螺旋形尾部　4 μm

0 s　4 s　8 s

12 s　16 s　20 s　40 μm

25 s　26 s　27 s

28 s　29 s　30 s　40 μm

紫外光

掩模

磁性纳米颗粒

强磁场

支撑层

强磁场

反应层

强磁场

磁轴1

磁轴3

磁轴2

(c)

SiO$_2$蒸气流

SiO$_2$小球

ω Si基底

旋转

500 nm

R　@　ℋ

10 μm　10 μm　5 μm

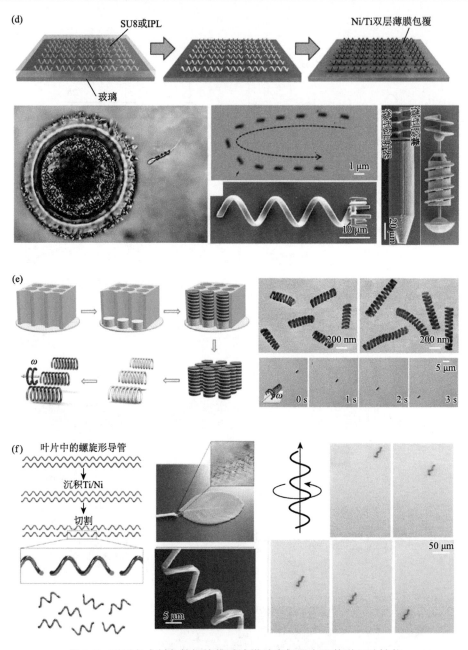

图 2-5　不同方式制备的螺旋推动式微纳米机器人及其磁驱动性能

（a）以 SmCo$_5$ 方形永磁铁作为磁性头部，尾部用铜线绕制的厘米级螺旋形机器人[14]；（b）自卷曲技术制备的人造细菌鞭毛[16, 18]；（c）由掠射角沉积技术制备的螺旋形微纳米机器人[19]；（d）三维激光直写技术制备的螺旋形微纳机器人[20-22]；（e）以阳极氧化铝为模板电沉积制备的螺旋形微纳米机器人[26]；（f）以植物叶子中螺旋形导管为模板制备的螺旋形微纳米机器人[27]

2.1.2　振荡磁场驱动式柔性微纳机器人

自然界中的微生物为研究人员带来的设计灵感并不仅限于螺旋推动式机器人，研究者还仿照其他微生物制备出了振荡磁场驱动式柔性微纳机器人，如图 2-6 所示。这类机器人包含两个基本组成部分：磁性头部和柔性尾部。当外加均匀磁场的方向在一定角度内来回振荡时，磁性头部会在磁力矩的作用下来回摆动，使尾部像柔性船桨一样划动，从而推动流体产生波浪驱动自身前进。值得注意的是，对此类微纳机器人而言，合理的尾部设计十分重要。当尾部太短且柔性不足时，磁性头部的摆动相当于对称性往复式运动，在低雷诺数环境中无法产生有效位移。而当柔性尾部太长时，机器人在流体中受到的阻力会变大，运动效率降低[1]。

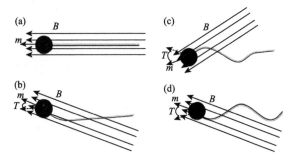

图 2-6　振荡磁场驱动式柔性微纳机器人的原理

（a）机器人的磁偶极矩 m 与外加磁场方向相同；（b）磁性头部随磁场转动；（c）头部在磁力矩的作用下摆动，带动尾部划动；（d）尾部推动流体产生波浪驱动自身前进

与螺旋推动式机器人类似，振荡磁场驱动式柔性微纳机器人的发展是从毫米尺度开始的。2005 年，日本香川大学的 Guo 等[29]制备了一种厘米级的振荡磁场驱动式机器人。该机器人是由一个磁性头部和一条柔性尾部（长 20 mm，宽 10～15 mm，高 1～3 mm）组装而成，如图 2-7（a）所示。其中，磁性头部包含一个圆柱形 NdFeB 永磁铁（底面直径 12 mm，高 4 mm），其磁化方向沿着柔性尾部的高度方向。该机器人在振荡磁场的作用下，能在水中进行定向运动，其运动速度与磁场频率和柔性尾部的参数有关。然而该机器人的尺度与运动环境均与微纳机器人存在较大差异。2006 年，日本秋田县立大学 Sudo 等[30]制备了类似的机器人，它是由一个空心圆柱永磁铁和一条高分子柔性尾部组成，其中永磁铁的磁化方向也是沿着柔性尾部的高度方向。虽然该机器人仍处于毫米尺度，但 Sudo 等将其置于甘油中以模拟机器人在人体血管中的运动状态，并对振荡磁场的驱动作用进行研究。实验结果表明，即使在黏稠的甘油中，该机器人也能产生明显的定向运动，并且通过调节尾部参数、磁场频率和振幅，可使其运动速度达到 10 mm/s 以

上。若能将该机器人的尺寸缩减到足够小，就有可能将其应用于动脉、静脉甚至毛细管中。

2005 年，法国巴黎市立高等工业物理化学学院 Bibette 课题组[31]制备了一种微米级的振荡磁场驱动型微纳机器人，该机器人是由一系列通过 DNA 连接的超顺磁性小球组成。制备过程中，首先在直径为 1 μm 的超顺磁性小球表面枝接上链霉亲和素，再将其与生物素化的双链 DNA 和红细胞混合并在均匀磁场下静置一段时间。通过生物素-链霉亲和素的相互作用，最终得到一种以红细胞为头部、以 DNA 连接的超顺磁性小球为柔性尾部、直径 1 μm、长 24 μm 的链状微机器人。在振荡磁场中，链状微机器人尾部的磁性小球与外界磁场和其他磁性小球之间均会有磁力矩产生，而柔性尾部会在这些磁力矩的综合作用下随磁场振荡，产生非倒易的运动，从而推动机器人运动，如图 2-7（b）所示。该机器人的运动状态与尾部参数和磁场参数均有明显关系，后续又有其他研究者对其进行了深入的研究[32]。

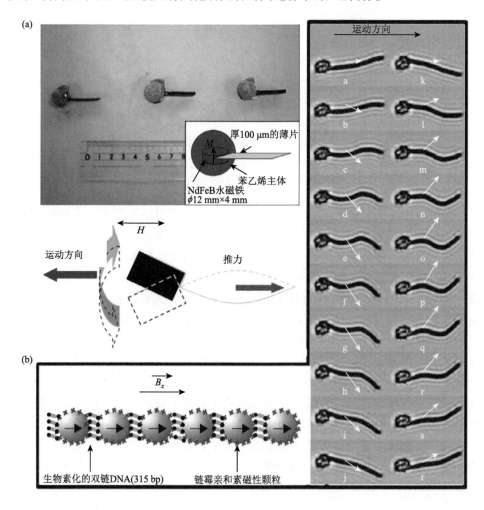

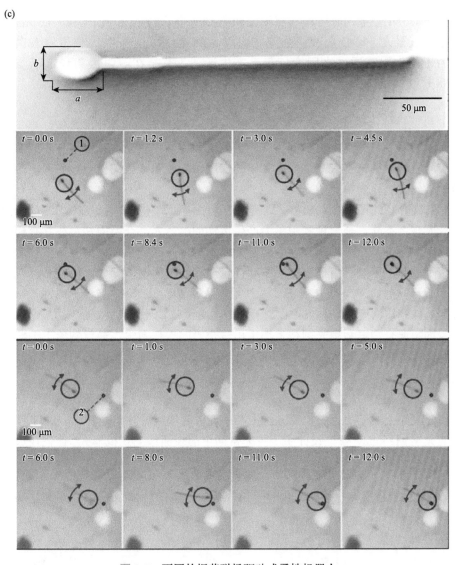

图 2-7　不同的振荡磁场驱动式柔性机器人

（a）以永磁铁为头部的厘米级柔性机器人[29]；（b）以红细胞为头部、通过 DNA 连接的超顺磁性小球为尾部的
柔性微纳机器人[31]，白色箭头表示磁场方向；（c）磁性人工精子机器人[34]

　　值得一提的是，人类精子也是一种典型的通过来回抽打鞭毛使自身运动的
"微生物"，英国格拉斯哥大学 Gillies 等[33]对其运动行为进行了深入细致的研
究。2014 年，Khalil 等[34]制备了一种由一个磁性椭球体头部和一条柔性尾部组
成的磁性人工精子机器人，如图 2-7（c）所示。制备过程中，首先通过光刻技
术制备一个具备精子外形的图案，然后以光刻胶为掩模版，在其头部沉积一层

磁性的 CoNi 合金，最后将其取下即可得到一个长约 322 μm、宽约 42 μm 的人工精子机器人。即使在较低强度（约 5 mT）的振荡磁场下，该机器人也能在磁力矩的作用下通过来回抽打鞭毛产生运动，甚至在一定振荡频率下能达到（158±32）μm/s 的运动速度。

2.1.3 其他类型的磁场驱动微纳机器人

除了上述两类仿生微纳机器人，研究者们还另辟蹊径，设计了许多其他类型的磁场驱动微纳机器人，这里对其中的梯度磁场驱动式微纳机器人和表面滚动式微纳机器人进行简单介绍。

前文介绍的两种微纳机器人都是利用磁力矩运动的，而梯度磁场驱动式微纳机器人与之不同，是一种利用磁力产生运动的机器人。众所周知，在具有梯度的磁场中，具备磁性的物体都会受到磁力的牵引，向磁场强度更大的地方移动。根据这一原理，可以利用梯度磁场驱动任意形状的磁性物体[35-38]，如图 2-8（a）和（b）所示。例如，2013 年美国宾夕法尼亚大学 Steager 等[35]制备了磁性"凹"形机器人并利用梯度磁场使其产生运动 [图 2-8（a）]。他们先将磁性纳米颗粒与光刻胶均匀混合，再利用光刻技术加工出一个"凹"形图案，最后剥离下图案便能得到一个具有磁性的"凹"形机器人。该机器人可以在梯度磁场的控制下捕获并运输 1 μm 小球到指定位置，在靶向递送领域具有潜在的应用价值。

表面滚动式微纳机器人是一种在磁场下利用自身和相邻物体表面间的相互作用而在表面上滚动前行的机器人，主要由旋转磁场或脉冲磁场驱动。2011 年美国犹他大学 Mahoney 等[39]设计了一种非常简单的表面滚动式机器人。他们在放有磁

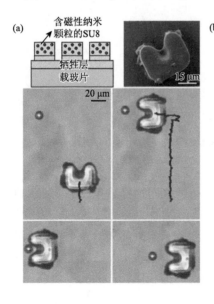

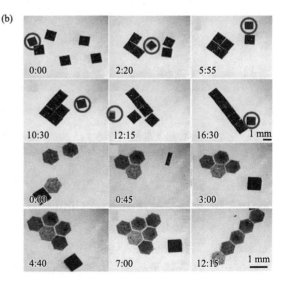

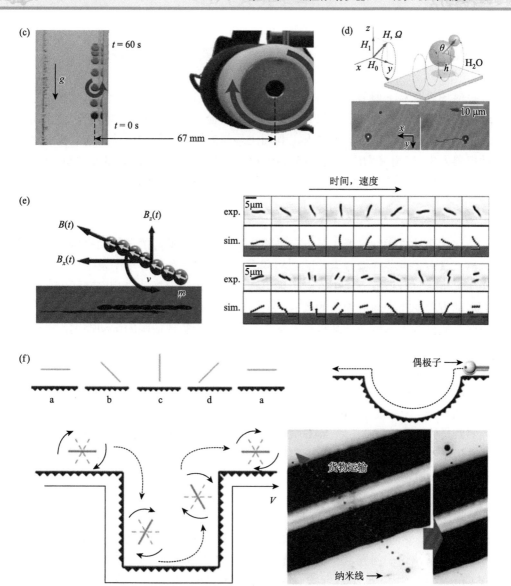

图 2-8　其他类型的磁场驱动微纳米机器人

（a）梯度磁场驱动的磁性"凹"形机器人[35]；（b）梯度磁场驱动的磁性机器人[38]；（c）球形表面滚动式微纳机器人[39]；（d）和（e）球链形表面滚动式微纳机器人[40,41]；（f）Ni 纳米线表面滚动式微纳机器人[42]

性小球的表面附近，将一个沿底面直径磁化的圆柱形 NdFeB 磁铁装载在一个马达上，调整好马达的位置并使马达按一定频率旋转，磁性小球便可在表面上不断滚动前行，如图 2-8（c）所示。此外还有球链状、纳米线形及其他形状的表面滚动式微纳机器人[40-47]，如图 2-8（d）～（f）所示，此处不再一一赘述。

2.2 磁导向微纳机器人

磁场具有易于调节、穿透性好并且对生物组织无害等特点，可以单独用于驱动微纳机器人，也能灵活地与其他驱动方法结合，起到导向的作用。研究人员提出使用其他方式驱动微纳机器人，利用磁场精确控制它们的运动方向。在这类微纳机器人中，应用最为广泛的是磁导向化学驱动式微纳机器人和磁导向趋磁细菌，下文将对这两种最具代表性的磁导向微纳机器人做简要介绍。

2.2.1 磁导向化学驱动式微纳机器人

化学驱动式微纳机器人是指一种将化学能转化为动能的自驱动机器人。这类机器人具有各种各样精心设计的结构和成分，可以在所处环境中发生化学反应并产生自电泳、自扩散泳、单方向喷射气泡等现象，从而推动自身定向运动。但它们运动方向的控制却成为新的挑战，因为在微纳尺度下常规的控制方法难以实施，因此有研究者提出赋予微纳机器人磁性，借助磁场实现精确的运动控制。

1. 磁导向自电泳驱动式微纳机器人

2004 年，美国宾夕法尼亚州立大学 Sen、Mallouk 和 Crespi 课题组[48]合作利用电沉积法制得了一种能在 H_2O_2 水溶液中自动产生非布朗运动的纳米级棒状微纳机器人。其具体制备过程是：以 AAO 为模板，使 Au 和 Pt 按顺序依次沉积进 AAO 的纳米孔道中；在一定条件下完成电沉积后，将 AAO 模板溶解去除，便可得到直径约 370 nm，Au 段和 Pt 段各长 1 μm 的双节纳米棒，如图 2-9（a）所示。在 H_2O_2 水溶液中，该纳米棒的 Pt 端能催化 H_2O_2 发生反应并驱动纳米棒向 Pt 端方向运动。后续研究表明，这种自驱动现象最可能是由于双节纳米棒在 H_2O_2 水溶液中发生自电泳而产生的[49-53]。然而这种双节纳米棒微纳机器人的运动方向是随机的，无法人为控制。

为了解决这一问题，研究人员选择利用磁场控制方向。基于上述成果，Mallouk 和 Crespi 课题组[54]于 2005 年设计了一种 Pt/Ni/Au/Ni/Au 多节纳米棒，其中 Pt 端用于催化分解 H_2O_2 以产生自电泳现象，Ni 端用于感应磁场，并且预先使其磁化产生垂直于纳米棒中轴的磁偶极矩。将该纳米棒置于 H_2O_2 水溶液中并用 NeFeB 永磁铁在其附近产生一个强度约为 550 Gs（1 Gs = 10^{-4} T）的磁场，纳米棒会垂直于磁场方向并向 Pt 端定向运动，甚至能够人为控制其沿着 "PSU" 形状的轨迹运动，如图 2-9（b）所示。他们通过计算得出，多节纳米棒的驱动动力源自催化分解反应，磁场仅用于控制其运动方向，对速度没有影响。2008 年，Crespi 和 Sen 课题组[55]又进一步制备了 Pt/Ni/Au/Ni/Au/PPy 多节纳米棒，并利用磁场使其在 H_2O_2 溶液中实现了聚苯乙烯微球的定向传输，如图 2-9（c）所示。同年，Posner

课题组[56]和 Wang 课题组[57]制备了一种 Au/Ni/Au/Pt-CNT 多节纳米棒，在 Pt 端掺入了能够快速传输电子的碳纳米管（CNT）以增强自电泳效应，大幅提升了纳米棒在 H_2O_2 溶液中的移动速度。该纳米棒在磁场控制下能够在较为复杂的微管道中快速且精确地装载、运输并释放磁性聚苯乙烯小球，如图 2-9（d）所示。这一研究成果在微操控领域中具有十分重要的潜在应用价值。

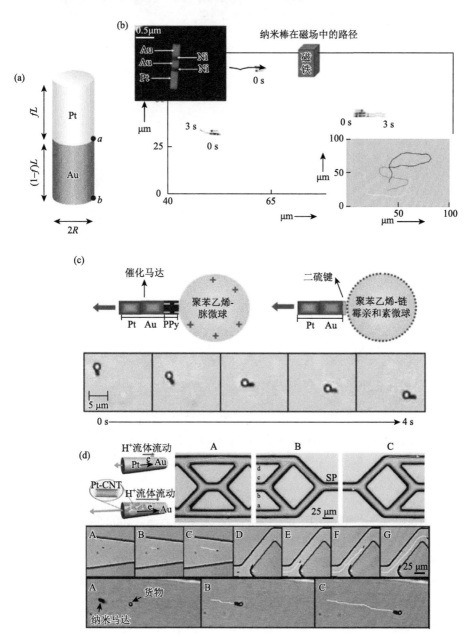

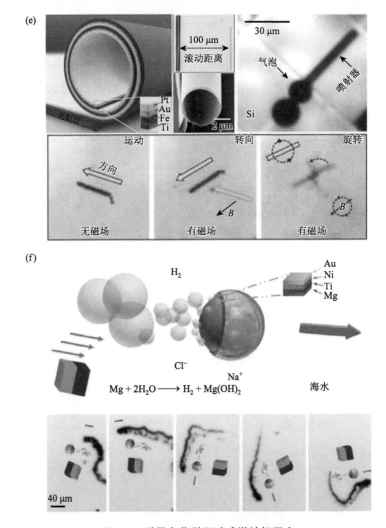

图 2-9 磁导向化学驱动式微纳机器人

(a) 自电泳驱动式微纳机器人[48]；（b）～（d）磁导向自电泳驱动式微纳机器人[54-57]；（e）磁导向气泡推动式
管状微纳机器人[61]；（f）磁导向气泡推动式微型双面粒子[62]

2. 磁导向气泡推动式微纳机器人

气泡推动是另一种应用广泛的微纳机器人驱动方法。2002 年，美国哈佛大学
Whitesides 课题组[58]首先制备了一种气泡推进式装置。该装置呈扁平的立体扇形，
扇形的一边固定了一小块表面镀 Pt 的玻璃片。在 H_2O_2 溶液中，该装置上的 Pt 能
催化 H_2O_2 快速分解并产生大量 O_2，这些 O_2 气泡会从装置有 Pt 片的一端快速喷
射而出，从而推动该装置运动。虽然该扇形圆柱体装置是毫米尺度的，但它的出
现打开了气泡推动式微纳机器人的大门[59, 60]。

2009 年，Solovev 等[61]利用自卷曲技术制备了一种直径 5.5 μm、长 100 μm 的管状微型喷射器（microtubular jet engine），并成功结合外加磁场以控制其运动方向，如图 2-9（e）所示。其制备过程为：首先将光刻胶旋转涂覆在硅片上并利用光刻技术使之成形；随后通过电子束蒸镀技术将 Ti、Fe（Co）、Au、Pt 等金属以一定角度依次沉积在光刻胶上，此时的金属层中存在着内应力；最后使用丙酮溶解光刻胶，金属层便会在内应力作用下发生自卷曲作用而形成一个微管。制得的微管内部是 Pt，能催化 H_2O_2 分解产生 O_2 气泡，气泡将从微管一端喷射而出；中间则有 Fe（Co）磁性层，能够感应外加磁场，用于控制运动方向。实验发现，微管能在 3%～15% 的 H_2O_2 水溶液中进行快速运动，最高运动速度可达 2 mm/s 左右，并且利用外加磁场可以轻易地引导或改变其运动方向。

除了 $Pt-H_2O_2$ 体系以外，如酶-H_2O_2、$Al-H_2O$、$Mg-H_2O$、$Zn-HCl$ 等能通过反应产生气泡的体系也被大量运用于气泡推进式微纳机器人的设计中[62-66]。2013 年，Wang 课题组[62]基于 $Mg-H_2O$ 反应体系，制备了一种磁导向的微型双面粒子（Janus particle），如图 2-9（f）所示。他们首先在载玻片上单层均匀地分布直径约 30 μm 的 Mg 微粒，随后通过电子束蒸镀技术依次沉积 Ti、Ni、Au 金属层，最后取下 Mg 微粒便可得到一种半面为 Mg、半面为 Au 的双面粒子。在海水中，该粒子只有 Mg 面会与水反应并在一端产生大量 H_2 气泡，因而能够产生定向运动。而另一面的 Ni 磁性金属层则使其能由外加磁场控制运动方向。

2.2.2　磁导向趋磁细菌

人们通常认为机器人仅仅是冰冷的机器，如前文介绍的多种微纳机器人一样，并无生命特征可言。然而在自然界的海洋和湖泊环境中，还广泛分布着一类能被设计成微纳机器人的特殊细菌。美国科学家 Blakemore[67]于 1975 年发现了这种能沿着地球磁力线运动的细菌，并将之命名为趋磁细菌（magnetotactic bacteria，MTB）。MTB 感应磁场的能力源自其体内一种特殊的细胞器——磁小体（magnetosome）。磁小体是一种被磷脂膜包覆的单磁畴晶体，直径为几十至几百纳米，磁小体的主要成分大多为 Fe_3O_4，少量为 Fe_3S_4、FeS 或 FeS_2[68]。在 MTB 体内，多个磁小体以链状形式分布，构成一个微型的"生物指南针"，使 MTB 能够偏向并沿着外加磁场的方向运动[69]。图 2-10（a）是一种 MTB（*Magnetospirillum magnetotacticum* strain MS-1）的扫描电子显微镜（SEM）图，从中可以清楚地看到细菌内链状分布的磁小体[37]。MTB 趋磁性的形成原因尚不明确，科学家们做出了许多推测，其中被广为接受的一种解释是，MTB 的趋磁性是为了使其能在地磁场的引导下到达海洋和湖泊中最适宜生存的地方[70]。

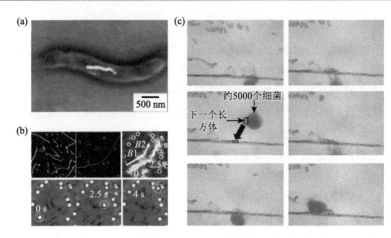

图 2-10　磁导向趋磁细菌

（a）趋磁螺旋细菌 MS-1 的 SEM 图[37]；（b）磁场引导 MTB 运动并牵引微球按指定方向运动[74]；
（c）MTB 集群推动并组装大型物体[76]

　　MTB 自从被发现以来便受到了研究人员的广泛关注，其内部的磁小体具有良好的生物相容性和较大的比表面积，在磁性纳米材料、生物医学和环境处理等领域具有潜在的应用价值[71]。此外，在生存环境适当的情况下，MTB 能在低雷诺数环境中高效运动，其中趋磁球菌 MC-1 的运动速度可达到约 300 μm/s，因此可以将其视为一种具有生命且能对磁场产生感应的自驱动智能型微纳机器人[72, 73]。2006 年，加拿大蒙特利尔大学 Martel 等[74, 75]首次利用磁场使 MTB 按照指定的方向运动并牵引微球前行，如图 2-10（b）所示。他们培养了一种趋磁螺菌（*Magnetospirillum gryphiswaldense*），并使每个细菌黏附一个微米小球，将其置于磁场中观察其运动状态。研究结果表明，MTB 的运动方向在没有施加磁场时是随机的，施加磁场后 MTB 便会沿着磁感线的方向运动，在黏附一个直径 3 μm 的微球时也能达到 7.5 μm/s 的平均速度。他们认为，利用趋磁细菌运送功能化（如包覆药物）的微球，可以使这类磁场控制的微生物应用于生物工程、基因工程、靶向给药等领域。2010 年，Martel 等[76]还利用大量 MTB 组成的集群推动并组装尺寸较大的物体，如图 2-10（c）所示。他们培养的趋磁球菌 MC-1 具有较快的运动速度，并能在磁场作用下大量聚为一体（可聚集约 5000 个 MC-1），共同推动长、宽、高分别为 80 μm、20 μm 和 15 μm 的 SU8 高分子长方体，最后甚至将 SU8 高分子长方体组装成了一个简易金字塔。

　　2013 年，荷兰屯特大学 Khalil 等[77]以 MTB 实现了更为精准的点对点运动，极大地提高了磁场引导趋磁细菌运动的精度。他们根据测得的 MTB（*Magnetospirillum magnetotacticum* strain MS-1）在磁场中的磁偶极矩，设计了一套闭环控制的磁场操作系统。该系统能使 MTB 在目标位置附近时发生减速并不断靠近目标位置，从而提高控制精度。MS-1 点对点移动的位置误差约 13 μm，且在目标处附近的速度为 15 μm/s，相对于 PD 控制系统（proportional-derivative control system）的 20 μm 和 29 μm/s 有了显著的提升。Khalil 等[78-81]还利用磁场闭环控制系统操控其他 MTB 以及磁性人工微纳机器人，均取得了良好的成果。关于磁导向 MTB 的研究并不仅限于此，还有如趋磁细菌功能化、磁共振成像追踪[82-87]、人工 MTB 的研究（将趋磁性的单个或多个细菌与磁性颗粒组装）[88, 89]等。

2.3　结论与展望

　　本章将磁场在微纳机器人中的应用进行了简单的分类与归纳，将磁性微纳机器人分为两类：磁场驱动的微纳机器人和磁场导向的微纳机器人。自然界中广泛存在的微生物为磁场驱动的微纳机器人提供了设计灵感，研究者们据此设计了各种类型的旋转磁场驱动的螺旋推进式微纳机器人和振荡磁场驱动的柔性微纳机器人，它们能在磁场的驱动下在低雷诺数环境中进行高效的运动。但是制备此类具有特殊形状的机器人却并非易事，其制备过程往往较为复杂。例如，自卷曲技术和掠射角沉积技术虽能制备出满足要求的螺旋推进式微纳机器人，但对制备环境和微加工设备的要求通常十分严格（如超净室环境和设备），并且可能生成对环境有害的产物。模板法能够同时制备大量的螺旋形机器人，且制备过程简单无害，但是可制备的机器人的形状和结构却十分有限，难以得到广泛应用。三维激光直写技术的引入使得制备具有任意形状和结构的微纳机器人成为可能，极大地拓宽了螺旋形机器人的发展道路，但该方法对制备过程中的各个步骤要求十分严格，并且需要专业的操作人员。而且目前可用于三维激光直写技术的材料十分有限，限制了这一方法的广泛应用，因此开发新的打印材料成了当务之急。相对而言，其他类型的磁场驱动机器人，如梯度磁场驱动式微纳机器人以及表面滚动式微纳机器人等，对形状和结构往往没有特殊的要求，因此制备比较简单。但它们的缺点在于运动效率低、对运动环境有特殊要求等。在磁场导向的微纳机器人方面，本章主要介绍了磁性化学驱动式微纳机器人和趋磁细菌两种，磁场只用于控制它们的运动方向，对其运动效率没有影响。它们的动力由其他方式提供，但往往需要特殊的环境，例如，大部分化学驱动式微纳机器人需要环境中有 H_2O_2 的存在；趋磁细菌为维持生命活动，对环境的温度、pH 等也有着严格要求。

　　在微加工制造技术的不断进步以及全世界科研工作者的共同努力之下，磁性微纳机器人领域近年来得到了长足的发展，但是磁性微纳机器人在设计、制备、控制、反馈、功能化等方面仍存在诸多挑战（图 2-11），研究者们依旧任重而道远。要使磁性微纳机器人能在磁场驱动下在低雷诺数环境中进行可控运动，其运动对称性的打破必不可少，研究人员应在目前已有的各式微纳机器人的基础上不断改进设计方案以提高运动效率。此外，发展低成本、大规模、对环境无害的微加工制造技术也是关键的一环。而对于磁性微纳机器人的可控运动而言，磁场控制系统和实时信息反馈非常重要，因此发展闭环控制系统、生物成像等技术以实现多自由度、高效精准的运动控制也不可忽视。磁性微纳机器人不仅要能按照指令进行高效运动，而且其结构和成分的功能化也不可或缺。

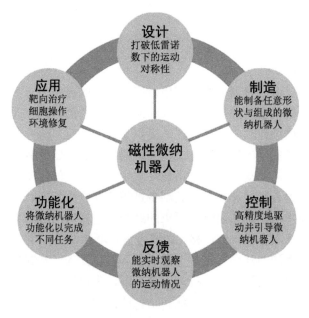

图 2-11 磁性微纳机器人的发展方向

　　总的来说，我们认为磁性微纳机器人未来的研究重点在以下几个方面：①微纳机器人结构（或成分）的优化以及功能化，从而使其能在磁场的操控下完成更多更复杂的任务；②将磁场与其他微纳机器人驱动方法结合，各种驱动方法之间取长补短、同步发展；③改进磁场控制系统，实现更高精度、高效率的微纳机器人控制；④结合自然界中微生物、细胞等的趋向性（智能性），利用先进的微纳米制造技术，开发生物杂化的磁性智能微纳机器人；⑤微纳机器人在未来不可避免地将会投入生物医学领域进行体内应用，因此发展生物体内实时观察微纳机器人的生物成像技术也至关重要。以螺旋推动式微纳机器人为例，在制备和功能化方面，三维激光直写技术具有极佳的前景，后续的研究可以针对其缺点，开发新型打印材料（如水凝胶或大分子蛋白）、简化制备步骤、实现大批量制备等；在控制与反馈方面，重点开发成像技术（如磁共振成像和光声成像），并将其与磁控设备结合组成磁场闭环控制系统，用于实现微纳机器人的实时精准操控。以上几方面的研究将是磁性微纳机器人未来发展的关键，研究者们前进的每一小步都将推动磁性微纳机器人的广泛应用。

参 考 文 献

[1] Nelson B J, Kaliakatsos I K, Abbott J J. Microrobots for minimally invasive medicine. Annual Review of Biomedical Engineering, 2010, 12(1): 55-85.

[2] Gao W, Wang J. The environmental impact of micro/nanomachines: a review. ACS Nano, 2014, 8(4): 3170-3180.

[3] Wang J, Gao W. Nano/microscale motors: biomedical opportunities and challenges. ACS Nano, 2012, 6(7): 5745-5751.

[4] Sitti M, Ceylan H, Hu W, et al. Biomedical applications of untethered mobile milli/microrobots. Proceedings of the IEEE, 2015, 103(2): 205-224.

[5] Qiu F, Nelson B J. Magnetic helical micro- and nanorobots: toward their biomedical applications. Engineering, 2015, 1(1): 21-26.

[6] Purcell E M. Life at low Reynolds number. American Journal of Physics, 1977, 45(1): 3-11.

[7] Zhang L, Peyer K E, Nelson B J. Artificial bacterial flagella for micromanipulation. Lab on a Chip, 2010, 10: 2203-2215.

[8] Qiu T, Lee T C, Mark A G, et al. Swimming by reciprocal motion at low Reynolds number. Nature Communications, 2014, 5: 5119.

[9] Wang W, Duan W, Ahmed S, et al. Small power: autonomous nano- and micromotors propelled by self-generated gradients. Nano Today, 2013, 8(5): 531-554.

[10] Collins C M, Yang B, Yang Q X, et al. Numerical calculations of the static magnetic field in three-dimensional multi-tissue models of the human head. Magnetic Resonance Imaging, 2002, 20(5): 413-424.

[11] Siauve N, Scorretti R, Burais N, et al. Electromagnetic fields and human body: a new challenge for the electromagnetic field computation. COMPEL International Journal of Computations and Mathematics in Electrical, 2003, 22(3): 457-469.

[12] Peyer K E, Zhang L, Nelson B J. Bio-inspired magnetic swimming microrobots for biomedical applications. Nanoscale, 2013, 5(4): 1259-1272.

[13] Abbott J J, Lagomarsino M C, Zhang L, et al. How should microrobots swim? The International Journal of Robotics Research, 2009, 28(11-12): 1434-1447.

[14] Honda T, Arai K, Ishiyama K. Micro swimming mechanisms propelled by external magnetic fields. IEEE Transactions on Magnetics, 1996, 32(5): 5085-5087.

[15] Kikuchi K, Yamazaki A, Sendoh M, et al. Fabrication of a spiral type magnetic micromachine for trailing a wire. IEEE Transactions on Magnetics, 2005, 41(10): 4012-4014.

[16] Zhang L, Abbott J J, Dong L, et al. Artificial bacterial flagella: fabrication and magnetic control. Applied Physics Letters, 2009, 94(6): 064107.

[17] Bell D J, Leutenegger S, Hammar K, et al. Flagella-like propulsion for microrobots using a nanocoil and a rotating electromagnetic field. 2007 IEEE International Conference on Robotics and Automation, Roma. 2007.

[18] Huang H W, Sakar M S, Petruska A J, et al. Soft micromachines with programmable motility and morphology. Nature Communications, 2016, 7: 12263.

[19] Ghosh A, Fischer P. Controlled propulsion of artificial magnetic nanostructured propellers. Nano Letters, 2009,

9(6): 2243-2245.

[20] Tottori S, Zhang L, Qiu F, et al. Magnetic helical micromachines: fabrication, controlled swimming, and cargo transport. Advanced Materials, 2012, 24(6): 811-816.

[21] Medina-Sánchez M, Schwarz L, Meyer A K, et al. Cellular cargo delivery: toward assisted fertilization by sperm-carrying micromotors. Nano Letters, 2015, 16(1): 555-561.

[22] Huang T Y, Sakar M S, Mao A, et al. 3D printed microtransporters: compound micromachines for spatiotemporally controlled delivery of therapeutic agents. Advanced Materials, 2015, 27(42): 6644-6650.

[23] Huang T Y, Qiu F, Tung H W, et al. Generating mobile fluidic traps for selective three-dimensional transport of microobjects. Applied Physics Letters, 2014, 105(11): 114102.

[24] Suter M, Zhang L, Siringil E C, et al. Superparamagnetic microrobots: fabrication by two-photon polymerization and biocompatibility. Biomed Microdevices, 2013, 15(6): 997-1003.

[25] Liu L, Yoo S H, Lee S A, et al. Wet-chemical synthesis of palladium nanosprings. Nano Letters, 2011, 11(9): 3979-3982.

[26] Li J, Sattayasamitsathit S, Dong R, et al. Template electrosynthesis of tailored-made helical nanoswimmers. Nanoscale, 2014, 6(16): 9415-9420.

[27] Gao W, Feng X, Pei A, et al. Bioinspired helical microswimmers based on vascular plants. Nano Letters, 2014, 14(1): 305-310.

[28] Yan X, Zhou Q, Yu J, et al. Magnetite nanostructured porous hollow helical microswimmers for targeted delivery. Advanced Functional Materials, 2015, 25(33): 5333-5342.

[29] Guo S, Sawamoto J, Pan Q. A novel type of microrobot for biomedical application. 2005 IEEE/RSJ International Conference on Intelligent Robots & Systems, Edmonton. 2005.

[30] Sudo S, Segawa S, Honda T. Magnetic swimming mechanism in a viscous liquid. Journal of Intelligent Material Systems and Structure, 2006, 17(8-9): 729-736.

[31] Dreyfus R, Baudry J, Roper M L, et al. Microscopic artificial swimmers. Nature, 2005, 437(7060): 862-865.

[32] Gauger E, Stark H. Numerical study of a microscopic artificial swimmer. Physical Review E, 2006, 74(2 Pt 1): 021907.

[33] Gillies E A, Cannon R M, Green R B, et al. Hydrodynamic propulsion of human sperm. Journal of Fluid Mechanics, 2009, 625: 445-474.

[34] Khalil I S, Dijkslag H C, Abelmann L, et al. Magnetosperm: a microrobot that navigates using weak magnetic fields. Applied Physics Letters, 2014, 104(22): 55-85.

[35] Steager E B, Sakar M S, Magee C, et al. Automated biomanipulation of single cells using magnetic microrobots. International Journal of Robotics Research, 2013, 32(3): 346-359.

[36] Lee C, Lee H, Westervelt R. Microelectromagnets for the control of magnetic nanoparticles. Applied Physics Letters, 2001, 79(20): 3308.

[37] Lee H, Purdon A M, Chu V, et al. Controlled assembly of magnetic nanoparticles from magnetotactic bacteria using microelectromagnets arrays. Nano Letters, 2004, 4(5): 995-998.

[38] Tasoglu S, Diller E, Guven S, et al. Untethered micro-robotic coding of three-dimensional material composition. Nature Communications, 2014, 5: 3124.

[39] Mahoney A W, Abbott J J. Managing magnetic force applied to a magnetic device by a rotating dipole field. Applied Physics Letters, 2011, 99(13): 134103.

[40] Tierno P, Golestanian R, Pagonabarraga I, et al. Controlled swimming in confined fluids of magnetically actuated

colloidal rotors. Physical Review Letters, 2008, 101(21): 265-268.

[41]　Sing C E, Schmid L, Schneider M F, et al. Controlled surface-induced flows from the motion of self-assembled colloidal walkers. Proceedings of the National Academy of Sciences of the United States of America, 2010, 107(2): 535-540.

[42]　Zhang L, Petit T, Lu Y, et al. Controlled propulsion and cargo transport of rotating nickel nanowires near a patterned solid surface. ACS Nano, 2010, 4(10): 6228-6234.

[43]　Pawashe C, Floyd S, Sitti M. Modeling and experimental characterization of an untethered magnetic micro-robot. The International Journal of Robotics Research, 2009, 28(8): 1077-1094.

[44]　Hou M T, Shen H M, Jiang G L, et al. A rolling locomotion method for untethered magnetic microrobots. Applied Physics Letters, 2010, 96(2): 024102.

[45]　Karle M, Wöhrle J, Miwa J, et al. Controlled counter-flow motion of magnetic bead chains rolling along microchannels. Microfluidics and Nanofluidics, 2011, 10(4): 935-939.

[46]　Mair L O, Evans B, Hall A R, et al. Highly controllable near-surface swimming of magnetic Janus nanorods: application to payload capture and manipulation. Journal of Physics D: Applied Physics, 2011, 44(12): 125001.

[47]　Zhang L, Petit T, Peyer K E, et al. Noncontact and contact micromanipulation using a rotating nickel nanowire. 2010 IEEE 4th International Conference on Nano/Molecular Medicine and Engineering(NANOMED), Hong Kong/Macau. 2010: 38-43.

[48]　Paxton W F, Kistler K C, Olmeda C C, et al. Catalytic nanomotors: autonomous movement of striped nanorods. Journal of the American Chemical Society, 2004, 126(41): 13424-13431.

[49]　Paxton W F, Baker P T, Kline T R, et al. Catalytically induced electrokinetics for motors and micropumps. Journal of the American Chemical Society, 2006, 128(46): 14881-14888.

[50]　Kline T R, Iwata J, Lammert P E, et al. Catalytically driven colloidal patterning and transport. The Journal of Physical Chemistry B, 2006, 110(48): 24513-24521.

[51]　Wang Y, Hernandez R M, Bartlett D J, et al. Bipolar electrochemical mechanism for the propulsion of catalytic nanomotors in hydrogen peroxide solutions. Langmuir, 2006, 22(25): 10451-10456.

[52]　Moran J L, Posner J D. Electrokinetic locomotion due to reaction-induced charge auto-electrophoresis. Journal of Fluid Mechanics, 2011, 680: 31-66.

[53]　Yariv E. Electrokinetic self-propulsion by inhomogeneous surface kinetics. Proceedings of The Royal Society A, 2011, 467(2130): 1645-1664.

[54]　Kline T R, Paxton W F, Mallouk T E, et al. Catalytic nanomotors: remote-controlled autonomous movement of striped metallic nanorods. Angewandte Chemie International Edition, 2005, 44(5): 744-746.

[55]　Sundararajan S, Lammert P E, Zudans A W, et al. Catalytic motors for transport of colloidal cargo. Nano Letters, 2008, 8(5): 1271-1276.

[56]　Burdick J, Laocharoensuk R, Wheat P M, et al. Synthetic nanomotors in microchannel networks: directional microchip motion and controlled manipulation of cargo. Journal of the American Chemical Society, 2008, 130(26): 8164-8165.

[57]　Laocharoensuk R, Burdick J, Wang J. Carbon-nanotube-induced acceleration of catalytic nanomotors. ACS Nano, 2008, 2(5): 1069-1075.

[58]　Ismagilov R F, Schwartz A, Bowden N, et al. Autonomous movement and self-assembly. Angewandte Chemie International Edition, 2002, 41(4): 652-654.

[59]　He Y, Wu J, Zhao Y. Designing catalytic nanomotors by dynamic shadowing growth. Nano Letters, 2007, 7(5):

1369-1375.

[60] Gibbs J, Zhao Y P. Autonomously motile catalytic nanomotors by bubble propulsion. Applied Physics Letters, 2009, 94(16): 163104.

[61] Solovev A A, Mei Y, Bermúdez Ureña E, et al. Catalytic microtubular jet engines self-propelled by accumulated gas bubbles. Small, 2009, 5(14): 1688-1692.

[62] Gao W, Feng X, Pei A, et al. Seawater-driven magnesium based Janus micromotors for environmental remediation. Nanoscale, 2013, 5(11): 4696-4700.

[63] Orozco J, García-Gradilla V, D'Agostino M, et al. Artificial enzyme-powered microfish for water-quality testing. ACS Nano, 2013, 7(1): 818-824.

[64] Mou F, Chen C, Ma H, et al. Self-propelled micromotors driven by the magnesium-water reaction and their hemolytic properties. Angewandte Chemie, 2013, 52(28): 7208-7212.

[65] Gao W, Pei A, Wang J. Water-driven micromotors. ACS Nano, 2012, 6(9): 8432-8438.

[66] Gao W, Dong R, Thamphiwatana S, et al. Artificial micromotors in the mouse's stomach: a step toward *in vivo* use of synthetic motors. ACS Nano, 2015, 9(1): 117-123.

[67] Blakemore R. Magnetotactic bacteria. Science, 1975, 190(4212): 377-379.

[68] Faivre D, Schuler D. Magnetotactic bacteria and magnetosomes. Chemical Reviews, 2008, 108(11): 4875-4898.

[69] Frankel R B, Blakemore R. Navigational compass in magnetic bacteria. Journal of Magnetism and Magnetic Materials, 1980, 15: 1562-1564.

[70] Schüler D. Magnetoreception and Magnetosomes in Bacteria. Heidelberg: Springer, 2006.

[71] Mathuriya A S. Magnetotactic bacteria for cancer therapy. Biotechnology Letters, 2015, 37(3): 491-498.

[72] Martel S. Towards fully autonomous bacterial microrobots. Experimental Robotics, 2014, 79: 775-784.

[73] Martel S. Flagellated bacterial nanorobots for medical interventions in the human body. 2008 2 nd IEEE RAS & EMBS International Conference on Biomedical Robotics and Biomechatronics, Scottsdale, AZ. 2008: 264-269.

[74] Martel S, Tremblay C C, Ngakeng S, et al. Controlled manipulation and actuation of micro-objects with magnetotactic bacteria. Applied Physics Letters, 2006, 89(23): 233904.

[75] Martel S. Controlled bacterial micro-actuation. 2006 International Conference on Microtechnologies in Medicine and Biology, Okinawa. 2006.

[76] Martel S, Mohammadi M. Using a swarm of self-propelled natural microrobots in the form of flagellated bacteria to perform complex micro-assembly tasks. International Conference on Robotics and Automation, Anchorage, Alaska. 2010: 500-505.

[77] Khalil I S, Pichel M P, Abelmann L, et al. Closed-loop control of magnetotactic bacteria. The International Journal of Robotics Research, 2013, 32(6): 637-649.

[78] Khalil I S, Magdanz V, Sanchez S, et al. Magnetic control of potential microrobotic drug delivery systems: nanoparticles, magnetotactic bacteria and self-propelled microjets. 35th Annual International Conference of the IEEE Engineering in Medicine and Biology Society(EMBC), Tokyo. 2013: 5299-5302.

[79] Khalil I S, Magdanz V, Sanchez S, et al. Magnetotactic bacteria and microjets: a comparative study. 2013 IEEE/RSJ International Conference on Intelligent Robots and Systems, Tokyo. 2013: 2035-2040.

[80] Khalil I S, Misra S. Control characteristics of magnetotactic bacteria: *Magnetospirillum magnetotacticum* strain MS-1 and *Magnetospirillum magneticum* strain AMB-1. IEEE Transactions on Magnetics, 2014, 50(4): 1-11.

[81] Khalil I S, Pichel M P, Reefman B A, et al. Control of magnetotactic bacterium in a micro-fabricated maze. 2013 IEEE International Conference on Robotics and Automation(ICRA), Karlsruhe, Germany. 2013: 5508-5513.

[82]　Martel S, Taherkhani S, Tabrizian M, et al. Computer 3D controlled bacterial transports and aggregations of microbial adhered nano-components. Journal of Micro-Bio Robotics, 2014, 9(1-2): 23-28.

[83]　Martel S, Mohammadi M, Felfoul O, et al. Flagellated magnetotactic bacteria as controlled mri-trackable propulsion and steering systems for medical nanorobots operating in the human microvasculature. The International Journal of Robotics Research, 2009, 28(4): 571-582.

[84]　Bahaj A, Croudace I, James P, et al. Continuous radionuclide recovery from wastewater using magnetotactic bacteria. Journal of Magnetism and Magnetic Materials, 1998, 184(2): 241-244.

[85]　Lu Z, Martel S. Controlled bio-carriers based on magnetotactic bacteria. Transducers 2007—2007 International Solid-State Sensors, Actuators and Microsystems Conference, Lyon. 2007: 683-686.

[86]　Andre W, Martel S. Initial design of a bacterial actuated microrobot for operations in an aqueous medium. 28th Annual International Conference of the IEEE Engineering in Medicine and Biology Society, New York. 2006: 2824-2827.

[87]　Felfoul O, Mohammadi M, Taherkhani S, et al. Magneto-aerotactic bacteria deliver drug-containing nanoliposomes to tumour hypoxic regions. Nature Nanotechnology, 2016, 11(11): 941-947.

[88]　Kim D H, Kim P S S, Julius A A, et al. Three-dimensional control of tetrahymena pyriformis using artificial magnetotaxis. Applied Physics Letters, 2012, 100(5): 053702.

[89]　Carlsen R W, Edwards M R, Zhuang J, et al. Magnetic steering control of multi-cellular bio-hybrid microswimmers. Lab on a Chip, 2014, 14(19): 3850-3859.

第3章

不依赖精确模型的双粒子微机器人
运动控制方法

3.1 ▶ 引言

　　针对微纳机器人的有效控制方法一直是领域内一个非常重要而又未完全解决的问题，本章针对能在液体中进行二维运动的双粒子磁性微机器人（two-particle magnetic microrobot, TPMM），介绍了一种不依赖精确模型的轨迹跟踪控制方法。在该控制方法中，微机器人的动力学模型与外界干扰被整合到一起，作为广义干扰处理，无需对微机器人进行复杂的动力学建模。并且通过设计的扩展状态观测器可以估计微机器人的运动状态（即位置与速度），并能对广义干扰进行补偿。利用所估计的运动状态，我们设计了线性轨迹跟踪控制器。此外，我们还应用了一套视觉伺服控制系统，并进行了大量的实时轨迹跟踪实验。实验结果表明，我们提出的控制方法能在不同的流体环境中实现对不同体长的 TPMM 样品的高精度轨迹跟踪。

3.2 ▶ 双粒子磁性微机器人的驱动方法和运动特性识别

　　微纳机器人在生物医学领域具有广泛的应用前景，如药物递送、靶向治疗和微创手术[1-3]。其中，磁驱动的微纳机器人具有无需燃料的特点，更适合于生物医学应用。迄今为止，已有许多关于磁性微纳机器人的各类结构设计与驱动策略的报道[4, 5]。根据低雷诺数下非倒易运动原理，微纳机器人可以利用手性[6, 7]和柔性[8-10]结构运动。非手性微纳机器人可以在旋转磁场[11]下实现可控运动，磁场梯度也可用于微纳机器人的运动控制[12]。此外，还有一种特殊类型的微纳机器人——表面行走型微纳机器人（surface walker），如粒子型微纳机器人、磁性纳米线和胶体微轮，这种微纳机器人能借助与边界的摩擦打破对称性而获得推进力[13-15]。为了使这些微纳机器人能完成实际应用任务（如靶向给药和微操控），现已开发了相关的自动控制技术。但是微纳机器人轨迹跟踪的精度还有待提高[16-18]，尤其是在存在干扰的情况下[16]。此外，针对做简单平移运动的微纳机器人，已有相关基于模型的控制方法及干扰补偿方法[19, 20]。然而，许多因素阻碍了基于模型的 TPMM（图 3-1）控制方法的实际应用：①三维旋转引起的复杂运动 ［图 3-2（a）］导致 TPMM 的流体动力学建模难以进行；②动态变化的边界效应；③参数（如体长和直径）或周围流体的变化。因此，我们对 TPMM 的无模型轨迹跟踪控制进行了研究。与具有复杂设计和制造工艺的微纳机器人不同，我们使用的 TPMM 可以通过直接沉积磁性微粒（直径 4～5 μm）胶体悬浮液（Spherotech PMS-40-10）制得。

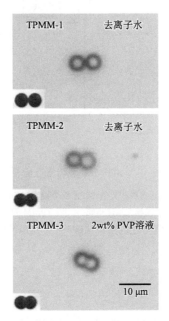

图 3-1　具有不同体长和周围流体环境的三个 TPMM 样品

wt%为质量分数；PVP 为聚乙烯吡咯烷酮

三个 TPMM 样品（图 3-1）的磁驱动原理如图 3-2（a）所示。TPMM-1 和 TPMM-2 处于去离子水中，而 TPMM-3 则是在 2 wt% PVP 溶液中。用旋转磁场在平整的基底上驱动 TPMM，该基底可以视作没有滑动的边界，能打破 TPMM 两端所受流体阻力的对称性，使得 TPMM 以一定的移动速度沿边界滚动 ［图 3-2（a）］[13]。毫特斯拉级的旋转磁场便足以驱动 TPMM 进行翻滚运动，比使用大梯度磁场的驱动更为高效[13-15]。运动方向由旋转磁场的方向角决定，而运动速度可以通过改变旋转频率和俯仰角来调节。由于非线性的边界效应[12]和复杂的流体动力学，建立 TPMM 的动力学模型仍具挑战。此外，TPMM 不同的体长和周围流体的变化导致其运动行为也各不相同。如图 3-2（b）所示，由于 PVP 溶液的黏度比去离子水高，所以 TPMM-3 的失调频率最低。而 TPMM-2 的失调频率高于 TPMM-1，这是因为 TPMM-1 更长，在相同的输入频率驱动下所受阻力更大。我们针对这些问题提出了一种 TPMM 的无模型轨迹跟踪控制方法。这一方法将 TPMM 的动力学行为和外界干扰整合为广义干扰，无需对微机器人建立特殊模型。我们所提出的控制方法还可以进一步应用于环境中有外部干扰时，微机器人在表面上的二维运动。

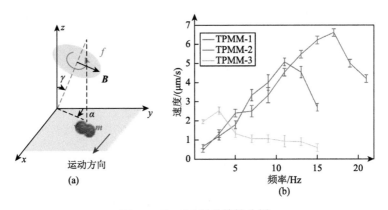

图 3-2　TPMM 运动特性分析

（a）旋转磁场驱动 TPMM 示意图：蓝色虚线和蓝色实线箭头分别为磁场的法线以及旋转方向，α 和 γ 分别为方向角与俯仰角，f 为旋转频率，灰色距形区域表示硅基底；（b）TPMM 的速度与输入频率的关系图，TPMM-1 和 TPMM-2 在去离子水中以 15° 的俯仰角驱动，TPMM-3 在 2 wt% 的 PVP 溶液中以 45° 俯仰角驱动

3.3　磁控系统

要实现磁场对微纳机器人的精确控制，稳定且可以调节的电磁线圈系统是必备条件。图 3-3 为本课题组开发的用于微纳机器人控制的电磁线圈系统，主要由三轴亥姆霍兹线圈装置、PointGrey 相机、显微镜以及三个 Maxon 电机控制器组成。其中三轴亥姆霍兹线圈用于产生动态磁场，而摄像机则用于记录实验过程。对于需要实现自动控制的微纳机器人或粒子集群，我们还建立了一个双机控制系统以实现自动控制。其中，第一台计算机负责高频（1 kHz）磁场的控制，以产生精确、平滑的磁场。第二台计算机用于控制低频（10 Hz）磁场和执行计算密集型算法，包括图像处理、统计计算和控制算法。本章及后续章节中介绍的本课题组微纳机器人磁控实验大部分是利用此套磁控系统完成。

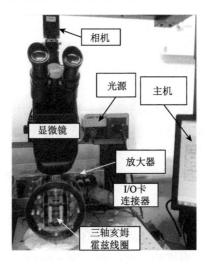

图 3-3　基于三轴亥姆霍兹线圈的微纳机器人磁驱动和自动控制系统

3.4 ▶ 控制方案设计

3.4.1 问题的公式化

根据图 3-2（a）中的坐标系，TPMM 的位置可以表示为 $\boldsymbol{p}=[x(t),y(t)]^{\mathrm{T}}$。由于微观图像反馈在感兴趣区域内是均匀的，所以 TPMM 在图像坐标中的位置，即 $\boldsymbol{q}=[q_x(t),q_y(t)]^{\mathrm{T}}$，可以表示为

$$\begin{bmatrix} q_x(t) \\ q_y(t) \end{bmatrix}=\begin{bmatrix} c & 0 \\ c & c \end{bmatrix}\begin{bmatrix} x(t) \\ y(t) \end{bmatrix} \tag{3-1}$$

其中，c 取决于光学系统，可通过校准得到。

TPMM 的轨迹跟踪是指跟踪 TPMM 随时间变化的位置和相应的速度：

$$\begin{cases} q_d(t)=[q_{d_x}(t),q_{d_y}(t)]^{\mathrm{T}} \\ \dot{q}_d(t)=[\dot{q}_{d_x}(t),\dot{q}_{d_y}(t)]^{\mathrm{T}} \end{cases} \tag{3-2}$$

它们都是有界且可微的。

TPMM 的驱动需要施加旋转磁场。影响 TPMM 运动的三个重要磁场参数 [图 3-2（a）] 为：旋转频率 f（Hz）、俯仰角 γ（°）以及方向角 α（°）。由于 TPMM 在低雷诺数下进行平移运动，其加速过程可以忽略。基于实验观测，TPMM 的运动方程可以表示为

$$\begin{cases} \dot{q}_x(t)=g(f(t),\gamma(t))\cos(\alpha(t))+d_x(t) \\ \dot{q}_y(t)=g(f(t),\gamma(t))\sin(\alpha(t))+d_y(t) \end{cases} \tag{3-3}$$

其中，$g(\cdot)$ 为关于 $f(t)$ 和 $\gamma(t)$ 在它们变化范围内的单调递增非线性函数；$d_{x,y}(t)$ 为随时间变化的不均匀环境所引起的外部干扰。需要注意的是，$g(\cdot)$ 取决于 TPMM 的物理参数、边界效应和周围流体，可能有不同的形式。因此，无模型轨迹控制器的设计具有重要意义。

为了使该控制问题简化且不失一般性，我们将水中的磁场俯仰角设为 $15°$，而 PVP 溶液中则设为 $45°$，这样的设置更适合进行驱动。因此，输入的控制参数仅限于旋转频率 $f(t)$ 和方向角 $\alpha(t)$。考虑到设计控制方法的目的，我们提出用一个简单的线性函数表示 TPMM 的动力学模型，并将未建立的动力学模型和外部干扰作为广义干扰处理：

$$\begin{cases} \dot{q}_x(t) = a_0 f(t)\cos(\alpha(t)) + D_x(t) \\ \dot{q}_y(t) = a_0 f(t)\sin(\alpha(t)) + D_y(t) \end{cases} \tag{3-4}$$

其中，a_0 为实验得到的值为正的常数；$D_{x,y}$ 为 x 轴和 y 轴的广义干扰，可由干扰观测器估计。

3.4.2 扩展状态观测器的设计

我们针对系统模型式（3-4）设计了一个扩展状态观测器（extended state observer，ESO）[21]，通过 ESO 不仅可以估计 TPMM 的运动状态，还可以估计广义干扰以进行补偿。令 $\boldsymbol{x} = [x_1(t), x_2(t), x_3(t), x_4(t)] = [q_x(t), D_x(t), q_y(t), D_y(t)]$，表示扩展后的系统状态向量，则所设计的 ESO 表示为

$$\begin{cases} \dot{\hat{x}}_1(t) = \hat{x}_2(t) + a_0 f(t)\cos(\alpha(t)) + \dfrac{\beta_1}{\varepsilon}(q_{xm}(t) - \hat{x}_1(t)) \\[2mm] \dot{\hat{x}}_2(t) = \dfrac{\beta_2}{\varepsilon^2}(q_{xm}(t) - \hat{x}_1(t)) \\[2mm] \dot{\hat{x}}_3(t) = \hat{x}_4(t) + a_0 f(t)\sin(\alpha(t)) + \dfrac{\beta_3}{\varepsilon}(q_{ym}(t) - \hat{x}_3(t)) \\[2mm] \dot{\hat{x}}_4(t) = \dfrac{\beta_4}{\varepsilon^2}(q_{ym}(t) - \hat{x}_3(t)) \end{cases} \tag{3-5}$$

其中，$\hat{\boldsymbol{x}} = [\hat{x}_1(t), \hat{x}_2(t), \hat{x}_3(t), \hat{x}_4(t)]^{\mathrm{T}} = [\hat{q}_x(t), \hat{D}_x(t), \hat{q}_y(t), \hat{D}_y(t)]^{\mathrm{T}}$，为状态估计向量；$q_{jm}(j = x, y)$ 为由图像处理得到的位置反馈；$\beta_i(i = 1, \cdots, 4)$ 为相关常数；ε 也为常数。

令 $\boldsymbol{e}_o = [\hat{q}_x(t) - q_x(t), \hat{D}_x(t) - D_x(t), \hat{q}_y(t) - q_y(t), \hat{D}_y(t) - D_y(t)]^{\mathrm{T}}$，表示估计误差向量，由式（3-4）和式（3-5）可得观测器的误差动力学方程：

$$\dot{\boldsymbol{e}}_o = \boldsymbol{\Psi}_o \boldsymbol{e}_o + \boldsymbol{\Psi}_d \tag{3-6}$$

其中，

$$\boldsymbol{\Psi}_o = \begin{bmatrix} \dfrac{-\beta_1}{\varepsilon} & 1 & 0 & 0 \\[2mm] \dfrac{-\beta_2}{\varepsilon^2} & 0 & 0 & 0 \\[2mm] 0 & 0 & \dfrac{-\beta_3}{\varepsilon} & 1 \\[2mm] 0 & 0 & \dfrac{-\beta_4}{\varepsilon^2} & 0 \end{bmatrix}, \quad \boldsymbol{\Psi}_d = \begin{bmatrix} 0 \\ -\dot{D}_x(t) \\ 0 \\ -\dot{D}_y(t) \end{bmatrix} \qquad (3\text{-}7)$$

因此，如果选取合适的 $\beta_i(i=1,\cdots,4)$ 使式（3-7）定义的系数矩阵 $\boldsymbol{\Psi}_o$ 为赫尔维茨矩阵，并且 $\boldsymbol{\Psi}_d$ 中广义干扰的导数是有界的，则设计的 ESO 是收敛的并且估计误差是有界的。值得注意的是 ε 越小，则估计值的收敛速度越快，有界估计误差越小，但 ESO 对噪声的过滤性能将会降低。

3.4.3　控制器的设计

为了使 TPMM 在参考轨迹上运动，我们设计了状态跟踪控制器（即位置和速度的跟踪），并且对广义干扰进行了补偿以保证控制的鲁棒性。总体控制框图如图 3-4 所示，所设计的控制器如下：

$$\begin{cases} f_x(t) = K_1(q_{d_x}(t) - \hat{q}_x(t)) + \dfrac{1}{a_0}\dot{q}_{d_x}(t) - \dfrac{1}{a_0}\hat{D}_x(t) \\[3mm] f_y(t) = K_2(q_{d_y}(t) - \hat{q}_y(t)) + \dfrac{1}{a_0}\dot{q}_{d_y}(t) - \dfrac{1}{a_0}\hat{D}_y(t) \\[3mm] f(t) = \mathrm{sat}\left(\sqrt{f_x^2(t) + f_y^2(t)}, f_{\max}\right) \\[3mm] \alpha(t) = \arctan 2\left(f_y(t) / f_x(t)\right) \end{cases} \qquad (3\text{-}8)$$

其中，$K_i(i=1,2)$ 为正控制增益，用实际控制频率通过离散时间模拟调整。$\mathrm{sat}(\sigma, b)$ 是一个饱和函数，定义为

$$\mathrm{sat}(\sigma, b) = \begin{cases} \sigma, & \sigma \leqslant b \\ b, & \sigma > b \end{cases} \qquad (3\text{-}9)$$

对控制器的稳定性进行分析，假设估计误差足够小且 $f(t)$ 不饱和，将式（3-8）代入式（3-4），得到闭环系统的误差动力学方程为

$$\dot{\boldsymbol{e}}_c = \boldsymbol{\Psi}_c \boldsymbol{e}_c + \varDelta_0 = \begin{bmatrix} -a_0 K_1 & 0 \\ 0 & -a_0 K_2 \end{bmatrix} \boldsymbol{e}_c + \varDelta_0 \qquad (3\text{-}10)$$

其中，$\boldsymbol{e}_c = [q_{d_x}(t) - q_x(t), q_{d_y}(t) - q_y(t)]^{\mathrm{T}}$ 以及 $\dot{\boldsymbol{e}}_c = [\dot{q}_{d_x}(t) - \dot{q}_x(t), \dot{q}_{d_y}(t) - \dot{q}_y(t)]^{\mathrm{T}}$ 为跟踪误差的向量，分别表示位置及速度。$\varDelta_0$ 为一个由估计误差产生的足够小的项。由于 $\boldsymbol{\Psi}_c$ 的特征值有负实数的部分，所以 $\boldsymbol{e}_c$ 与 $\dot{\boldsymbol{e}}_c$ 是收敛的。$\varDelta_0$ 越小，控制器增益

越大，都会使有界的跟踪误差减小。因此，选择合适的 ESO 和控制器参数可以保证轨迹跟踪的性能。需要注意的是，当初始 $f(t)$ 处于饱和状态时，控制器可使 $f(t)$ 变为非饱和状态。

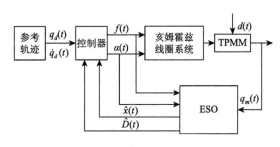

图 3-4　总体控制方案

ESO 用于估计 TPMM 的运动状态和补偿干扰，控制器用于跟踪 TPMM 的位置和速度

3.5 轨迹跟踪实验

　　为了验证上述轨迹控制方法的有效性，我们采用自主搭建的磁控系统（图 3-3）进行了实时跟踪实验。用三轴亥姆霍兹线圈系统产生均匀的三维旋转磁场来驱动 TPMM。图 3-2（a）中的相关参数由 I/O 卡控制。将一个亚克力容器放置在线圈的中央，由摄像机提供视觉反馈。式（3-1）中的 c 被校准为 3。在视觉伺服控制方法中，采用均值漂移算法对 TPMM 的位置进行动态跟踪[22]。此外，为了提高跟踪的鲁棒性和稳定性，我们开发了分两步的图像处理过程，包括阈值分割和孔洞填充，如图 3-5（a）所示。该轨迹控制方法采用 C 语言编程，并在主机上执行，实现了频率为 10 Hz 的实时视觉伺服控制。

　　基于仿真结果，我们将 ESO 和控制器的参数设置为：$a_0 = 1$，$\beta_1 = \beta_2 = \beta_3 = \beta_4 = 4$，$\varepsilon = 0.9$，$K_1 = K_2 = 0.5$，并且对于水中的两个 TPMM 样品，$f_{max} = 12$ Hz；对 PVP 溶液中的 TPMM-3，$f_{max} = 3$ Hz。用图 3-1 中的三种 TPMM 进行实验，将预期轨迹设计为大写字母 "CU"，由四条直线和两条曲线组成，总长度约为 450 μm。图 3-5（b）的跟踪结果显示 TPMM-2（由虚线矩形标记）的真实轨迹（蓝线）准确地沿着预期轨迹（黄线），并且 ESO 能以足够的收敛速度和去噪效果很好地估计出 TPMM 的位置（红线），在图 3-5（b）放大后的插图中可以清楚地看到上述效果。图 3-5（c）和（d）分别绘制了三种 TPMM 的位置及速度跟踪误差的模长。位置跟踪误差在 x 和 y 方向上的模长小于 4 μm。由于本章提出的无模型方法中使用的一般模型［式（3-4）］不够准确，跟踪误差只能基于电流反馈被动补偿。因此，理论上它的跟踪性能比基于模型的方法差。通过提高控制频率，减小 ESO 带宽，可以进一步抑制速度波动。实验结果表明，TPMM-1 具有最大的跟踪误差和波动。这是因为在所有 TPMM 中它的体长最长，导致了较大的流体阻力和较低的旋转稳定性。此外，PVP 溶液黏度较高，使得 TPMM 的运动更加稳定，因此 TPMM-3 的轨迹跟踪误差和波动最小。总的来说，实验结果说明我们所提出的控制方法具有高精度的轨迹追踪性能，在无须考虑其动力学特性的情况下，对不同体长的 TPMM 在多种流体环境中的控制具有普遍性。

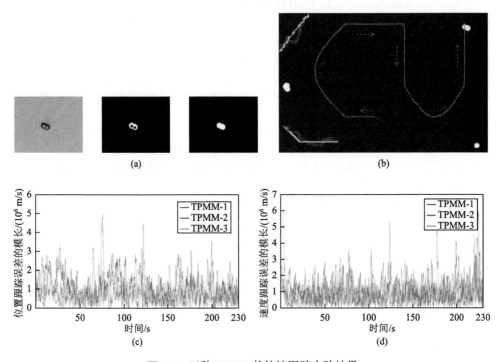

图 3-5 三种 TPMM 的轨迹跟踪实验结果

（a）图像处理过程：阈值分割和孔洞填充，以确保对 TPMM-2 的稳定视觉跟踪；
（b）TPMM-2 的轨迹（字母 "CU"）跟踪结果：被跟踪的 TPMM-2 在虚线矩形框内，黄线和蓝线分别为 TPMM-2 的参考轨迹和实际轨迹，红线为 ESO 估计的位置，其他白色区域为非目标粒子；（c）三种 TPMM 在实验过程中位置跟踪误差的模长；（d）三种 TPMM 速度跟踪误差的模长

3.6 本章总结

本章介绍了一种针对 TPMM 提出的无模型轨迹跟踪控制方法。该方法对广义扰动的估计和补偿使 TPMM 具有较强的动力学适应能力，也对外界干扰具有鲁棒性。在三轴亥姆霍兹线圈系统中，我们用不同体长的 TPMM 在去离子水和 PVP 溶液中进行了视觉伺服实验，验证了该闭环实时控制方法的有效性。不同体长的

TPMM 以及不同流体环境下的实验结果展示了本方法对包括直线和曲线在内的各种轨迹具有高精度跟踪性能。本方法无需精确模型的特点使其可进一步应用于其他微纳机器人的轨迹控制，尤其是在有干扰的动态环境中。

参 考 文 献

[1] Li J, de Ávila B E F, Gao W, et al. Micro/nanorobots for biomedicine: delivery, surgery, sensing, and detoxification. Science Robotics, 2017, 2(4): eaam6431.

[2] Li M, Liu L, Xi N, et al. Applications of micro/nano automation technology in detecting cancer cells for personalized medicine. IEEE Transactions on Nanotechnology, 2017, 16(2): 217-229.

[3] Yan X, Zhau C Q, Vincent M, et al. Multifunctional biohybrid magnetite microrobots for imaging-guided therapy. Science Robotics, 2017, 2(12): eaaq1155.

[4] Xu T, Yu J, Yan X, et al. Magnetic actuation based motion control for microrobots: an overview. Micromachines, 2015, 6(9): 1346-1364.

[5] Yang L, Wang Q, Vong C I, et al. A miniature flexible-link magnetic swimming robot with two vibration modes: design, modeling and characterization. IEEE Robotics and Automation Letters, 2017, 2(4): 2024-2031.

[6] Zhang L, Abbott J J, Dong L, et al. Artificial bacterial flagella: fabrication and magnetic control. Applied Physics Letters, 2009, 94(6): 064107.

[7] Yan X, Zhou C Q, Yu J F, et al. Magnetite nanostructured porous hollow helical microswimmers for targeted delivery. Advanced Functional Materials, 2015, 25(33): 5333-5342.

[8] Khalil I S, Dijkslag H C, Abelmann L, et al. Magnetosperm: a microrobot that navigates using weak magnetic fields. Applied Physics Letters, 2014, 104(22): 223701.

[9] Maier A M, Weig C, Oswald P, et al. Magnetic propulsion of microswimmers with DNA-based flagellar bundles. Nano Letters, 2016, 16(2): 906-910.

[10] Li T, Li J X, Morozov K I, et al. Highly efficient freestyle magnetic nanoswimmer. Nano Letters, 2017, 17(8): 5092-5098.

[11] Cheang U K, Lee K, Julius A A, et al. Multiple-robot drug delivery strategy through coordinated teams of microswimmers. Applied Physics Letters, 2014, 105(8): 083705.

[12] Sadelli L, Fruchard M, Ferreira A. 2D observer-based control of a vascular microrobot. IEEE Transactions on Automatic Control, 2017, 62(5): 2194-2206.

[13] Tierno P, Golestanian R, Pagonabarraga I, et al. Controlled swimming in confined fluids of magnetically actuated colloidal rotors. Physical Review Letters, 2008, 101(21): 218304.

[14] Sing C E, Schmid L, Schneider M F, et al. Controlled surface-induced flows from the motion of self-assembled colloidal walkers. Proceedings of the National Academy of Sciences of the United States of America, 2010, 107(2): 535-540.

[15] Tasci T, Herson P, Neeves K, et al. Surface-enabled propulsion and control of colloidal microwheels. Nature Communications, 2016, 7: 10225.

[16] Khalil I S, Magdanz V, Sanchez S, et al. The control of self-propelled microjets inside a microchannel with time-varying flow rates. IEEE Transactions on Robotics, 2014, 30(1): 49-58.

[17] Pieters R, Lombriser S, Alvarez-Aguirre A, et al. Model predictive control of a magnetically guided rolling microrobot. IEEE Robotics and Automation Letters, 2016, 1(1): 455-460.

[18]   Steager E B, Sakar M S, Magee C, et al. Automated biomanipulation of single cells using magnetic microrobots. International Journal of Robotics Research, 2013, 32(3): 346-359.

[19]   Arcese L, Fruchard M, Ferreira A. Adaptive controller and observer for a magnetic microrobot. IEEE Transactions on Robotics, 2013, 29(4): 1060-1067.

[20]   Abass H, Shoukry M, Klingner A, et al. Disturbance observer-based motion control of paramagnetic microparticles against time-varying flow rates. 2016 6th IEEE International Conference on Biomedical Robotics and Biomechatronics, Singapore. 2016: 67-72.

[21]   Han J. A class of extended state observers for uncertain systems. Control and Decision, 1995, 10(1): 85-88.

[22]   Comaniciu D, Ramesh V, Meer P. Real-time tracking of nonrigid objects using mean shift. Proceedings IEEE Conference on Computer Vision and Pattern Recognition, Hilton Head Island. 2000, 2: 142-149.

第4章

荧光磁性孢子微机器人的实时追踪
——远程检测难辨梭菌毒素

作为微纳机器人最有前景的应用场景之一，体外病毒、疾病检测一直广受关注，尽管已有大量的研究和临床试验，但开发快速、直接且低成本的检测手段以用于检测常见胃肠道疾病相关细菌毒素仍面临着巨大挑战。基于加速的"动态化学过程"，追踪新兴微纳机器人响应的运动检测方法在化学和生物传感领域展现出了极大的潜力。在本章中，我们提出采用荧光磁性孢子微机器人（fluorescent magnetic spore-based microrobots，FMSM）作为高效动态传感平台，检测患者粪便中存在的难辨梭菌（Clostridium difficile，C. diff）所分泌的毒素。通过在多孔天然孢子上直接进行磁性纳米粒子沉积以及传感探针包覆，可以快速且廉价地合成这种微机器人。由于自然孢子、磁性 Fe_3O_4 纳米粒子以及功能化碳纳米点的共同作用，所制备的 FMSM 能在数十分钟内选择性响应难辨梭菌细菌上清液，甚至是受感染患者的实际临床粪便样品中的毒素，从而展现出对难辨梭菌毒素的侦测能力，具有高选择性和高灵敏度。

4.1 引言

难辨梭菌是一种革兰氏阳性厌氧肠胃病菌，在发达国家有成千上万的院内感染病例[1]。感染这种细菌会导致一系列与难辨梭菌相关的疾病，从轻度腹泻到致命的假膜性结肠炎等[2]。难辨梭菌的致病性已被证明是源于其分泌的两种高分子量的外毒素——毒素 A 与毒素 B，这两种毒素能造成黏膜损伤[3]。准确及时地侦测这些毒素对早期诊断细菌感染、及时实施感染控制及药物治疗显得至关重要。目前，已通过偶联技术开发了一系列针对一种或多种毒素的早期诊断方法，包括酶免疫测定法、细胞培养毒性中和检测、谷氨酸脱氢酶检测以及分子检测[4, 5]。然而，这些检测方法都受到分析成本高、对参考依赖性强、周转时间长、诊断实验环境中敏感性和特异性变化范围大等限制。因此，开发一种简单、快速且能实时监测的诊断方法势在必行，这将有助于临床医生在患者感染初期选择有效的治疗策略。

微纳机器人可在多种能源驱动下在溶液中运动，这种传统微/纳米材料所不具备的主动机械运动使其成为一个相对较新的研究方向，引起了人们的广泛关注[6, 7]。得益于这种运动特性以及源自微/纳米材料的易功能化的特点，这些微纳机器人在开发新型远程检测平台上具有极大的潜力。这种移动传感平台不仅能提供实时实地检测，还能产生"即时"反应，从而加剧内置溶液的混合，并且通过连续旋转、平移运动增加接触，最终加快反应速率[8]。此外，微纳机器人的微小尺寸也使它们能够在小而窄的区域内工作。如今已有大量的微纳机器人被用于各种基于运动的远程检测应用[9-12]。Wang 及其同事[9]报道了一种基于适体的还原氧化石墨烯/铂微电机，用于 B 型蓖麻毒素的实时荧光检测。Escarpa 及其同事[10-12]制备了一系列碳基催化微马达，用于食物样品中细菌内毒素检测或霉菌毒素分析。大多数微纳机器人通常呈现管状或双面的形态，且采用模板辅助法制得。此外，它们的驱动通常依赖于化学燃料，特别是 H_2O_2 和表面活性剂，且需要外加磁场的引导和辅助才能实现导航[13]。然而，H_2O_2 的强氧化性能使各种生物分子发生变性并/或改变检测环境，如使 pH 变化以及引入外源离子。而且生物分子对 H_2O_2 的逐渐消耗会延缓微纳机器人的有效运动，最终影响检测效率。这些副作用使得 H_2O_2 驱动的微纳机器人不适合在复杂的生理环境中进行生物传感[7, 14-16]。另外，H_2O_2 浓度高的介质（即＞1%体积）由于生物相容性差（使蛋白质变性），不适合用于细胞内检测或进一步的生物传感。并且微纳机器人的运动也极大程度地受到 H_2O_2 浓度的限制，使得检测过程不可控。此外，对微/纳米结构及其衍生的人造侦测微纳机器人来说，大规模生产仍然是一个巨大挑战，因为它们的制造通常需要烦琐的程序和/或先进的仪器。因此，探索新型规模化方法对于促进微纳机器人在未来的广泛应用来说是必不可少的。

孢子通常存在于自然界中，是由多种植物或真菌产生的。其独特而复杂的三维（3D）结构不仅能保护敏感的遗传物质免受极端环境条件的影响，还能使其易于通过风或其他介质进行传播和扩散[17]。这种微观结构可以通过高效且可重复的自然过程而产生。这些极具吸引力的特性，加上生物材料固有的生物相容性，使这种天然三维结构成为开发用于生物医学的新型功能材料的极佳生物模板[18, 19]。将仿生材料与微纳机器人相结合，可以更好地利用和拓展生物材料的固有功能，如多样的形态和结构、生物相容性、大规模合成等[20, 21]。本书使用的孢子取自我国一种名为"灵芝"的真菌，这种真菌具有充足的供给并能用可再生的方法人工培育。用无水乙醇对灵芝孢子进行简单的超声处理，便可以大规模保留灵芝孢子特有的形态或结构，如液滴状的流线型轮廓、大的空腔、粗糙多孔且具有负电位的表面、均匀分布的粒径等。对这些结构的适当修饰为我们提供了一种经济且规模化的方法，以生产具有高比表面积和吸收能力的混合结构。此外，用多孔的微米级孢子作为磁性纳米粒子以及荧光探针的载体，不仅使这种基于孢子的混合物的磁驱动在普通光学显微镜或者荧光显微镜下更易观察与追踪，同时也扩展了对特殊结构的驱动的研究范围。

在研究中，我们开发了一种能高效检测难辨梭菌分泌毒素的荧光磁性孢子（孢子@Fe$_3$O$_4$@碳点）微机器人（FMSM）（图 4-1）。通过对多孔天然孢子的逐步包覆和功能化，能以低廉的成本快速合成这些微机器人。所制得的 FMSM 不仅很好地继承了天然孢子的液滴状形貌和多孔结构，而且具有较高的比表面积和优异的性能。与磁性的 Fe$_3$O$_4$ 纳米粒子的结合，使得这种液滴状的微观结构能够受磁场驱动，并能在不同介质中展现出连续有效的运动轨迹。这种连续而有效的运动极大地促进了被测物质的扩散和大规模输运，使得动态 FMSM 比静态 FMSM 的检测能力更强。而与功能化碳点（carbon dots，CD）的偶联，使得我们可以利用荧光发射对 FMSM 实时追踪。在细菌培养液甚至临床粪便样本中，只需几十分钟便能观察到荧光变化，从而检测到难辨梭菌毒素的存在。这一结果说明 FMSM 对难辨梭菌毒素的检测具有快速反应、高选择性和良好的敏感性等优点。这种基于 FMSM 的新型高效的检测平台在生物医学和生物防御领域的细菌毒素快速检测中具有广阔的应用前景。

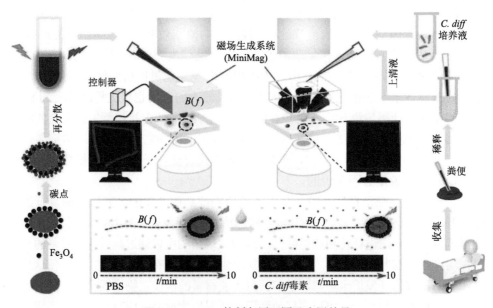

图 4-1　FMSM 的制备原理图及应用前景

制得的 FMSM 可按预设轨迹进行可控运动，通过观察其在旋转磁场中连续运动时的荧光变化，可以检测培养菌上清液以及患者粪便再稀释溶液中所含的毒素

4.2 ▶ FMSM 的制备及其应用前景

FMSM 的制备过程包括结合简单的化学沉积以及后续的包覆和功能化技术，

如图 4-1 所示。第一步，在密闭氨气环境中化学浴沉积 2h 后，预处理过的灵芝孢子被包裹了一层磁性 Fe_3O_4 纳米粒子。这一过程将赋予 FMSM 受连续的远程磁驱动能力，使其能在各种液态环境中持续运动，从而产生"即时"反应。第二步是在室温下用 3-巯基丙酸（MPA）在乙醇中对磁性孢子进行功能化，并通过碳二亚胺使其与碳点结合。这一功能化过程不仅使动态的 FMSM 能被追踪，而且赋予了 FMSM 一种新能力，即针对难辨梭菌毒素产生荧光猝灭，以用于生物检测。最终得到的 FMSM 具有独特的形态、良好的磁性、优异的红色荧光以及定向选择性。我们设想，在带有荧光显微镜的旋转磁场中实时跟踪 FMSM 的荧光变化，FMSM 便可以快速检测出实际样品中的难辨梭菌毒素。

4.3　FMSM 的表征

如图 4-2（a）所示，均匀分布的完整孢子呈液滴状形态，平均尺寸约为 6～9 μm。从插图中放大的图像可以看到它们的表面粗糙且布满褶皱，并分布有一些直径为 100～400 nm 的小孔。此外，孢子具有空心结构以及双层孢子壁，壁间隙为 0.5～1 μm。孢子粗糙多孔的表面以及表面负电荷（由电动电位表示）［图 4-2（f）］将促进其对金属离子的吸收，以便进一步沉积和包覆金属氧化物。磁性孢子是将灵芝孢子在密封氨气氛围中与铁离子反应制得。这一过程在原始灵芝孢子上包覆了一层 Fe_3O_4 纳米粒子［图 4-2（b）］，从而赋予孢子受磁驱动的能力，并且增加了其表面粗糙度。获得的孢子混合体液滴状形态看上去保持良好，如图 4-2（b）插图所示。这种包覆不仅能在不破坏原始孢子复杂结构的情况下使其产生运动所需的定向驱动力，而且能增加孢子上活性位点的数量（比表面积 10.63 m^2/g）。通过进一步用碳二亚胺化学处理使磁性孢子与碳点结合，所得的 FMSM 仍然保持着高度均匀的尺寸分布，其平均直径约为 6～9 μm，并且其粗糙表面以及中空内腔等微观结构也得到了完整的保存［图 4-2（c）］。原有的气孔和组装在表面的纳米粒子增加了比表面积，从而为吸附和反应提供了更多的活性位点，这与氮气等温吸附和脱附结果相符。FMSM 具有较大的孔径（＞73.2 nm），其比表面积为 12.96 m^2/g，比磁性孢子（10.63 m^2/g）和原始孢子（6.74 m^2/g）更高，也优于之前报道的球形双面微马达（0.0884～1.36 m^2/g）和多孔空心螺旋状微游泳器（0.96～2.6 m^2/g）[12, 22, 23]。这些结果表明，磁性纳米粒子和碳点的引入有助于调节最终 FMSM 的比表面积，从而使毒素分子能够在 FMSM 之间自由随意地扩散，以便进行随后的荧光猝灭。最终，我们实现了基于孢子的微机器人的磁化和良好的荧光发射。此外，图 4-2（e）中的傅里叶变换红外光谱（FTIR）表明，FMSM 从孢子固有组分中继承了丰富的表面官能团（特别是胺基和羧基），这些光谱与文献中报道的低聚糖光谱相似[24, 25]。这些相似性可能源于低温水热过程中碳点表面生成的低聚糖及相关衍生物[26, 27]。这些功能物质具有特殊的靶向性，有利于检测某些氨基酸残基。上述结果表明，通过对具备生物相容性的氧化物的合理杂化设计，可以进行生物孢子的包覆与功能化，从而将其制成动态生物杂化微机器人。

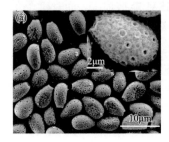
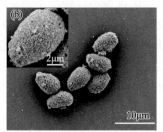
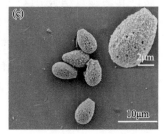

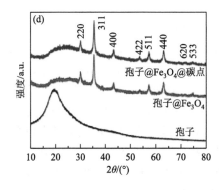
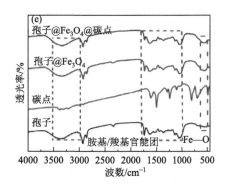

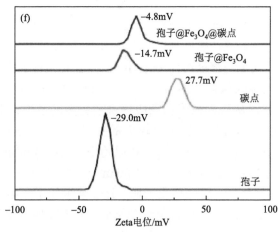

图 4-2　制得样品的结构和组成

（a）原始孢子在不同放大倍数下的 SEM 图像；（b）孢子@Fe₃O₄ 混合体的低倍及高倍 SEM 图像；（c）孢子@ Fe₃O₄@ 碳点混合微机器人的 SEM 图像；（d）原始孢子及其混合体的 X 射线衍射（XRD）谱图；（e）原始孢子及其混合体的 FTIR 光谱；（f）原始孢子及其混合体的 Zeta 电位

4.4　FMSM 的驱动性能

迄今为止，尽管已有广泛的关于通过各种方式（如化学燃料、电、磁、光、和超声场）驱动微纳机器人的研究，以期将微纳机器人应用于化学/生物传感领域[7, 28]。但大多数的微纳机器人仍是由燃料在水溶液中驱动，往往需要加入如 H_2O_2、酸、十二烷基硫酸钠（SDS）等添加剂，因此可能改变检测环境的固有性质。磁驱动由于具有远程驱动、精确运动控制、所用原材料生物相容性好、在高磁场强度下也无害等优点，在生物医学领域得到了广泛的应用。在此基础上，我们首先使用磁场生成系统（MiniMag MFG-100）生成旋转磁场来研究 FMSM 的磁驱动。如前文所述，FMSM 具有一种新颖的液滴状结构，有别于常见的螺旋、球形和一维结构。当在不同方向施加磁场时，FMSM 呈现出一致的沿长轴的易磁化方向，测量其磁化强度有助于建立磁驱动的分析模型。如图 4-3（a）所示，FMSM 的磁驱动有三种运动模式，即旋转、旋转-平移和翻滚，分别对应磁场的不同参数设置。当俯仰角 $\gamma = 0°$ 时，FMSM 几乎是绕着其重心旋转；当 $0° < \gamma < 90°$ 时，FMSM 开始旋转并在方向角 α 的引导下平移；而在 $\gamma = 90°$ 时，FMSM 则沿磁化方向翻滚。由于 FMSM 具有沿长轴的磁化方向，它在旋转磁场中的运动类似于磁性细长物体，如磁化方向沿着长轴的椭球[29]或一维微/纳米结构[30, 31]，这使得 FMSM 能够在各种流体中进行运动并进行高效检测。图 4-3（b）进一步展示了这些运动模式在 7s 内的叠加快照，可以看到用不同的磁场参数都能实现液滴状 FMSM 的可控驱动。这种持久而高效的运动性能对于微纳机器人在液体中特别是在真实的体液中的游动以及进一步的实际应用来说是至关重要的。尽管每种介质的黏度对推进力都有一定的影响，FMSM 都能在其中受旋转磁场（磁场强度恒为 10 mT，频率 4 Hz）驱动。图 4-2（c）和（d）为不同参数下 FMSM 在不同介质中测得速度的对比。在去离子水（DIM）、磷酸盐缓冲液（PBS）、达尔伯克改良伊格尔培养基（DMEM）中 FMSM 的运动速度随频率的上升而逐渐增加；而在胎牛血清（FBS）、肠黏液以及胃黏液中由于失调频率的影响，运动速度随频率上升先增大后减小［图 4-3（c）］[32]。此外，当频率较低时运动速度的差异很小，在 5 Hz 以下约为 1.4～9.3 μm/s。图 4-3（d）显示了俯仰角增加时运动速度的变化趋势。当俯仰角为 90° 时，FMSM 做翻滚运动［详见图 4-3（a）中表示不同运动模式的插图］，此时运动速度达到最大值。总而言之，可以根据实际应用来确定不同介质中 FMSM 的最佳磁驱动参数。得益于流线型液滴状外形、高磁化强度（约 35.8 emu/g）以及由此产生的用于翻滚运动的磁力矩，FMSM 具有在猪胃和肠道中收集的黏性黏液中运动的能力，尽管此时的移动速度较低（<8.3 μm/s）。FMSM 的翻滚运动不同于螺旋形微纳机器人的螺旋状运动[33]，而是与一维微/纳米结构的运动类似，这种运动方式使磁化的

FMSM 能在某一表面附近沿其长轴快速运动，从而使其能在高黏性的生物液体中运动，并且避免了复杂的三维形状设计。此外，长时间追踪轨迹显示了 FMSM 在

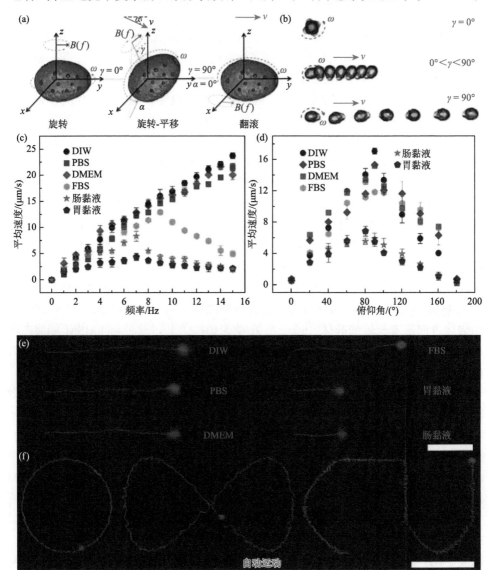

图 4-3　FMSM 的游动与荧光性能

（a）单个 FMSM 磁驱动示意图：B 为旋转磁场强度，f 为磁场输入频率，v 为移动速度，ω 为旋转频率，γ 为旋转轴的俯仰角，α 为方向角；（b）FMSM 在旋转磁场（10 mT，4 Hz）中以不同运动模式在 7 s 内受控运动的叠加快照；（c）磁场强度 10 mT、俯仰角 40°时速度-频率关系；（d）磁场强度 10 mT、频率 4 Hz 时速度-俯仰角关系；（e）FMSM 在旋转磁场（10 mT，4 Hz）驱动下，在 DIW、PBS、DMEM、FBS、胃黏液和肠黏液中 6 s 内的运动荧光轨迹，比例尺为 30 μm；（f）自动导航的 FMSM 在去离子水中的可见荧光轨迹，沿着预设的 O 形、∞形和 CU 形的路径，比例尺为 100 μm

肠道黏液中的运动，展示了 FMSM 在没有外部扰动时长期有效的磁推进。以上结果表明，FMSM 在不同的介质中，无论是水溶液还是盐溶液，甚至是胃肠道黏液中，都表现出良好且稳定的游动行为，可以在显微镜下进行视觉追踪。

4.5　FMSM 的荧光性质

将带荧光的碳点与磁性孢子结合后，我们能用倒置荧光显微镜观察到制得的 FMSM 在绿光激发下（滤光片，537～552 nm）的红色荧光发射。图 4-3（e）为 FMSM 在 DIW、PBS、DMEM、FBS、胃黏液和肠黏液中的荧光轨迹。FMSM 明亮的红色荧光发射在运动过程中几乎没有衰减，延长了观测时间并能适应介质的变化，显示出良好的动态荧光稳定性。这些结果表明，FMSM 在不同介质中运动时具有固有的良好红色荧光发射特性。这种荧光特性比 H_2O_2 驱动的微纳机器人中常用的短波（一般为紫外光）激发荧光更适合生物环境中的实时追踪，这是因为短波激发会产生生物分子自体荧光干扰。如图 4-3（e）所示，外部介质，甚至是真实的生物样品（黏液）对荧光几乎没有明显的影响。此外，这些 FMSM 可以实现更加精确可控的荧光运动，能沿着预定义的路径自动连续运行，如图 4-3（f）中的 O 形、∞形和中文大学的英文缩写 CU 字样的轨迹。这一结果进一步扩展了 FMSM 的多功能性，使其能在复杂的环境和拥堵的场景中更好地执行需精确导航的任务。

4.6　FMSM 对难辨梭菌毒素的检测能力

我们首先测试了 FMSM 在生物样品中检测难辨梭菌毒素的能力，以展示它的实际效果。为了保证良好的观察效果并且消除介质的背景噪声，我们选择了具有较强荧光的 FMSM 来评估其荧光衰减。我们对多个明亮的 FMSM（超过 6 个样本）进行了测量，然后取平均荧光强度。图 4-4 显示了磁驱动的 FMSM 在细菌上清液中荧光响应随时间的变化。在含有 $0.1C$（这里的 $C = 37.60$ ng/mL）难辨梭菌毒素的上清液中磁驱动 10 min 后，FMSM 立即发生荧光猝灭；而具核梭杆菌上清液中磁驱动的 FMSM 则没有明显的荧光猝灭。FMSM 在 PBS 和脑心浸液（BHI）中进行磁驱动时，即使运动 10 min，也没有明显的荧光猝灭（图 4-4）。在对照实验中，同样含有 $0.1C$ 难辨梭菌毒素的上清液内，静态的 FMSM 经 10 min 后几乎没有表现出明显的荧光猝灭。这一发现不仅说明了被测样品中其他溶质的干扰可以忽略不计，而且说明了主动动态检测比被动静态检测具有更高的检测效率，可归因于运动能加速动态反应并且增强液体的混合[34, 35]。通过对一种被动微示踪物（3 μm 的聚苯乙烯微珠）均方位移（MSD）的分析，可以进一步表征 FMSM 中加剧的液体混合。实验中，我们首先向玻璃容器中添加 1 mL 水溶液，其中含有 5 μL 微示踪物（0.05 mg/mL）以及 5 μL 的 FMSM（0.05 mg/mL）。与被动布朗运动相比，主动运动的磁性微机器人显著增加。这些结果进一步验证了主动运动可以增强被测样品的传质和扩散，从而提高 FMSM 和被测样品之间的相互作用效率。我们还研究了不同毒素浓度对检测效率的影响，发现随着毒素浓度增加，荧光猝灭迅速发生，如图 4-4（a）所示。FMSM 的初始荧光猝灭程度与毒素浓度直接相关，并随着浓度的增加呈指数衰减［图 4-4（b）］。变化曲线可以拟合为方程 $F/F_0 = 1.02\exp(C_{\text{toxin}}/2.72) + 0.061$，相关系数为 0.992（$F$ 和 F_0 分别为加入测试样品前后 FMSM 的荧光强度，由 ImageJ 软件根据光密度算得）。当毒素浓度在 0.38～17.80 ng/mL 的范围内，荧光强度（F/F_0）与毒素浓度的自然对数（$\ln C_{\text{toxin}}$）之间存在良好的线性关系［图 4-4（b）］。根据公式 $\text{LOD} = 3\text{SD}/k$，检测限（LOD）估算为 2.13 ng/mL，其中 SD 为 FMSM 的校正空白信号的标准偏差（$n=5$），k 为校正曲线的斜率。分别使用静态和动态的 FMSM 进行检测，结果表明单独的氨基酸溶液和具核梭杆菌毒素的溶液对动态荧光强度的影响可忽略不计。这种选择性可能是 FMSM 上的低聚糖和相关基团所致，它们在水热过程中形成于孢子所结合的碳点表面，对难辨梭菌毒素上的氨基酸残基（重复的低聚糖）具有高亲和力[36, 37]。事实上仅将碳点加入细菌上清液，也表现出荧光衰减，这个结果很好地支持了上述观点。此外，先前的报道已经证明，由于在 C 端受体结合区中存在组合重复寡肽（combined repetitive oligopeptides，CROP），难辨梭菌毒素可以结合细胞上的糖类（如低聚糖）作为其致病的第一步[38-42]。因此，FMSM 对难辨梭菌毒素的选择性可以归结于低聚糖与相关基团和 CROP 之间的相互作用，而在单独的氨基酸甚至是具核梭杆菌毒素溶液中都没有这种反应。为了进一步验证这种选择性，我们使用了 Smart BLAST（由美国国家生物技术信息中心提供）来检索 CROP 序列片段的比对匹配。检索结果表明，CROP 片段及其高匹配序列只能在难辨梭菌（在胃肠道中）的毒素 A/B 和细胞壁蛋白以及肺炎链球菌（只存在于呼吸道）的胆碱结合蛋白 E/F 中观察到[43]。这些结果说明胃肠道内其他微生物菌落对粪便样品的临床检测没有明显的影响，很好地支持了这种特异性检测的有效性，同时排除了临床标本中其他毒素和细菌干扰导致误测的可能。基于这一特殊的相互作用，FMSM 上的碳点能够选择性地与难辨梭菌毒素结合以形成共价交联聚集结构，使其表面状态改变并且发生碳点和毒素蛋白之间的荧光共振能量转移[12, 23, 44]，从而导致清晰的荧光猝灭。总而言之，得益于特殊靶向结合导致的荧光猝灭，FMSM 对难辨梭菌毒素具有良好的检测能力，展示了它在实际胃肠道临床样品中检测难辨梭菌毒素的巨大潜力。

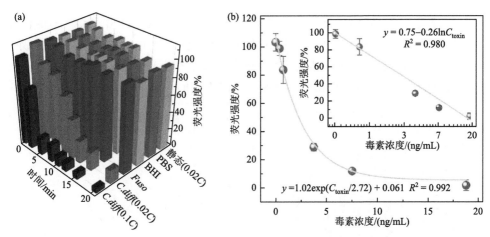

图 4-4　FMSM 对难辨梭菌毒素的荧光响应

（a）不同时刻不同样品中荧光猝灭的荧光强度变化图：由酶联免疫吸附试验（ELISA）测定，$C = 37.60 \text{ ng/mL}$，*Fuso* 指具核梭杆菌；（b）FMSM 在含毒素溶液中运动 5min 后，荧光强度对毒素浓度的响应及其拟合方程，插图显示了荧光强度与毒素浓度的自然对数之间的线性关系

4.7　临床粪便样品中的实际应用

　　ELISA 中一般使用的是处理后的临床粪便样品上清液，我们使用 FMSM 来检测其中的毒素，以检验 FMSM 的实际应用效果。考虑到磁驱动运动在水溶液和实际临床液体中的可控性，我们首先研究了 FMSM 的运动参数（速度）和运动模式对其荧光猝灭的影响。在临床粪便上清液中，高速移动的 FMSM 由于加快了混合速度与吸收速度，其荧光猝灭速度快于缓慢运动的 FMSM 以及旋转的 FMSM。因此，我们在毒素检测中仍使 FMSM 做翻滚运动，以达到高检测速度。图 4-5（a）和（b）给出了在不同粪便样本中经不同时间后的静态与动态 FMSM 荧光猝灭的变化曲线。在正常粪便样本中，即使在不同毒素浓度下经过任意时间的运动，动态 FMSM 的荧光强度也几乎保持稳定。静态 FMSM 在 $0.1C$（根据 ELISA，$C = 8.66 \text{ ng/mL}$）的受感染粪便样品中停留 10 min 后荧光猝灭不明显，直到在高浓度（$>0.5C$）或长时间（$>25 \text{ min}$）下才表现出一定荧光猝灭。然而，在含有毒素的受感染粪便样品中运动 10 min 后 [图 4-5（a）]，或是在 $0.1C$ 的样品中运动更长时间 [图 4-5（b）]，动态的 FMSM 表现出明显的荧光猝灭。无论是静止状态还是运动状态，FMSM 的荧光猝灭程度都与毒素浓度成正比。它们之间的关系符合线性拟合方程 $F/F_0 = 1 - 0.019 C_{\text{toxin}}$（静态）以及 $F/F_0 = 1 - 0.20 C_{\text{toxin}}$（动态），遵从 Stern-Volmer 方程[23]。根据公式 $3\text{SD}/k$（$n = 5$），动态 FMSM 的 LOD 估计为 1.73 ng/mL，由于副反应较少，这个值低于 H_2O_2 驱动的微纳机器人对其他毒物的 LOD（$4 \sim 7 \text{ ng/mL}$）[10, 12, 23]。这些结果表明，动态 FMSM 可以通过敏感

的荧光猝灭有效地检测受感染粪便样品中的毒素。图 4-5（c）中的荧光延时图像进一步展示了 FMSM 对受感染的临床粪便样本的检测能力，其中实际的生物成分对我们开发的这种检测方法没有干扰。与正常粪便上清液中的动态 FMSM 以及静态 FMSM 相比，受难辨梭菌感染的粪便上清液中的动态 FMSM 随着时间的延长

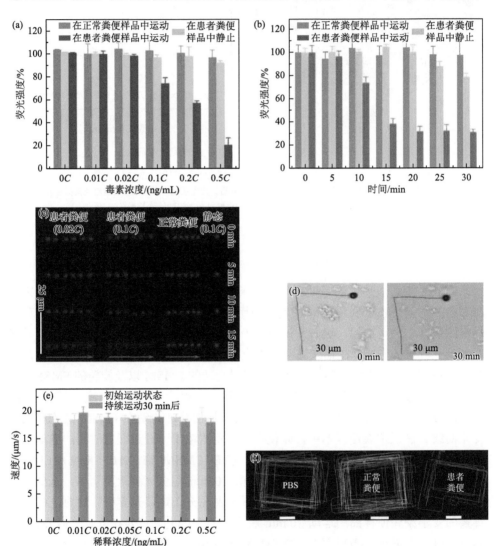

图 4-5　用 FMSM 在粪便上清液中进行荧光检测

（a）在不同粪便样品中经 10 min 静态及动态 FMSM 荧光强度的变化趋势；（b）在 $0.1C$（$C = 8.66$ ng/mL）的粪便样品经不同时间静态及动态 FMSM 荧光强度的变化趋势；（c）静态和动态 FMSM 在不同的临床粪便上清液中不同时刻的荧光延时图像，时间间隔为 1 s；（d）在受感染粪便上清液中初始时刻及 30 min 后 FMSM 的 8 s 追踪轨迹；（e）在受感染临床粪便上清液中导航 0 min 和 30 min 后 FMSM 的速度对比；（f）FMSM 在不同样品中运动约 18 min 的荧光追踪轨迹，比例尺为 30 μm

展现出了明显的荧光猝灭。此外，动态 FMSM 在不同浓度的粪便上清液中长时间运动后依然有着良好的游动能力 [图 4-5（d）] 以及稳定的速度 [图 4-5（e），展示了其在被测液体中良好的抗污染能力和高效的运动能力。因此，可以通过连续的手动操作来长时间实时追踪荧光变化，如图 4-5（f）所示。

4.8 材料和方法

4.8.1 FMSM 合成及实验所用材料

灵芝孢子购自中国吉林省长白山的培育场。七水硫酸亚铁（$FeSO_4 \cdot 7H_2O$）、氨水（$NH_3 \cdot H_2O$）、葡萄糖以及对苯二胺购自阿拉丁试剂有限公司（中国，上海），未经提纯直接使用。PBS、DMEM、BHI、FBS 购自赛默飞世尔科技有限公司。MPA、1-乙基-(3-二甲基氨基丙基)碳二亚胺盐酸盐（EDC）、*N*-羟基丁二酰亚胺（NHS）、赖氨酸、谷氨酸、精氨酸和天冬氨酸均购自西格玛奥德里奇公司。黏液从新鲜的猪肠胃里刮出，内脏购自当地市场。具核梭杆菌和难辨梭菌培养液由香港中文大学医学院麻醉及深切治疗学系（W.K.K.W.）提供。健康志愿者和难辨梭菌阳性患者的临床粪便样本由香港中文大学医学院内科及药物治疗学系（S.H.W.）提供。实验中所用去离子水电阻为 18.2 MΩ（超纯水仪 Smart2Pure 12，赛默飞世尔科技有限公司）。

4.8.2 磁性孢子@Fe_3O_4 混合体的合成

首先对灵芝孢子进行预处理，去除外壁和内核物质中的杂质。通过超声处理 30 min 将 5 g 孢子分散于 200 mL 无水乙醇中。然后，经 10 min 的超声处理将其重新分散到 200 mL 的去离子水中，随后用去离子水冲洗数次，冷冻干燥。在所得的孢子表面通过简单的化学浴沉积 Fe_3O_4 纳米粒子以制备磁性孢子。一般合成过程是将 200 mg 孢子分散到 60 mL 去离子水中，超声处理并且搅拌 5 min 后形成棕色悬浮液。然后在上述悬浮液中加入 100 mg 的 $FeSO_4$，搅拌 20 min 以保证孢子表面充分吸收 Fe^{2+}。随后在 10 min 内滴加 20 mL 氨水（质量分数为 25%~27%），密封搅拌 2 h。用磁铁收集黑褐色沉淀，随后用乙醇和 DIW 清洗数次，冷冻干燥。

为了与荧光碳点结合，需要用 MPA 对磁性孢子进行表面改性。将黑褐色样品分散到 200 mL 乙醇中，搅拌 10 min 后形成均匀悬浮液，随后加入 0.2 mmol 的 MPA。将混合后的悬液搅拌 10 min，室温放置 24 h。用磁铁收集制得的羧基功能化磁性孢子，用乙醇清洗三次以去除残留的 MPA，冷冻干燥以供下一步制备。

通过对小分子的简单水热处理可以得到功能化的荧光碳点。将天冬氨酸（0.16 g）、葡萄糖（0.16 g）、对苯二胺（0.16 g）溶解到 40 mL 水中，随后转移到特氟龙不锈钢内衬的高压釜中。加热到 180℃保温 10 h，随后冷却到室温。所得溶液经真空过滤（0.22 μm 的硝酸纤维素膜过滤器）分离，再用透析膜（截留分子量为 3500）透析 24 h。所得的透明浅棕色溶液在 4℃下保存，取少量（约 2 mL）经热蒸发后测定其浓度（约 5.8 mg/mL）。

4.8.3　荧光磁性孢子@Fe₃O₄@碳点微机器人的合成

荧光孢子@Fe₃O₄@碳点微机器人由 EDC/NHS 化学偶合制得。通过超声处理 5 min 将 50 mg 功能化磁性孢子分散于 60 mL 去离子水中。随后加入 0.5 mmol EDC 和 0.5 mmol NHS 并且搅拌 2 h，以激活样品上的羧基。加入 20 mL 制得的碳点后，将混合悬浮液在室温下轻微搅拌 24 h 使反应充分进行。最后，用磁铁收集样品，用乙醇和去离子水清洗数次，冷冻干燥备用。

4.8.4　仪器与表征

用 JSM-7800F 场发射扫描电子显微镜（JEOL-7800F，Japan）观察样品的微观结构和尺寸。光学图片是由配备了 Photometrics 科学级互补金属氧化物半导体（CMOS）相机（Photometrics Company，USA）的 Nikon Eclipse Ti 倒置荧光显微镜拍摄。上述倒置荧光显微镜在绿光激发下（滤光片 537～552 nm）进行荧光成像。使用 SmartLab 衍射仪（Rigaku，Japan）以波长为 1.54059 Å 的 Cu Kα 射线在 5°～80°之间照射以进行 X 射线衍射分析。借助傅里叶变换红外光谱仪（Thermo Nicolet Nexus 670，USA）用 KBr 压片法记录表面成分。紫外-可见光谱经 U2910 双光束紫外可见分光光度计（Hitachi，Japan）测得。采用配有 1 cm 石英管的 Hitachi F-7000 分光光度计（Hitachi，Japan）在室温下测定荧光光谱。激发狭缝宽度为 10 nm，发射狭缝宽度为 10 nm。用 Zetasizer Nano ZS（Malvern，UK）测定 Zeta 电位。

4.8.5　磁性能及相应的驱动测试

利用振动样品磁强计（Physical Property Measurement System Model 6000，Quantum Design，USA）对荧光磁性微机器人在室温下的磁性能进行了研究。在装有磁场产生系统（MiniMag MFG-100，MagnebotiX，Switzerland）的倒置显微镜下进行并观察运动控制和磁性实验（magnetotaxis experiments）。将 0～5 μL 的微机器人悬浮液（0.05 mg/mL）分散到装有 0.1～1 mL 不同介质的玻璃底容器中。在不同介质中对微机器人进行磁驱动不同时间后拍摄光学和荧光视频。关于选择性的实验也以相同的方式进行。用美国国立卫生研究院开发的 ImageJ 软件对视频和图像进行处理。图像和视频中 FMSM 荧光强度的测量与计算也是利用 ImageJ 软件进行的。首先，利用 ImageJ 软件从采集到的荧光图像中直接测量单个 FMSM

的综合密度、集成度、实际面积和背景荧光噪声。然后，将综合密度除以面积，再减去单位面积的背景荧光读数，得到 FMSM 的光密度。最后，通过将被测样品的实际计算光密度除以检测过程开始前的初始光密度，算出 FMSM 的荧光强度。

4.8.6　难辨梭菌毒素的检测

难辨梭菌培养液的上清液可以直接使用而无需进一步处理，切取固态粪便样品（约 2 g），再分散于 2 mL 的 PBS 中，制成上清液以备使用。其初始浓度由难辨梭菌毒素 A/B ELISA Kit（TGC-E002-1，tgcBIOMICS GmbH，Germany）中的 ELISA 标准测定。在进行检测实验之前，原液被稀释成不同的浓度（0.01 C～0.5 C，C 为 ELISA 测定的初始浓度），在–20℃下保存。对照实验也以相同的方式进行。将微机器人悬浮液加入上述稀释溶液中，然后通过倒置荧光显微镜观察并记录在稀释溶液中运动不同时间后荧光磁性微机器人的荧光变化。荧光磁性微机器人运动一定时间后，难辨梭菌毒素的存在会使其发生荧光猝灭。这些数据是对三组相同的细菌培养液以及来自健康志愿者和难辨梭菌阳性患者的临床样品的实验结果取平均值而得的。

4.9　本章总结

在本章中，我们展示了一种荧光磁性孢子微机器人及其相关的检测应用，这种微机器人是通过在多孔的天然孢子上直接沉积磁性纳米粒子，随后包覆传感探针而制得的。从这些功能微/纳米材料中制得的 FMSM 有着低成本、易操控和批量生产等优点，优于 ELISA 中常用的昂贵抗体探针。可以用这些动态微机器人对难辨梭菌毒素进行远程检测，并能借助荧光显微镜与磁驱动系统将其进一步应用于难辨梭菌感染的快速诊断。通过观察 FMSM 的实时荧光变化可以直接判断难辨梭菌毒素是否存在。与依靠传统扩散的静态检测相比，FMSM 能通过连续不断的运动加强被测物质（如毒素）的大量运输并且引发动态反应，因而展现出更强的检测能力。据我们所知，传统的 ELISA 方法由于其可靠性、敏感性以及特异性而被广泛用于难辨梭菌毒素的临床诊断。然而，用 ELISA 进行检测很难兼顾低成本、高灵敏度以及短操作时间。得益于连续运动所产生的动态反应，用 FMSM 进行的主动检测或许可以成为解决这些问题的理想选择。我们展示了利用 FMSM 在细菌培养液和临床粪便上清液中进行毒素的检测，这一方法具有较高的选择性和敏感性。在粪便样品中，FMSM 的 LOD（1.73 ng/mL）与一些较为高效的 ELISA（0.8～2.5 ng/mL）相当[45]，而传统 ELISA 方法的分析时间至少是 FMSM 分析时间的 8 倍。由于难辨梭菌毒素在室温下易降解且受其他因素影响而变性，FMSM 较短的分析时间和良好的检测能力使其成为在临床粪便标本中检测难辨梭菌毒素的合适选择。通过引入不同的靶向官能团，这种基于 FMSM 的检测平台在检测各种化学或生物毒素方面有着极大的应用前景。这种分两步包覆的合成方法也可推广到其他天然孢子，以用于混合型微纳机器人的制造。

在检测威胁人们身体健康的致病细菌和毒素方面，微纳机器人的应用仍处于初期阶段。目前，在实验室中已经进行了一些概念验证研究，但受限于复杂的检测环境，进一步的实际应用仍受到限制。因此，在将 FMSM 投入实际运用之前，有必要对其进行进一步的改进和评估。利用这些生物杂化微机器人，我们能够在类似于 ELISA 中所用的预处理临床粪便样本中实现对难辨梭菌毒素的检测。因此，这些生物杂化微机器人检测细菌毒素甚至细菌本身的能力为活性（生物）检测应用提供了相当大的吸引力。这些集多种功能于一身的生物杂化微机器人有望为日新月异的微纳机器人应用提供更大的平台并激发更多的奇思妙想。

参 考 文 献

[1] Magill S S, Edwards J R, Bamberg W, et al. Multistate point-prevalence survey of health care-associated infections. New England Journal of Medicine, 2014, 370(13): 1198-1208.

[2] Rupnik M, Wilcox M H, Gerding D N. *Clostridium difficile* infection: new developments in epidemiology and pathogenesis. Nature Reviews Microbiology, 2009, 7(7): 526-536.

[3] Pruitt R N, Lacy D B. Toward a structural understanding of *Clostridium difficile* toxins A and B. Frontiers in Cellular and Infection Microbiology, 2012, 2: 28.

[4] Alcalá L, Sanchez-Cambronero L, Catalán M P, et al. Comparison of three commercial methods for rapid detection of *Clostridium difficile* toxins A and B from fecal specimens. Journal of Clinical Microbiology, 2008, 46(11): 3833-3835.

[5] Tenover F C, Novak-Weekley S, Woods C W, et al. Impact of strain type on detection of toxigenic *Clostridium difficile*: comparison of molecular diagnostic and enzyme immunoassay approaches. Journal of Clinical Microbiology, 2010, 48(10): 3719-3724.

[6] Wong F, Dey K K, Sen A. Synthetic micro/nanomotors and pumps: fabrication and applications. Annual Review of Materials Research, 2016, 46(1): 407-432.

[7] Chałupniak A, Morales-Narváez E, Merkoçi A. Micro and nanomotors in diagnostics. Advanced Drug Delivery Reviews, 2015, 95: 104-116.

[8] Wang J. Self-propelled affinity biosensors: moving the receptor around the sample. Biosensors & Bioelectronics, 2016, 76: 234-242.

[9] de Ávila B E F, Lopez-Ramirez M A, Báez D F, et al. Aptamer-modified graphene-based catalytic micromotors: off-on fluorescent detection of ricin. ACS Sensors, 2016, 1(3): 217-221.

[10] Molinero-Fernández A, Jodra A, Moreno-Guzmán M, et al. Magnetic reduced graphene oxide/nickel/platinum nanoparticles micromotors for mycotoxin analysis. Chemistry, 2018, 24(28): 7172-7176.

[11] Molinero-Fernández Á, Moreno-Guzmán M, Escarpa A, et al. Biosensing strategy for simultaneous and accurate quantitative analysis of mycotoxins in food samples using unmodified graphene micromotors. Analytical Chemistry, 2017, 89(20): 10850-10857.

[12] Pacheco M, Jurado-Sánchez B, Escarpa A. Sensitive monitoring of enterobacterial contamination of food using

self-propelled Janus microsensors. Analytical Chemistry, 2018, 90(4): 2912-2917.

[13]　Xu B, Zhang B, Wang L, et al. Tubular micro/nanomachines: from the basics to recent advances. Advanced Functional Materials, 2018, 28(25): 1705872.

[14]　Yánez-Sedeño P, Campuzano S, Pingarrón J M. Janus particles for (bio)sensing. Applied Materials Today, 2017, 9: 276-288.

[15]　Zarei M, Zarei M. Self-propelled micro/nanomotors for sensing and environmental remediation. Small, 2018, 14(30): 1800912.

[16]　Parmar J, Vilela D, Villa K, et al. Micro-and nanomotors as active environmental microcleaners and sensors. Journal of the American Chemical Society, 2018, 140(30): 9317-9331.

[17]　Ariizumi T, Toriyama K. Genetic regulation of sporopollenin synthesis and pollen exine development. Annual Review of Plant Biology, 2012, 62(1): 437-460.

[18]　Potroz M G, Mundargi R C, Gillissen J J, et al. Plant-based hollow microcapsules for oral delivery applications: toward optimized loading and controlled release. Advanced Functional Materials, 2017, 27(31): 1700270.

[19]　Mundargi R C, Potroz M G, Park S, et al. Natural sunflower pollen as a drug delivery vehicle. Small, 2016, 12(9): 1167-1173.

[20]　Yan X, Zhou Q, Vincent M, et al. Multifunctional biohybrid magnetite microrobots for imaging-guided therapy. Science Robotics, 2017, 2(12): eaaq1155.

[21]　Yang G Z, Bellingham J, Dupont P E, et al. The grand challenges of science robotics. Science Robotics, 2018, 3(14): eaar7650.

[22]　Yan X H, Zhou Q, Yu J, et al. Magnetite nanostructured porous hollow helical microswimmers for targeted delivery. Advanced Functional Materials, 2015, 25(33): 5333-5342.

[23]　Jurado-Sánchez B, Pacheco M, Rojo J, et al. Magnetocatalytic graphene quantum dots Janus micromotors for bacterial endotoxin detection. Angewandte Chemie, 2017, 129(24): 7061-7065.

[24]　López-Cruz A, Barrera C, Calero-DdelC V L, et al. Water dispersible iron oxide nanoparticles coated with covalently linked chitosan. Journal of Materials Chemistry, 2009, 19(37): 6870-6876.

[25]　Liu J, Li H, Wu J, et al. Determination of phosphoryl-oligosaccharides obtained from *Canna edulis* Ker starch. Starch, 2017, 69(1-2): 1500263.

[26]　Gullón B, Yáñez R, Alonso J L, et al. Production of oligosaccharides and sugars from rye straw: a kinetic approach. Bioresource Technology, 2010, 101(17): 6676-6684.

[27]　Martínez M, Yáñez R, Alonsó J L, et al. Chemical production of pectic oligosaccharides from orange peel wastes. Industrial & Engineering Chemistry Research, 2010, 49(18): 8470-8476.

[28]　Kim K, Guo J, Liang Z, et al. Artificial micro/nanomachines for bioapplications: biochemical delivery and diagnostic sensing. Advanced Functional Materials, 2018, 28(25): 1705867.

[29]　Güell O, Sagués F, Tierno P. Magnetically driven Janus micro-ellipsoids realized via asymmetric gathering of the magnetic charge. Advanced Materials, 2011, 23(32): 3674-3679.

[30]　Rikken R S, Nolte R J, Maan J C, et al. Manipulation of micro- and nanostructure motion with magnetic fields. Cheminform, 2014, 10(9): 1295-1308.

[31]　Zhang L, Petit T, Lu Y, et al. Controlled propulsion and cargo transport of rotating nickel nanowires near a patterned solid surface. ACS Nano, 2010, 4(10): 6228-6234.

[32]　Zhang L, Abbott J J, Dong L, et al. Characterizing the swimming properties of artificial bacterial flagella. Nano Letters, 2009, 9(10): 3663-3667.

[33] Walker D, Käsdorf B T, Jeong H H, et al. Enzymatically active biomimetic micropropellers for the penetration of mucin gels. Science Advances, 2015, 1(11): e1500501.

[34] Rojas D, Jurado-Sánchez B, Escarpa A. "Shoot and sense" Janus micromotors-based strategy for the simultaneous degradation and detection of persistent organic pollutants in food and biological samples. Analytical Chemistry, 2016, 88(7): 4153-4160.

[35] Jurado-Sánchez B, Escarpa A. Milli, micro and nanomotors: novel analytical tools for real-world applications. TrAC Trends Analytical Chemistry, 2016, 84: 48-59.

[36] El-Hawiet A, Kitova E N, Kitov P I, et al. Binding of Clostridium difficile toxins to human milk oligosaccharides. Glycobiology, 2011, 21(9): 1217-1227.

[37] Zheng M, Ruan S, Liu S, et al. Self-targeting fluorescent carbon dots for diagnosis of brain cancer cells. ACS Nano, 2015, 9(11): 11455-11461.

[38] Greco A, Ho J G, Lin S J, et al. Carbohydrate recognition by Clostridium difficile toxin A. Nature Structural & Molecular Biology, 2006, 13(5): 460-461.

[39] Tao L, Zhang J, Meraner P, et al. Frizzled proteins are colonic epithelial receptors for C. difficile toxin B. Nature, 2016, 538(7625): 350-355.

[40] Ho J G, Greco A, Rupnik M, et al. Crystal structure of receptor-binding C-terminal repeats from Clostridium difficile toxin A. Proceedings of the National Academy of Sciences of the United States of America, 2005, 102(51): 18373-18378.

[41] Dingle T, Wee S, Mulvey G L, et al. Functional properties of the carboxy-terminal host cell-binding domains of the two toxins, TcdA and TcdB, expressed by Clostridium difficile. Glycobiology, 2008, 18(9): 698-706.

[42] Jank T, Aktories K. Structure and mode of action of clostridial glucosylating toxins: the ABCD model. Trends in Microbiology, 2008, 16(5): 222-229.

[43] Kadioglu A, Weiser J N, Paton J C, et al. The role of Streptococcus pneumoniae virulence factors in host respiratory colonization and disease. Nature Reviews Microbiology, 2008, 6(4): 288-301.

[44] Sun X, Lei Y. Fluorescent carbon dots and their sensing applications. Trends Analytical Chemistry, 2017, 89: 163-180.

[45] Pollock N R. Ultrasensitive detection and quantification of toxins for optimized diagnosis of Clostridium difficile infection. Journal of Clinical Microbiology, 2016, 54(2): 259-264.

第5章

磁性孢子微机器人的荧光成像自动控制

将微纳机器人应用于人体内的靶向药物递送是未来研究的热点之一。研究者们希望利用外加磁场驱动微纳机器人执行靶向递送任务。然而，在人体内部环境中存在着许多障碍物，并且无法利用光学反馈精准定位微纳机器人，这使得体内靶向递送任务具有很大的挑战性。本书第4章介绍的磁性孢子具有极强的药物运载能力，结合本课题组提出的自动控制方法可以在保证其在多障碍物情况下运动的精度和效率。本章将要介绍的自动控制方法是利用荧光成像进行视觉反馈，增强了对磁性孢子、障碍物以及细胞的识别与跟踪。然后通过图像处理得到障碍物、目标细胞和磁性孢子的信息，以用于路径规划及运动控制。我们还基于粒子群优化（particle swarm optimization，PSO）算法设计出了具有避障能力的路径优化器，并且设计了一种鲁棒模型预测轨迹跟踪控制器以使磁性孢子精确地沿规划路径运动。本章通过仿真和实验验证了该自动控制方法的有效性，并对控制参数进行了调节。最终结果表明，利用该方法能在荧光成像引导下使磁性孢子进行有效的靶向递送。

5.1 引言

微纳机器人在生物医学和生物工程领域具有广阔的应用前景，如药物递送、靶向治疗以及微创手术[1-5]。作为微纳机器人的重要应用领域，高精度靶向递送在近些年得到了快速发展[2, 5-9]，这是因为它能提高治疗效果并减少毒性药物的剂量和副作用。将药物分子与微/纳米结构结合后，可以通过调节外部驱动场使微治疗机器人以可控的方式运动到目标区域。已有许多研究展示了微纳机器人的货物递送功能[2]。能主动运动的微生物可以被用于合成生物混合型货物载体，例如，Singh 等[7]以及 Park 等[10]分别将大肠杆菌附在货物和载药的聚电解质多层（polyelectrolyte multilayer，PEM）微粒表面，制备出了细菌驱动的微型游动机器人；Felfoul 等[11]

展示了在磁场和氧梯度的引导下，利用海洋趋磁球菌菌株MC-1细胞进行药物递送。此外，也有关于将人造微纳机器人用于货物递送的报道[2]。例如，利用化学催化驱动的 Janus 纳米马达作为高效的货物递送微纳机器人[12]；将光-pH 敏感型水凝胶用于靶向癌症药物递送[13]；磁驱动自折叠微纳机器人[14]、毫米级机器人[15]、柔性微纳机器人[16]以及磁性纳米粒子[17]也能用于靶向运载。作为货物载体的微纳机器人有许多驱动方式，其中磁场已被广泛采用，成为主要驱动方法之一。这是因为磁场能够穿透深部组织来驱动并控制磁性微纳机器人，并且在生物医学领域中磁场也被认为是无害的[18]。因此，研究人员设计和开发了许多用于微纳机器人驱动的电磁线圈系统[19-25]，其中 Octomag[26, 27]已被用于微纳机器人在眼内的靶向递送。

尽管已经取得了上述进展，但微纳机器人靶向递送中常用的开环控制方法在优化和精确度方面存在着较大的限制。对于这些问题和相应的挑战，特别是微纳机器人在多障碍环境中的运动，自动化技术为我们提供了新的解决方案，因此需要对其进行深入研究。目前在微纳机器人的自动化研究中通常采用明场视觉反馈的方法[28-32]，当光学反馈受阻时，微纳机器人便难以执行靶向药物递送等任务。此外，在高密度的多材料环境中对微纳机器人进行可靠跟踪也是个不小的挑战。荧光成像作为一种强大的体内或体外生物医学工具，已被广泛用于组织或活细胞的观察和检测等生物学应用[33-35]，采用这种成像方法可以提高对微纳机器人的跟踪性能。与其他高灵敏度成像技术相比，荧光成像技术的优点在于使用了可见光照射（不会对生物体产生有害的电离作用）以及低成本的荧光探针[36]。目前已有几种不同类型的磁性荧光微纳机器人，如利用自荧光材料（如 SU8）通过标准光刻工艺制备的微纳机器人[30]。具有自荧光特性生物结构的生物混合型微纳机器人甚至可以直接应用于体内环境，如体内靶向递送及诊断传感[5]。另外，常作为成像造影剂用于生物医学应用的有机染料是标记微纳机器人的理想选择。它们已被用于向细胞的靶向传递[37-40]，并展现出了在远距离磁场引导下对磁性微纳机器人体内靶向成像的优异性能[41]。近年来，量子点（quantum dot，QD）成为一种荧光成像的新介质[42, 43]。由于量子限制效应，量子点具有良好的光学性质[44]，例如，其发射光谱窄而对称且能通过尺寸调节，并且其吸收光谱较宽。其成像特性与动态微纳机器人的结合为微纳机器人的实时监测开辟了新的道路[45]。

本章主要介绍利用荧光成像作为视觉反馈的磁性孢子微机器人（简称磁性孢子）的自动控制方法。该方法对特殊细胞以及细胞器的检查具有显著优势，已被应用于靶向货物递送系统之中[7, 10, 11, 14]。孢子作为一种天然包覆体，在货物递送[46]以及生物传感[47]等领域具有很好的应用前景。为了使孢子能被远程控制并且具备荧光性能，我们制备了如图 5-1 所示的磁性孢子。其外表包覆有 Fe_3O_4 粒子以及碳点，使其可被外部磁场驱动，并且能在绿光激发下于暗场中被跟踪。此外，我们设计并实现了这种磁性微机器人的自动控制以用于靶向递送，主要包括最优路径规划和鲁棒轨迹跟踪控制。

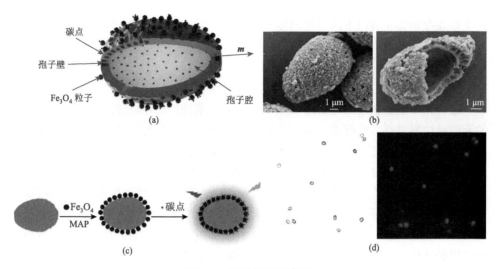

图 5-1　磁性孢子示意图

（a）多功能磁性孢子示意图：Fe_3O_4 纳米粒子层包覆在其外壁以实现磁驱动，碳点包覆在外壁及内壁以用于荧光成像，孢子腔可装载货物；m 为磁性孢子的磁化方向，图中粒子尺寸与实际不符；（b）磁性孢子的 SEM 图像；（c）磁性孢子制备过程示意图；（d）磁性孢子在亮场成像和荧光成像下的图像

本章在以下几个方面对我们之前的研究成果[48]进行了扩展。

（1）在系统中集合了两个平移阶段，以实现纳米级分辨率的样品定位。

（2）设计了一种改进的 Luenberger 观测器来补偿广义干扰。提出了一种用于磁性孢子轨迹跟踪控制的模型预测控制器（model predictive controller，MPC）。

（3）通过仿真调节干扰观测器（disturbance observer，DOB）和 MPC 控制器的参数。

（4）通过实验验证了该路径规划以及轨迹跟踪控制方法的性能。

5.2　磁性孢子的制备以及磁驱动

5.2.1　制备方法

将磁性 Fe_3O_4 纳米粒子包覆于灵芝孢子表面，并通过碳二亚胺处理使其与碳点结合，便能制得磁性孢子，制备过程如图 5-1（c）所示。通过简单的氨诱导化学浴沉积，将磁性 Fe_3O_4 纳米粒子层包覆在预处理后的孢子上。随后在室温下用 MPA 对这些孢子进行功能化以便进一步结合。然后在 1-乙基-(3-二甲基氨基丙基)碳二亚胺盐酸盐以及 N-羟基丁二酰亚胺作用下静置 24h，最终在孢子上结合了具有红色荧光发射的碳点。所得的磁性孢子能够用磁场（如梯度磁场和旋转磁场）进行远程驱动。利用暗场下的绿光激发，可以对其进行实时动态跟踪。制备的磁性孢子在亮场成像和荧光成像下的图像如图 5-1（d）所示。该磁性孢子能完成大分子的装载和释放[46]，并具有其他货物释放方法[49]。

5.2.2 驱动原理以及运动特性表征

磁性孢子的磁驱动原理如图 5-2（a）所示。磁性孢子由旋转磁场驱动，在平整的无滑动边界进行二维翻滚，从而打破了孢子两端流体阻力的对称性，使孢子沿边界以一定的平移速度运动[50]。与场强较大的梯度磁场相比，毫特斯拉级的旋转磁场便足以驱动磁性孢子的翻滚运动，并且具有更高的运动效率[50,51]。如图 5-2（a）所示，运动方向由旋转磁场的方向角决定，运动速度通过改变旋转频率和俯仰角来调节。

我们进行实验研究了运动速度与旋转频率之间的关系。为了探究磁性孢子在不同液体中的运动能力，我们分别使用去离子水和 PBS 进行实验，它们都是生物研究中常用的液体。水是生物体中含量最多的液体，而 PBS 则与人的体液具有相似的渗透压和离子浓度。运动特性表征结果如图 5-2（b）所示，此时的俯仰角为 80°。从结果中可以看出，理想速度对应的旋转频率约为 5 Hz，最大的运动速度超过 12 μm/s。磁性孢子稳定的运动速度是流体阻力与向前的驱动力达到平衡的结果，该驱动力来自磁性孢子在基底附近旋转时与基底之间的相互作用力以及不平衡的流体阻力。因此，工作液体和基底的性质（如液体黏度和基底粗糙度）会影响其运动特性。由于 PBS 中丰富的离子可以增强基底与磁性孢子之间的相互作用，所以在相同的旋转频率下，PBS 中磁性孢子的运动速度大于去离子水中的运动速度。

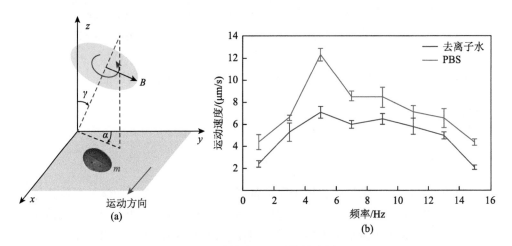

图 5-2 磁性孢子运动特性分析

（a）由旋转磁场驱动的磁性孢子示意图：蓝色虚线和蓝色实线箭头分别表示磁场的法线和旋转方向，α 和 γ 分别为方向角和俯仰角，灰色矩形区域为玻璃基底；（b）磁性孢子的运动特性表征结果：去离子水及 PBS 溶液中的俯仰角均为 80°，每个频率进行了 5 次实验

5.3　磁性孢子在荧光成像引导下的自动控制设计

我们的设计目的是自动控制磁性孢子向目标物（如目标生物细胞）移动，同时避免与工作环境中的其他物体（视为障碍物）碰撞。假设孢子是在一个具有静态目标物和障碍物的环境（如在玻璃基底上培养并固定的小鼠干细胞）中运动的，于是可认为目标物和障碍物的位置是固定的。许多其他生物材料具有与磁性孢子不同的荧光性质。例如，干细胞在蓝光激发下发射绿光，而 SU8 在紫外光激发下发出蓝光。利用这一特点可以对磁性孢子以及工作环境中的其他物质进行单独识别与跟踪，使得磁性孢子的动态跟踪和控制过程比在亮场中更加稳定。

我们设计的总体控制方法如图 5-3 所示，该方法主要包括三个部分。①环境识别：根据不同材料的光激发，可以通过图像处理识别出所有障碍物的信息，如位置、尺寸和空间分布。②最优路径规划：在选中了目标（如目标细胞）和磁性孢子后，规划将磁性孢子导向目标细胞的最优路径，并且同时避开障碍物。③轨迹跟踪控制：为保证磁性孢子轨迹跟踪性能，设计了基于模型预测控制（model predictive control，MPC）的反馈控制器，并通过干扰观测器提供控制鲁棒性。这三个部分的详细描述如下。

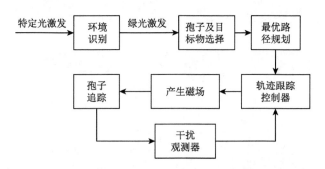

图 5-3　磁性孢子在荧光成像引导下的总体自动控制方案

5.3.1　环境识别

环境信息的准确识别是实现可靠的自动化靶向递送系统的必要条件。利用荧光成像可以得到荧光物体与背景的良好对比，我们以细胞和微型 SU8 物体为例进行说明，如图 5-4（a-i）及图 5-4（b-i）所示。安装在荧光显微镜上的 sCMOS 相机用于拍摄荧光图片，从中可以提取出二维矩阵 $I(i) \in \mathbb{R}^{W \times H}$，其中 W、H 和 i 分别表示图像的宽度、图像的长度及离散时间序列。图像中每个像素的强度用 $b(x,y)$ 表示，其中 x 和 y 为像素的坐标。图像处理的第一步是去除背景并将原始图像转换为易于特征提取的二值图像。在荧光成像下，图像背景的强度可以看作

一个恒定值 b_{bg}，被识别物体的图像强度可由式（5-1）计算：

$$b_c(x,y) = \begin{cases} 1, & b(x,y) - b_{bg} > T_c \\ 0, & b(x,y) - b_{bg} \leqslant T_c \end{cases} \tag{5-1}$$

其中，T_c 为背景阈值。这一步的结果如图 5-4（a-ii）和图 5-4（b-ii）所示。然后便可算得所有荧光物体的最小边界框，如图 5-4（a-iii）和图 5-4（b-iii）所示。然而，当磁性孢子靠近这些物体时会被它们吸引，并且细胞的荧光尺寸通常小于它的实际尺寸。考虑到这些因素，我们在最小边界框的外接圆半径上增加一个安全距离，将之视为目标物体的半径。现在，我们得到了所有物体的主要信息：物体的位置 $\boldsymbol{p}_c(j) = [p_{cx}(j), p_{cy}(j)]^T$，$j = 1, 2, \cdots, N$，即物体所在区域的中心；物体所在区域的半径 $R_c(j)$，$j = 1, 2, \cdots, N$。j 和 N 分别为某个物体的标记以及物体总数。

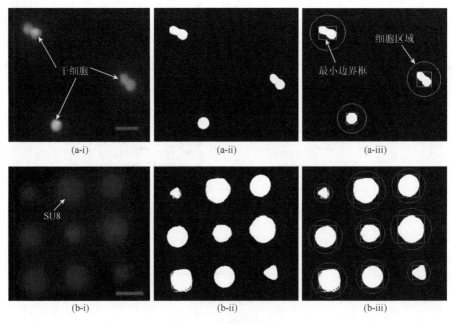

图 5-4　环境识别示例

（a-i）干细胞在蓝光激发下的荧光图像，比例尺为 20 μm；　（a-ii）背景去除结果；　（a-iii）细胞识别结果；
（b-i）不同形状的 SU8 物体在紫外光照射下的荧光图像，比例尺为 50 μm；　（b-ii）背景去除结果；
（b-iii）物体识别结果

5.3.2　基于 PSO 的最优避障路径规划

　　障碍躲避对于在复杂环境中运动的微纳机器人来说是极为重要的一环[29]，是运动型微纳机器人在复杂环境下的基本要求。我们在本节中提出了进化算法[52]，并使用基于 PSO 的路径规划方法躲避静态障碍物，同时最小化路径长度。我们的算法中所设计的路径是由 n 段组成的光滑三阶样条曲线，对应的 $n+1$ 个路径点表示为 $\boldsymbol{p}_w(k) = [p_{wx}(k), p_{wy}(k)]^T$，$k = 1, 2, \cdots, n+1$，其中 $\boldsymbol{p}_w(1)$ 和 $\boldsymbol{p}_w(n+1)$ 分别等于路径的起点 $\boldsymbol{p}_s = [p_{sx}, p_{sy}]^T$ 和终点 $\boldsymbol{p}_e = [p_{ex}, p_{ey}]^T$。选定磁性孢子和目标后，起点和终点便确定了，此时路径规划的目的是找到 M（$M \ll n$）个节点，使这些节点的样条插值路径具有最小长度并且不与障碍物碰撞。为了简化这个优化问题，我们使 M 个节点的 x 坐标值均匀分布在起点和终点之间：

$$p_{nx}(m) = p_{sx} + m \times \frac{p_{ex} - p_{sx}}{M+1}, \quad m = 1, 2, \cdots, M \tag{5-2}$$

同样，$p_{wx}(k)$ 也是均匀分布的。现在确定这 M 个节点的 y 坐标值以使代价函数最小：

$$\text{Cost} = L \times (1 + c_v \times V) \tag{5-3}$$

其中，L 为路径的总长度：

$$L = \sum_{k=1}^{n} \sqrt{(p_{wx}(k+1) - p_{wx}(k))^2 + (p_{wy}(k+1) - p_{wy}(k))^2} \tag{5-4}$$

c_v 为惩罚障碍物碰撞的权重参数；V 为检测碰撞的函数，定义为

$$V = \sum_{j=1}^{N-1} \sum_{k=1}^{n+1} \left\{ \max\left(1 - \frac{d(k,j)}{R_c(j)}, 0\right) \right\} \tag{5-5}$$

其中，假设第 N 个细胞为目标细胞，$d(k,j)$ 为路径的第 k 个路径点到第 j 个障碍物的距离，其计算公式为

$$d(k,j) = \sqrt{(p_{wx}(k) - p_{cx}(j))^2 + (p_{wy}(k) - p_{cy}(j))^2} \tag{5-6}$$

在式（5-5）中，函数 $\max(a,c)$ 返回 a 和 c 中的较大值。$\max(a,c) > 0$ 表示发生了碰撞，V 给出总碰撞等级。

我们采用了 PSO 算法来解决这一多变量非线性优化问题，这是一种通过大量粒子的演化来优化代价函数的随机算法[53]。每个粒子都代表优化问题的一个可能解，它在每一代演化过程中都会通过与其他粒子的相互作用来寻找更优的解。在 PSO 中，分别设 $P \in \mathbb{N}^+$ 及 $G \in \mathbb{N}^+$ 为粒子数量与代数，并且第 p（$p \in \{1, 2, \cdots, P\}$）个粒子在第 g 代（$g \in \{1, 2, \cdots, G\}$）储存其当前解 $\boldsymbol{s}_p^g$（即 M 个节点的 y 坐标值）以及它当前的运行速度 $\boldsymbol{v}_p^g$。向量 $\hat{\boldsymbol{s}}_p$ 存储第 p 个粒子到第 g 代为止的最优解。$\widehat{\mathbf{gb}}$ 存储集群中所有粒子遇到的全局最佳解。$\widehat{\mathbf{gb}}$ 对所有粒子都是可见的，这样每个粒子便都知道全局最优解。用式（5-7）更新每个粒子的解和速度：

$$\begin{cases} \boldsymbol{v}_p^{g+1} = w\boldsymbol{v}_p^g + c_1 r_1(\hat{\boldsymbol{s}}_p - \boldsymbol{s}_p^g) + c_2 r_2(\widehat{\mathbf{gb}} - \boldsymbol{s}_p^g) \\ \boldsymbol{s}_p^{g+1} = \boldsymbol{s}_p^g + \boldsymbol{v}_p^{g+1} \end{cases} \tag{5-7}$$

其中，w 为惯性权重；c_1，$c_2 \in \mathbb{R}^{W \times H}$，分别为个体学习系数和全局学习系数。这三个参数的定义为

$$
\begin{cases}
\phi_1 = \phi_2 = 2.05 \\
\phi = \phi_1 + \phi_2 \\
\chi = \dfrac{2}{\phi - 2 + \sqrt{\phi^2 - 4 \cdot \phi}} \\
w = \chi \\
c_1 = \chi \cdot \phi_1, \ c_2 = \chi \cdot \phi_2
\end{cases}
\tag{5-8}
$$

r_1 和 r_2 为 0～1 的随机数。粒子通常以随机解和零速度初始化。为了提高收敛速度，我们将全局最优值初始化为从起点到终点的直线。为了减少优化问题的求解时间，m 应该足够小（我们设为 5）。算法 5-1 描述了 PSO 过程。

算法 5-1

基于 PSO 的最优路径规划：首先初始化粒子。然后利用式（5-3）的代价函数评估第 g（$g = 1, 2, \cdots, G$）代每个粒子的解 s_p^g。随后根据每一代结果更新个体最优解 $\hat{s}_p$ 以及全局最优解 $\widehat{\mathbf{gb}}$。最终经过 G 代后，将 $\widehat{\mathbf{gb}}$ 插入三阶样条曲线便得到了 n 个路径点。

1：初始化
2：**for** $g \leftarrow 1, G$ **do**
3：**for** $p \leftarrow 1, P$ **do**
4：**if** $\text{Cost}(s_p^g) < \text{Cost}(\hat{s}_p)$ **then**
5：$\hat{s}_p \leftarrow s_p^g$
6：**end if**
7：**if** $\text{Cost}(\hat{s}_\mathrm{p}) < \text{Cost}(\widehat{\mathbf{gb}})$ **then**
8：$\mathbf{gb} \leftarrow \hat{s}_\mathrm{p}$
9：**end if**
10：$v_p^{g+1} \leftarrow w v_p^g + c_1 r_1 (\hat{s}_p - s_p^g) + c_2 r_2 (\widehat{\mathbf{gb}} - s_p^g)$
11：$s_p^{g+1} \leftarrow s_p^g + v_p^{g+1}$
12：**end for**
13：**end for**
14：$p_w(k) \leftarrow$ 对 $\widehat{\mathbf{gb}}$ 进行插值来得到一个三阶光滑曲线

5.3.3　轨迹跟踪：鲁棒模型预测控制

为了使磁性孢子跟踪规划的轨迹，我们提出了一种鲁棒模型预测控制方法，其原理如图 5-5 所示。由于磁性孢子的运动模型在很大程度上取决于其工作液体环境以及与基底之间的距离，因此这种微纳机器人模型一般无法确定。此外，磁性孢子的运动总是伴随着一些外部干扰，如流体流动，这将使轨迹跟踪性能受到影响。为了简化建模问题，并且节省磁性孢子动力学建模（包括流体动力学和边界效应）的工作量，我们提出用一个简单的线性函数加上一项广义干扰来表示磁性孢子的运动模型：

$$\begin{cases} \dot{q}_x(t) = a_0 f(t)\cos(a(t)) + D_x(t) \\ \dot{q}_y(t) = a_0 f(t)\sin(a(t)) + D_y(t) \end{cases} \tag{5-9}$$

其中，$q(t) = [q_x(t), q_y(t)]^T$ 为孢子在世界坐标系中的位置，可以通过变换其图像坐标获得；a_0 为运动表征实验得到的值，为正的常数；$f(t)$ 为磁场旋转频率；$D_{x,y}(t)$ 为 x 轴和 y 轴的广义干扰，可由 DOB 估计[54]。在对广义干扰进行估计和补偿后，便可用名义模型设计基于模型的最优轨迹跟踪控制器。在此，我们设计了一个具备预测以及优化能力的 MPC 控制器以实现轨迹跟踪的目的[55]。

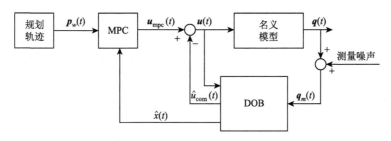

图 5-5　磁性孢子的轨迹跟踪控制方法

（1）DOB 的设计：DOB 的设计有两个目标，估计系统状态的平滑反馈，以进一步用于 MPC 控制器；估计广义干扰并进行补偿。我们以基于式（5-9）中的系统模型改进的 Luenberger 观测器作为 DOB，可以描述为

$$\begin{cases} \dot{\hat{x}}_1(t) = \hat{x}_2(t) + a_0 f(t)\cos(\alpha(t)) + L_1(q_{xm}(t) - \hat{x}_1(t)) \\ \dot{\hat{x}}_2(t) = L_2(q_{xm}(t) - \hat{x}_1(t)) \\ \dot{\hat{x}}_3(t) = \hat{x}_4(t) + a_0 f(t)\sin(\alpha(t)) + L_3(q_{ym}(t) - \hat{x}_3(t)) \\ \dot{\hat{x}}_4(t) = L_4(q_{ym}(t) - \hat{x}_3(t)) \end{cases} \tag{5-10}$$

其中，$\hat{x} = [\hat{x}_1(t), \hat{x}_2(t), \hat{x}_3(t), \hat{x}_4(t)]^T = [\hat{q}_x(t), \hat{D}_x(t), \hat{q}_y(t), \hat{D}_y(t)]^T$，为系统状态估计

向量，$\hat{x}_2$ 及 $\hat{x}_4$ 分别为 x 和 y 方向的广义干扰的估计；L_k（$k = 1, 2, 3, 4$）是设计的观测器增益；q_{xm} 和 q_{ym} 为从相机反馈中提取的磁性孢子位置。为了研究 DOB 的性能，令 $e(t) = [\hat{x}_1(t) - x_1(t), \hat{x}_2(t) - x_2(t), \hat{x}_3(t) - x_3(t), \hat{x}_4(t) - x_4(t)]^{\mathrm{T}}$ 作为估计误差的向量，则误差动力学方程可由式（5-9）及式（5-10）求得

$$\dot{e}(t) = \Phi_e e(t) + \Phi_D \dot{D}(t) \tag{5-11}$$

其中，

$$\Phi_e = \begin{bmatrix} -L_1 & 1 & 0 & 0 \\ -L_2 & 0 & 0 & 0 \\ 0 & 0 & -L_3 & 1 \\ 0 & 0 & -L_4 & 0 \end{bmatrix}, \quad \Phi_D = \begin{bmatrix} 0 & 0 \\ 1 & 0 \\ 0 & 0 \\ 0 & 1 \end{bmatrix} \tag{5-12}$$

并且 $D(t) = [D_x(t), D_y(t)]^{\mathrm{T}}$。

假设广义扰动的导数是有界的，这与磁性孢子的实际运动控制相符。在该假设下，若 Φ_e 的特征值具有负的实部（Φ_e 满秩），由式（5-9）及式（5-10）可得系统状态的估计误差都会减少到零。为了避免振荡，Φ_e 的特征值应位于数轴的负半轴。然后 DOB 便具有有界输入、有界输出稳定性，并且特征值的模长越大，则观测器的收敛速度越快，估计误差越小。观测器的带宽随着特征值的增大而增大，这会使滤波性能下降。干扰观测器的参数将在 5.4 节通过仿真确定。

（2）MPC 控制器的设计：MPC 是控制器的一般概念，它使用显式模型来计算在一段时间内的系统状态预测，并通过优化代价函数来优化未来的控制输入[56]。由于其预测和优化的能力，MPC 是任意曲线轨迹跟踪的极佳选择。受限于在线求解代价函数的巨大计算负荷，我们采用扩展预测自适应控制（extended prediction self-adaptive control，EPSAC）方法，这是模型预测控制方法的一种[57, 58]。由于广义扰动已得到补偿，因此 MPC 控制器针对名义系统模型设计为

$$\begin{cases} \dot{q}_x(t) = a_0 f(t) \cos(\alpha(t)) \\ \dot{q}_y(t) = a_0 f(t) \sin(\alpha(t)) \end{cases} \tag{5-13}$$

MPC 控制器的控制目标是找到使以下代价函数最小的控制输入：

$$J = \sum_{l=N_1}^{N_2} \| p_w(t+l) - q(t+l \mid t-1) \|^2 + \lambda \| \Delta u(t \mid t-1) \|^2 \tag{5-14}$$

其中，N_1 与 N_2 分别为最小和最大预测范围；$\|\bullet\|$ 为向量的模长；$q(t+l \mid t-1)$ 为基于扰动观测器估计的当前可用系统状态（即 $\{\hat{q}(t-1), \hat{q}(t-2), \cdots\}$）以及未来控制输入（即 $u(t \mid t-1)$），在采样时间 $t-1$ 时预测的磁性孢子的预期位置；λ 定义了控制

输入的惩罚权重。因此，在可调的控制下，磁性孢子优化后的轨迹与其预期位置之间的误差降到了最小。式（5-14）中的 $\Delta\boldsymbol{u}(t\,|\,t-1)$ 由式（5-15）定义：

$$\begin{cases} \Delta\boldsymbol{u}(t\,|\,t-1) = \boldsymbol{u}(t\,|\,t-1) - \boldsymbol{u}(t-1) \\ \Delta\boldsymbol{u}(t+1\,|\,t-1) \equiv 0, \quad l > 0 \\ \boldsymbol{u}(t) = \begin{bmatrix} u_x(t) \\ u_y(t) \end{bmatrix} = \begin{bmatrix} a_0 f_x(t) \\ a_0 f_y(t) \end{bmatrix} \end{cases} \tag{5-15}$$

预期位置 $\boldsymbol{q}(t+l\,|\,t-1)$ 可用基本响应和优化响应的概念表示：

$$\boldsymbol{q}(t+l\,|\,t-1) = \boldsymbol{q}_{\text{base}}(t+l\,|\,t-1) + \boldsymbol{q}_{\text{opt}}(t+l\,|\,t) \tag{5-16}$$

其中，$\boldsymbol{q}_{\text{base}}(t+l\,|\,t-1)$ 为过去输入 $\{\boldsymbol{u}(t-1), \boldsymbol{u}(t-2), \cdots\}$ 的影响，可由式（5-13）算得，令 $\boldsymbol{u}(t+N_2-1\,|\,t-1) = \boldsymbol{u}(t+N_2-2\,|\,t-1) = \cdots = \boldsymbol{u}(t\,|\,t-1) = \boldsymbol{u}(t-1)$。$\boldsymbol{q}_{\text{opt}}(t+l\,|\,t)$ 为未来优化控制输入 $\Delta\boldsymbol{u}(t\,|\,t-1)$ 的影响，可以表示为一个阶跃输入的影响：

$$\boldsymbol{q}_{\text{opt}}(t+l\,|\,t) = h_l \Delta\boldsymbol{u}(t\,|\,t-1) \tag{5-17}$$

其中，$h_{N_1}, \cdots, h_{N_2}$ 为系统的单位阶跃响应系数，可以通过分析方法或对式（5-13）的系统模型进行仿真获得。由式（5-16）和式（5-17）可得，磁性孢子的预期位置为

$$\boldsymbol{q}_p(t) = \boldsymbol{q}_{p\,\text{base}}(t) + \boldsymbol{q}_{p\,\text{opt}}(t) = \boldsymbol{q}_{p\,\text{base}}(t) + \boldsymbol{G} \cdot \Delta\boldsymbol{u}(t) \tag{5-18}$$

其中，

$$\begin{aligned} \boldsymbol{q}_p(t) &= [\boldsymbol{q}(t+N_1\,|\,t-1), \cdots, \boldsymbol{q}(t+N_2\,|\,t-1)]^{\text{T}} \\ \boldsymbol{q}_{p\,\text{base}}(t) &= [\boldsymbol{q}_{\text{base}}(t+N_1\,|\,t-1), \cdots, \boldsymbol{q}_{\text{base}}(t+N_2\,|\,t-1)]^{\text{T}} \\ \Delta\boldsymbol{u}(t) &= \boldsymbol{u}(t\,|\,t-1) \\ \boldsymbol{G} &= [h_{N_1}, h_{N_1+1}, \cdots, h_{N_2}]^{\text{T}} \end{aligned} \tag{5-19}$$

将代价函数式（5-14）重新写为矩阵形式：

$$\begin{aligned} &(\boldsymbol{q}_r(t) - \boldsymbol{q}_p(t))^{\text{T}}(\boldsymbol{q}_r(t) - \boldsymbol{q}_q(t)) + \lambda \Delta\boldsymbol{u}(t)^{\text{T}} \Delta\boldsymbol{u}(t) \\ &= [(\boldsymbol{q}_r(t) - \boldsymbol{q}_{p\,\text{base}}(t)) - \boldsymbol{G}\Delta\boldsymbol{u}(t)]^{\text{T}}[(\boldsymbol{q}_r(t) - \boldsymbol{q}_{p\,\text{base}}(t)) - \boldsymbol{G}\Delta\boldsymbol{u}(t)] + \Delta\boldsymbol{u}(t)^{\text{T}} \Delta\boldsymbol{u}(t) \end{aligned} \tag{5-20}$$

其中，$\boldsymbol{q}_r(t) = [\boldsymbol{p}_w(t+N_1), \cdots, \boldsymbol{p}_w(t+N_2)]^{\text{T}}$，为磁性孢子的参考轨迹。使式（5-20）关于 $\Delta\boldsymbol{u}(t)$ 最小，便能得到最优解：

$$\Delta\boldsymbol{u}^*(t) = (\boldsymbol{G}^{\text{T}}\boldsymbol{G} + \lambda\boldsymbol{I})^{-1}\boldsymbol{G}^{\text{T}}(\boldsymbol{q}_r(t) - \boldsymbol{q}_{p\,\text{base}}(t)) \tag{5-21}$$

其中，$\boldsymbol{I}$ 为具有合适大小的单位矩阵。然后使用 $\Delta\boldsymbol{u}^*(t)$ 更新控制输入：

$$\boldsymbol{u}(t) = \boldsymbol{u}(t-1) + \Delta\boldsymbol{u}^*(t) - \hat{\boldsymbol{D}}(t-1) \tag{5-22}$$

由 DOB 估计的可用系统信息，在更新后可用于在下一次采样重复这一过程。

5.4 ▶▷ 轨迹规划和控制方案的仿真及参数确定

要想使上述控制方法表现出最佳的控制效果，便需要在应用之前通过仿真对各个参数进行调节。基于 PSO 的最优路径规划器需要在路径平滑性、路径最优性和计算时间之间进行适当的权衡。并且 DOB 的增益决定了算法的收敛速度、估计精度和去噪效果。对 MPC 控制器而言，可以根据不同的目的对预测范围 N_1 与 N_2 进行灵活调整。例如，当微机器人的运动存在一定延迟时，可用 N_1 来预测延时后的位置。出于安全考虑，可用较大的 N_2 使微机器人的轨迹免于出现尖角。λ 为用于减少控制输入需求的调节因子。

5.4.1 最优路径规划器

首先，通过仿真验证基于 PSO 的路径规划方法的有效性。荧光相机记录的实验场景如图 5-6（a）所示，10 个不同的干细胞随机分布在其中。图 5-6（b）中标出了起点，在各次仿真中将各个细胞设为目标细胞。PSO 的参数选择十分灵活。n 和 M 越大则路径越平滑，P 和 G 越大则所得解更优。然而，计算时间与这些参数的大小成正比。应根据具体的应用需求，通过试错仿真来调节 PSO 的参数。经过足够多次的参数选择仿真后，最终将 n、M、P 和 G 分别设置为 500、5、300 和 50。如图 5-6（b）中的三条路径规划结果所示，其中有 3 个细胞被选为目标细胞，由此生成了三条路径。结果表明该方法能较好地避开障碍物，且路径长度最小。经过 50 代演化，所有路径都收敛到了最优解[图 5-6（c）]。每次仿真的总计

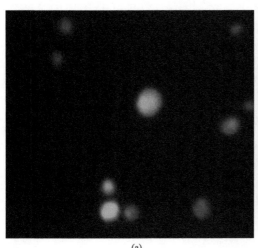

(a)

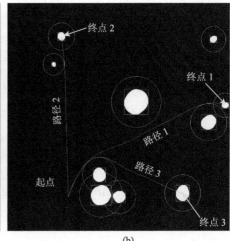

(b)

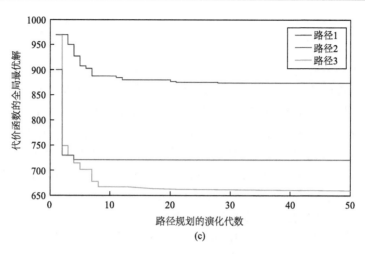

图 5-6　基于 PSO 的最优轨迹规划器参数调整后的仿真结果

（a）相机捕获的实验场景；（b）针对不同目标细胞的三条路径规划结果；
（c）每一代演化中代价函数的全局最优解

算时间约为 1s。我们也对不同形状的 SU8 微型目标物进行了仿真（图 5-7），它们
在紫外光的激发下发出蓝光。最终得到了相似的路径规划效果，表明该方法对不
同形状的目标具有较好的适应性。对于动态环境中的路径规划，可以将 n、M、P
等相关参数设置得更小，从而将计算时间减少到特定应用的可接受水平。

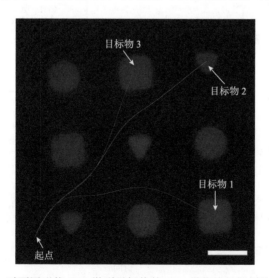

图 5-7　对不同形状 SU8 微型目标物的 PSO 最优路径规划仿真结果

图中展示了针对不同目标的三条规划路径，比例尺为 50 μm

5.4.2 干扰观测器的调节

DOB 的调节首先需要确定控制频率，这主要受相机曝光时间限制，因为荧光成像需要较长的曝光时间来获得高质量的图像。我们的例子中的曝光时间是200 ms，因此将控制频率设置为 4 Hz。基于运动表征的结果将名义模型中的 a_0 设置为 2 μm/s。在 MATLAB（MathWorks Inc.）中以 0.25 s 的采样时间对设计的 DOB 进行编程与模拟。由于 DOB 结构 x 方向和 y 方向的运动相同，因此 x 方向的仿真结果便足以用于参数调节。在仿真中将控制输入设为 0，并在输入数据中加入一个额外的虚拟阶梯型干扰，由 DOB 进行估计，如图 5-8（b）所示。并且在测量数据中加入虚拟噪声信号以测试 DOB 的噪声过滤性能。在这三次模拟中，特征值 σ 分别设为–2、–5 或–8。从图 5-8（a）的结果中可以看出，在有虚拟干扰以及测量位置信号中的噪声时，DOB 能够对位置进行准确估计。特征值变小会

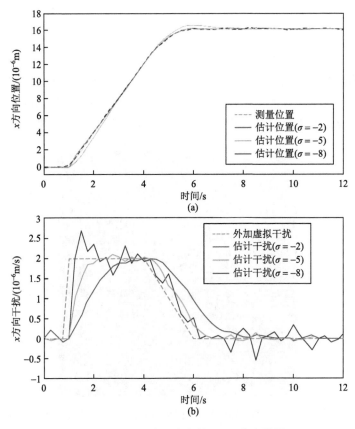

图 5-8　不同 σ 在 x 方向的 DOB 仿真结果

（a）0 控制输入、外加虚拟阶梯型干扰以及测量噪声下的测量位置，不同 σ 的 DOB 估计位置；
（b）选择合适参数后的 DOB 干扰估计结果

使位置估计的收敛变快，准确度变高。此外，如图 5-8（b）所示，特征值变小也会使 DOB 在干扰估计中的波动水平变高，需要避免这种情况出现。我们权衡位置估计的收敛速度与干扰估计的波动水平之后，将 σ 设置为–5。

5.4.3　MPC 控制器

根据图 5-2（b）中的运动特性表征结果，磁性孢子是受低频率（小于 5 Hz）旋转磁场驱动的。因此控制输入不需要优化，即将 λ 设为 0。因为磁性孢子的运动几乎没有延迟，所以将预测范围 N_1 设置为 1。因为路径规划得到了平滑轨迹，所以将最大预测范围设为一个相对较小的值（此处设为 5）。为了展示 MPC 控制器的效果，我们用调节好的 DOB 在 MATLAB 中对图 5-5 的整体控制方案进行了编程与模拟。将以下曲线作为磁性孢子跟踪的参考轨迹：

$$q_r(\mathrm{t}) = \begin{bmatrix} q_{rx}(t) \\ q_{ry}(t) \end{bmatrix} = \begin{bmatrix} 100 + 100\sin(2\pi 0.005t) \\ 100 + 100\cos(2\pi 0.005t) \end{bmatrix} \qquad (5\text{-}23)$$

在 70~90 s，在 x 方向加上三角形干扰，见图 5-9（b）中的干扰参考。图 5-9（a）展示了轨迹跟踪控制结果，从中可以看出 MPC 具有高精确度的跟踪性能。DOB 准确地估计了干扰以及微机器人的位置。通过对干扰进行补偿，跟踪性能几乎不受影响。虽然控制输入在初始时便达到了饱和，但控制的稳定性也能够保证。仿真结果证明了整体控制方案的有效性与稳定性。通过仿真调节好的参数将被用于接下来的实验部分。

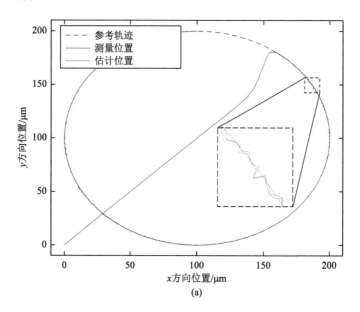

(a)

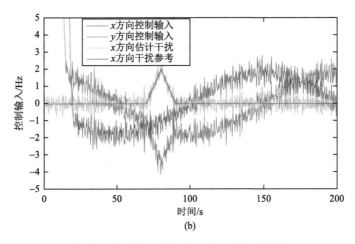

图 5-9　总体轨迹跟踪控制方法的仿真结果

（a）对曲线参考轨迹的跟踪结果，参考速度为 3 μm/s，噪声添加于参考轨迹，插图为结果的放大图；
（b）x 轴与 y 轴的控制输入、干扰估计及干扰参考

5.5　细胞精度的运送实验

5.5.1　系统设置

图 5-10（a）为系统设置，其中包括倒置荧光显微镜、荧光照射器（Model C-HGFI，Nikon Instruments Inc.）、用于视觉反馈的 sCMOS 相机（Model Prime，Photometrics Inc.）、具有两个自由度的样品台、自主设计的即插即用电磁系统（即图中的 MagDisk，用于磁场生成）、用于图像处理和系统控制的主机。图 5-2（a）中相关磁场由 I/O 卡（Model 826，Sensoray Inc.）控制，电磁铁由伺服放大器（ADS 50/5 4-Q-DC，Maxon Inc.）驱动。MagDisk［图 5-10（b）］由 5 个线圈组成，输出磁场可达 30 mT，工作空间约为 20 mm×20 mm。旋转磁场可分解为三个正交分量，由 MagDisk 对应的三个线圈轴产生。

用高斯计（GM 08，Hirst Inc.）校准磁场与线圈各轴电流之间的关系，据此便可计算输入线圈电流。在线圈的中间放置有与样品台相连的玻璃容器，用于容纳工作液体和样品。本章提出的控制方法由 LabVIEW 以及 C 语言编程并且在主机上执行。本节进行的是频率为 4 Hz（与仿真中相同）的实时视觉伺服控制。

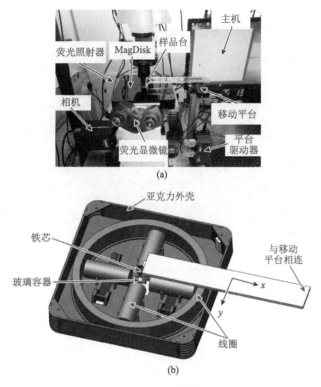

图 5-10　实验系统设置说明

（a）"MagDisk"五自由度电磁线圈系统，用于产生旋转磁场，倒置荧光显微镜系统用于荧光成像，主机执行自动控制方法，相机提供视觉反馈；（b）"MagDisk"的详细设计

5.5.2　利用荧光成像的轨迹跟踪

为了验证轨迹跟踪控制的性能，在绿光激发下对磁性孢子进行了实验，采用由仿真确定的 DOB 和 MPC 控制器的参数。磁场强度和俯仰角分别设为 10 mT 和 80°。在图 5-11 的实验中，随机选择的磁性孢子在去离子水中运动，期望轨迹设计为∞形，由曲率不同的曲线组成，总长度约为 700 μm。沿轨迹的平均移动速度是大约是 3 μm/s，与模拟中相似。从实验结果中可以看出，DOB 以足够的收敛速度准确地估计出了磁性孢子的位置，高精度的位置估计表明广义干扰得到了很好的补偿，图 5-11（b）所示。将图 5-9（a）中的仿真结果与图 5-11（a）实验结果相比可以看出，在仿真和实验中磁性孢子都以高精度稳定地沿预定轨迹运动，最大跟踪误差小于 20 μm。另外，与仿真结果相比，实验中某些位置的跟踪误差较大。这主要是因建模误差、系统配置不完善、基底上或工作液体中存在异物所致。

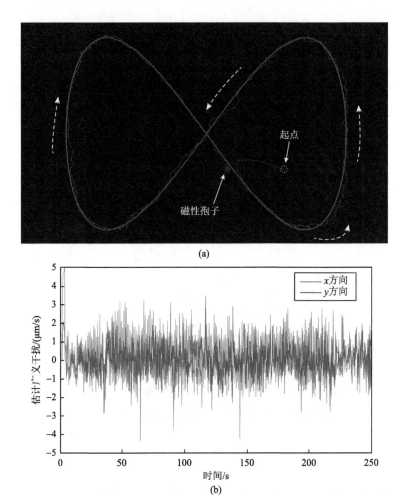

图 5-11　磁性孢子轨迹跟踪实验结果

（a）采用∞形轨迹进行测试，被追踪的磁性孢子发出红色荧光，粉色和蓝色的线条分别表示磁性孢子的参考轨迹
和实际轨迹，箭头表示移动方向，起点由红色虚线圆圈标记；（b）x 与 y 方向的广义干扰估计

5.5.3　利用荧光成像的自动靶向递送

　　我们通过实验展示了具有细胞级分辨率的自动靶向递送，即将磁性孢子自动送至目标细胞。荧光成像分别用蓝光和绿光进行细胞识别与磁性孢子追踪，认为细胞的位置在磁性孢子的控制过程中保持不变。为了验证该方法的鲁棒性，我们分别用去离子水和 PBS 作为工作液体进行实验。实验结果分别如图 5-12（a）和图 5-12（b）所示，从中可以清楚地观察到红色荧光发射的磁性孢子和绿色荧光发射的细胞（不受其他无关物质的影响），这对进一步的体内应用具有重要意义。图 5-12（a）右侧的图像为磁性孢子在亮场成像下的初始状态和最终状态，说明

磁性孢子已经按照规划的避障平滑路径到达了目标细胞。图 5-12（b）展示了磁性孢子在 PBS 中的类似结果。与之前的控制器相比[48]，MPC 控制器运动时的振荡较小。需要注意的是，在路径规划过程中可以灵活地调整路径点 n 的数量，从而调整机器人的运动速度。以图 5-12（a）和（b）中的实验为例，分别将 n 设为 600 和 400。由于该轨迹跟踪控制方法具有较强的鲁棒性，磁性孢子能够对不同工作液体中的规划轨迹进行高精度跟踪。此外，虽然细胞培养液中存在异物，但轨迹跟踪精度与图 5-11 中相似。总体而言，实验结果验证了在实时荧光成像引导下，该磁性孢子的自动控制方法能实现对单个细胞的有效靶向递送。

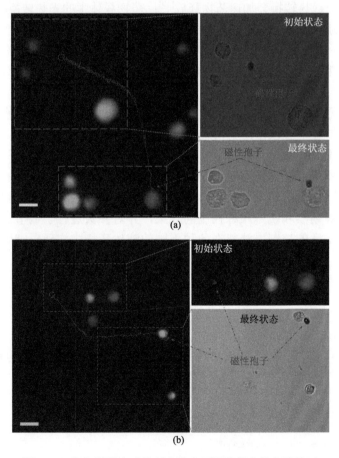

图 5-12　靶向递送自动控制方法在不同液体中的实验验证

（a）采用去离子水作为工作液体的实验结果：左图为细胞及已被控制到达目标细胞的磁性孢子的荧光图像，右图为蓝色虚线矩形区域对应的亮场图像，分别展示磁性孢子的初始状态和最终状态，红色虚线圆圈表示磁性孢子的初始位置，紫色线表示磁性孢子的实时跟踪位置；（b）采用 PBS 作为工作液体的实验结果：左图与右图含义与（a）相同；（a）（b）中的黄色比例尺均为 30 μm

5.6 本章总结

在未来的研究中，可以给磁性孢子装载上货物，并将货物的释放控制与本章的控制方法相结合，从而实现货物的自动递送和自动释放功能。利用被动式的压缩和真空技术可以实现孢子的药物装载。另外，药物的可控释放也有报道。例如，通过在不同浓度的藻酸盐溶液中将藻酸盐涂覆在孢子上，便能实现速度可调的药物释放[46]。刺激-响应型的药物释放机制也有研究，在交流磁场作用下，药物载体中磁性组分的磁热转换会加速药物释放[49]；药物载体中的光热转换材料（如 Ag 和 Au）可将近红外光（NIR）的光子能量转化为热能，使局部温度升高从而引发药物释放[59]。此外，pH 也可以作为触发药物释放的开关[60]。为了保证应用于体内时的安全性，我们利用脱酰基处理将孢子外壁不可降解的几丁质转化为了可降解的壳聚糖。

本章介绍了一种磁性孢子微机器人的实时控制方法，这种微机器人在实时荧光成像的指导下可以作为药物载体。我们基于 PSO 设计了一种具有避障能力的最优路径规划方法，并通过图像处理进行了环境识别。此外，基于 MPC 的轨迹跟踪控制器保证了磁性孢子沿所规划的路径运动，并具有预期的性能。DOB 的应用使得我们无需对复杂的流体动力学和边界效应进行建模。我们通过仿真验证了路径规划器和轨迹跟踪控制的效果，并对参数进行了调节。最后的实验结果验证了本章的控制方法能在各种不同的液体环境中实现对细胞的有效靶向递送。

参 考 文 献

[1] Nelson B J, Kaliakatsos I K, Abbott J J. Microrobots for minimally invasive medicine. Annual Review of Biomedical Engineering, 2010, 12(1): 55-85.

[2] Li J, de Ávila B E F, Gao W, et al. Micro/nanorobots for biomedicine: delivery, surgery, sensing, and detoxification. Science Robotics, 2017, 2(4): eaam6431.

[3] Sitti M, Ceylan H, Hu W, et al. Biomedical applications of untethered mobile milli/microrobots. Proceedings of the IEEE, 2015, 103(2): 205-224.

[4] Wu Z, Troll J, Jeong H H, et al. A swarm of slippery micropropellers penetrates the vitreous body of the eye. Science Advances, 2018, 4(11): eaat4388.

[5] Yan X H, Zhou C Q, Vincent M, et al. Multifunctional biohybrid magnetite microrobots for imaging-guided therapy. Science Robotics, 2017, 2(12): eaaq1155.

[6] Sitti M, Singh A V. Targeted drug delivery and imaging using mobile milli/microrobots: a promising future towards theranostic pharmaceutical design. Current Pharmaceutical Design, 2016, 22(11): 1418-1428.

[7] Singh A V, Hosseinidoust Z, Park B W, et al. Microemulsion-based soft bacteria-driven microswimmers for active cargo delivery. ACS Nano, 2017, 11(10): 9759-9769.

[8]　Yu J, Xu T, Lu Z, et al. On-demand disassembly of paramagnetic nanoparticle chains for microrobotic cargo delivery. IEEE Transactions on Robotics, 2017, 33(5): 1213-1225.

[9]　Mertz L. Tiny conveyance: micro-and nanorobots prepare to advance medicine. IEEE Pulse, 2018, 9(1): 19-23.

[10]　Park B W, Zhuang J, Yasa O, et al. Multifunctional bacteriadriven microswimmers for targeted active drug delivery. ACS Nano, 2017, 11(9): 8910-8923.

[11]　Felfoul O, Mohammadi M, Taherkhani S, et al. Magneto-aerotactic bacteria deliver drug-containing nanoliposomes to tumour hypoxic regions. Nature Nanotechnology, 2016, 11(11): 941-947.

[12]　Ma X, Hahn K, Sanchez S. Catalytic mesoporous Janus nanomotors for active cargo delivery. Journal of the American Chemical Society, 2015, 137(15): 4976-4979.

[13]　Power M, Anastasova S, Shanel S, et al. Towards hybrid microrobots using pH- and photo-responsive hydrogels for cancer targeting and drug delivery. 2017 IEEE International Conference on Robotics and Automation(ICRA), Singapore. 2017.

[14]　Fusco S, Sakar M S, Kennedy S, et al. Self-folding mobile microrobots for biomedical applications. 2014 IEEE International Conference on Robotics and Automation(ICRA), Hong Kong. 2014: 3777-3782.

[15]　Iacovacci V, Lucarini G, Ricotti L, et al. Untethered magnetic millirobot for targeted drug delivery. Biomedical Microdevices, 2015, 17(3): 63.

[16]　Hunter E E, Brink E W, Steager E B, et al. Toward soft micro bio robots for cellular and chemical delivery. IEEE Robotics and Automation Letters, 2018, 3(3): 1592-1599.

[17]　Arruebo M, Fernández-Pacheco R, Ibarra M R, et al. Magnetic nanoparticles for drug delivery. Nano Today, 2007, 2(3): 22-32.

[18]　Xu T, Gao W, Xu L P, et al. Fuel-free synthetic micro-/nanomachines. Advanced Materials, 2017, 29(9): 1603250.

[19]　Wang X, Luo M, Wu H, et al. A three-dimensional magnetic tweezer system for intraembryonic navigation and measurement. IEEE Transactions on Robotics, 2018, 34(1): 240-247.

[20]　Sikorski J, Dawson I, Denasi A, et al. Introducing BigMag — a novel system for 3D magnetic actuation of flexible surgical manipulators. 2017 IEEE International Conference on Robotics and Automation(ICRA), Singapore. 2017: 3594-3599.

[21]　Petruska A J, Brink J B, Abbott J J. First demonstration of a modular and reconfigurable magnetic-manipulation system. 2015 IEEE International Conference on Robotics and Automation(ICRA), Seattle, Washington. 2015: 149-155.

[22]　Diller E, Sitti M. Micro-scale mobile robotics. Foundations and Trends in Robotics, 2013, 2(3): 143-259.

[23]　Khalil I S, Magdanz V, Sanchez S, et al. The control of self-propelled microjets inside a microchannel with time-varying flow rates. IEEE Transactions on Robotics, 2014, 30(1): 49-58.

[24]　Yang L, Wang Q, Vong C I, et al. A miniature flexible-link magnetic swimming robot with two vibration modes: design, modeling and characterization. IEEE Robotics and Automation Letters, 2017, 2(4): 2024-2031.

[25]　Yang L, Yu E, Vong C I, et al. Discrete-time optimal control of electromagnetic coil systems for generation of dynamic magnetic fields with high accuracy. IEEE/ASME Transactions on Mechatronics, 2019, 24(3): 1208-1219.

[26]　Kummer M P, Abbott J J, Kratochvil B E, et al. Octomag: an electromagnetic system for 5-dof wireless micromanipulation. IEEE Transactions on Robotics, 2010, 26(6): 1006-1017.

[27]　Charreyron S L, Zeydan B, Nelson B J. Shared control of a magnetic microcatheter for vitreoretinal targeted drug delivery. 2017 IEEE International Conference on Robotics and Automation(ICRA), Singapore. 2017: 4843-4848.

[28]　Jing W, Chowdhury S, Guix M, et al. A microforce-sensing mobile microrobot for automated micromanipulation

tasks. IEEE Transactions on Automation Science and Engineering, 2018, (99): 1-13.

[29] Kim H, Kim M J. Electric field control of bacteria-powered microrobots using a static obstacle avoidance algorithm. IEEE Transactions on Robotics, 2016, 32(1): 125-137.

[30] Steager E B, Sakar M S, Magee C, et al. Automated biomanipulation of single cells using magnetic microrobots. International Journal of Robotics Research, 2013, 32(3): 346-359.

[31] Xu T, Yu J, Yan X, et al. Magnetic actuation based motion control for microrobots: an overview. Micromachines, 2015, 6(9): 1346-1364.

[32] Yang L, Wang Q, Zhang L. Model-free trajectory tracking control of two-particle magnetic microrobot. IEEE Transactions on Nanotechnolog, 2018, 17(4): 697-700.

[33] Bu L, Shen B, Cheng Z. Fluorescent imaging of cancerous tissues for targeted surgery. Advanced Drug Delivery Reviews, 2014, 76(1): 21-38.

[34] Hsiang J C, Jablonski A E, Dickson R M. Optically modulated fluorescence bioimaging: visualizing obscured fluorophores in high background. Accounts of Chemical Research, 2014, 47(5): 1545-1554.

[35] Wang B, Zhang Y, Zhang L. Recent progress on micro- and nanorobots: towards *in vivo* tracking and localization. Quantitative Imaging in Medicine and Surgery, 2018, 8(5): 461-479.

[36] Kobayashi H, Ogawa M, Alford R, et al. New strategies for fluorescent probe design in medical diagnostic imaging. Chemical Reviews, 2009, 110(5): 2620-2640.

[37] Mhanna R, Qiu F, Zhang L, et al. Artificial bacterial flagella for remote-controlled targeted single-cell drug delivery. Small, 2014, 10(10): 1953-1957.

[38] Kim S, Qiu F, Kim S, et al. Fabrication and characterization of magnetic microrobots for three-dimensional cell culture and targeted transportation. Advanced Materials, 2013, 25(41): 5863-5868.

[39] Peters C, Hoop M, Pané S, et al. Degradable magnetic composites for minimally invasive interventions: device fabrication, targeted drug delivery, cytotoxicity tests. Advanced Materials, 2016, 28(3): 533-538.

[40] Lee S, Kim S, Kim S, et al. A capsule-type microrobot with pick-and-drop motion for targeted drug and cell delivery. Advanced Healthcare Materials, 2018, 7(9): 1700985.

[41] Servant A, Qiu F, Mazza M, et al. Controlled *in vivo* swimming of a swarm of bacteria-like microrobotic flagella. Advanced Materials, 27(19): 2981-2988.

[42] Zahid M U, Ma L, Lim S J, et al. Single quantum dot tracking reveals the impact of nanoparticle surface on intracellular state. Nature Communications, 2018, 9(1): 1830.

[43] Sheung J Y, Ge P, Lim S J, et al. Structural contributions to hydrodynamic diameter for quantum dots optimized for live-cell single-molecule tracking. The Journal of Physical Chemistry C, 2018, 122(30): 17406-17412.

[44] Schiffman J D, Balakrishna R G. Quantum dots as fluorescent probes: synthesis, surface chemistry, energy transfer mechanisms, and applications. Sensors and Actuators B: Chemical, 2018, 258: 1191-1214.

[45] Jurado-Sanchez B, Escarpa A, Wang J. Lighting up micromotors with quantum dots for smart chemical sensing. Chemical Communications, 2015, 51(74): 14088-14091.

[46] Mundargi R C, Potroz M G, Park S, et al. Lycopodium spores: a naturally manufactured, superrobust biomaterial for drug delivery. Advanced Functional Materials, 2016, 26(4): 487-497.

[47] Zhang Y, Zhang L, Yang L, et al. Real-time tracking of fluorescent magnetic sporebased microrobots for remote detection of *C. diff* toxins. Science Advances, 2019, 5(1): eaau9650.

[48] Yang L, Zhang Y, Vong C I, et al. Automated control of multifunctional magnetic spores using fluorescence imaging for microrobotic cargo delivery. 2018 IEEE/RSJ International Conference on Intelligent Robots and

Systems(IROS), Madrid. 2018: 6180-6185.

[49] Wang H, Zhou S. Magnetic and fluorescent carbon-based nanohybrids for multi-modal imaging and magnetic field/NIR light responsive drug carriers. Biomaterials Science, 2016, 4(7): 1062-1073.

[50] Tierno P, Golestanian R, Pagonabarraga I, et al. Controlled swimming in confined fluids of magnetically actuated colloidal rotors. Physical Review Letters, 2008, 101(21): 265-268.

[51] Zhang L, Petit T, Lu Y, et al. Controlled propulsion and cargo transport of rotating nickel nanowires near a patterned solid surface. ACS Nano, 2010, 4(10): 6228-6234.

[52] Majumdar R, Ghosh A, Das A K, et al. Artificial weed colonies with neighbourhood crowding scheme for multimodal optimization//Deep K，Nagar A，Pant M，et al. Proceedings of the International Conference on Soft Computing for Problem Solving(SocProS 2011), India: Springer, 2012: 779-787.

[53] Kennedy J, Eberhart R. Particle swarm optimization. International Conference on Neural Networks, Perth, WA, Australia. 1995: 1942-1948.

[54] Sariyildiz E, Ohnishi K. Stability and robustness of disturbanceobserver-based motion control systems. IEEE Transactions on Industrial Electronics, 2015, 62(1): 414-422.

[55] Ou Y, Kim D H, Kim P, et al. Motion control of magnetized tetrahymena pyriformis cells by a magnetic field with model predictive control. The International Journal of Robotics Research, 2013, 32(1): 129-139.

[56] Xu Q. Digital sliding mode prediction control of piezoelectric micro/nanopositioning system. IEEE Transactions on Control Systems Technology, 2015, 23(1): 297-304.

[57] Holkar K, Waghmare L. An overview of model predictive control. International Jouenal of Control and Automotion, 2010, 3(4): 47-63.

[58] Xu Q. Digital integral terminal sliding mode predictive control of piezoelectric-driven motion system. IEEE Transactions on Industrial Electronics, 2015, 63(6): 3976-3984.

[59] Chen J, Guo Z, Wang H B, et al. Multifunctional Fe_3O_4@C@Ag hybrid nanoparticles as dual modal imaging probes and near-infrared light-responsive drug delivery platform. Biomaterials, 2013, 34(2): 571-581.

[60] Zhu J, Liao L, Bian X, et al. pH-Controlled delivery of doxorubicin to cancer cells, based on small mesoporous carbon nanospheres. Small, 2012, 8(17): 2715-2720.

第6章

微纳机器人集群概述

6.1 引言

　　由于微纳机器人小体积的限制，其载药量、运动能力以及医疗成像的信号反馈均是不小的挑战。利用微纳机器人集群技术可以提供解决这些问题的一些有效方案。本章中，我们对微纳机器人集群做简要概述。在平衡状态下胶体悬液可以组成一些我们熟知的热力学相（如气体、液体、晶体、玻璃等），统计力学能帮助我们很好地研究其物理性质[1]。然而，日常生活中的许多胶体是动态的，并非处于热力学平衡状态。此时的非平衡特性会使胶体产生多种多样的行为并形成新的动态有序结构。本章主要介绍的便是由外加场驱动胶体粒子而产生的一些有代表性的集体行为。此时的外加场会对单个粒子施加力或扭矩作用，这看似不会导致粒子的自发组合。但由于粒子之间具有强大的集体相互作用，因此可以形成复杂的结构并产生集群行为。近年来关于新型胶体的制造技术有了突飞猛进的发展，并且有一些文献着重于从单个粒子的角度研究其驱动机制[2-6]。

　　在不同的驱动方式下，胶体粒子都会因集体效应而产生相应的自组装行为或形成空间结构。这种强大的集体效应是长程流体作用以及外场诱导产生的粒子间相互作用的综合体现。本章将根据外加场的类型对粒子集群的驱动进行简单介绍，其中的外场主要包括磁场、电场以及声场。在微纳机器人领域，运动是永恒的研究主题。因此本章将着重于介绍胶体粒子集群的运动以及相关应用。

6.2 磁场驱动的集群现象

　　磁场是驱动胶体粒子集群的有效方法。在实验室中可以很容易地获得低强度的磁场，并将其用于粒子在三维空间中的运动控制。磁场驱动具有化学驱动以及电场驱动所缺乏的生物相容性，这一固有的特性使得磁场在微纳机器人领域具有广泛的应用前景。本节将对磁场驱动的集群现象进行简单介绍。

6.2.1　基于粒子的磁场驱动

利用外部磁场驱动胶体的最直接方法是使磁场直接作用于单个粒子,对粒子施加力或者力矩的作用,然后通过不同的方法将这一作用转化为粒子的运动。外加磁场的方向取决于黏滞力和惯性力的相对平衡。在低雷诺数条件下,黏滞力占主导地位,惯性作用通常可以忽略不计,一般的往复式对称运动无法有效驱动粒子。因此磁场需使粒子打破低雷诺数环境下的时间可逆性,从而产生有效位移。

科研人员通过模仿细菌等微生物的运动方式,制造人工鞭毛或纤毛来帮助微观尺度物体产生运动。这些鞭毛或纤毛以来回摆动或螺旋运动的形式打破运动的对称性,从而产生推进力[4, 7]。还有一种方法是利用磁场使粒子在固体表面上或表面周围旋转,由此产生固体表面对粒子的直接作用力,或通过流体的作用力,最终使粒子产生运动。如果粒子的旋转轴平行于固体表面,那么在这两种情况下,旋转都会使粒子沿直线做平移运动[8, 9]。而且无论是永磁性还是超顺磁性的胶体粒子,都可以用这种方法驱动[4]。在低雷诺数条件下,垂直振荡的磁场能使粒子旋转,如使铁磁性胶体粒子随外加磁场顺时针或逆时针旋转。此时,如果粒子足够大,就会由于惯性而使粒子的旋转产生滞后,从而打破对称性,使粒子持续滚动[10]。

6.2.2　基于基底的磁场驱动

利用带有图案的磁性基底同样可以驱动胶体粒子。这种方法一般是通过对基底施加随时间变化的磁场,使基底的磁性也随之发生变化,从而驱动邻近基底的粒子。Yellen 等[11]和 Zhu 等[12]将非磁性粒子浸泡在铁磁性流体中,并置于带有图案的基底之上。随后,非磁性颗粒将受到磁性流体的作用力,这个力的大小取决于颗粒在磁性流体中所占空间的大小。并且通过施加随时间或者空间变化的磁场,可以对图案表面的磁化进行调整,能使粒子以相对较高的速度(~70 μm/s)运动。这种方法虽然必须将粒子浸入磁性流体中,但却可以用于多种粒子的运输,具有极其广阔的应用前景。

带有图案化磁畴的均匀铁磁性薄膜也能用于粒子的驱动,此种薄膜上的磁畴可以形成各种各样的图案(如条纹或气泡)。这些结构(布洛赫壁)可通过外加磁场控制,因而邻近的粒子与之结合后便能进行运动[13-15]。基底上磁畴形成的图案若为条纹状,则粒子的运动将会被限制在单个维度上。而使用气泡形的更具对称性的几何图形则能使粒子在引导下沿着任意二维路径在基底上运动,如图 6-1(a)所示。带有图案化磁畴的磁性基底的缺点是其可重构性有限,但它却能使粒子以相当高的速度进行运动,是一种极具前景的微流体传输系统[13]。近期有研究表明,由于晶格对称性的存在,其中某些传输路径会受拓扑保护[16, 17]。通过在基底上随机放置一些障碍物，该系统还可被用于研究磁性粒子在传输中与障碍物的相互作用[18]。关于粒子与特殊边界的相互作用是一个具有极大潜在价值的研究方向，这对于理解胶体粒子在复杂环境中的传输具有重大意义。

6.2.3 集体行为：通过旋转磁场的自组装

胶体悬液在磁场的作用下可以自组装成各种瞬态或长期稳定存在的结构，其中最常用的方法之一为施加旋转磁场来引发胶体粒子的自组装。此时，往往会控制磁场与邻近的表面之间成一定角度，通过流体作用对粒子施加影响。在关于毫米尺度的旋转体的实验中，研究人员发现磁场作用和流体作用之间的平衡可以导致有序结构的自组装[19]。通过改变磁场及流体作用的相对强度，可以显著改变胶体悬液中粒子的集体行为。旋转的磁偶极子引起粒子间相互吸引，能使其自组装成各种动态平衡的结构，包括晶体状、链状、管状以及轮状结构等[20-23]。例如，胶体粒子组成的轮状结构便是一种非常有趣的自组装结构，如图 6-1（b）所示，它的移动速度非常快，最高可达 50 μm/s。由于其组装及滚动过程带有一定角度的倾斜，因此具有独特的动力学特性。

在粒子与磁场同步旋转的胶体体系中，自组装形成的结构由磁场与流体作用之间的相互平衡决定，这两者的相对强弱会使胶体粒子组成截然不同的结构。当磁性作用与流体作用相差无几时，胶体粒子一般会形成链状结构，链的方向往往垂直于外加磁场[24-27]。这种结构十分灵活，链条周围产生的流体流动可以被用于运输一些较小的物体[27]。此外，链可以很容易地形成环状锁套结构，并且围绕在需要运输的物体周围，随后将其运输到目标位置，如图 6-1（c）所示[24, 28]。当粒子之间的磁性相互作用很强时（磁矩较大），粒子会聚集成晶体状或网状等结构[29-31]。在密集的结构中，粒子之间紧密相连，但仍都随着磁场旋转，能产生较强的流体流动，也可以用于微小物体的运输，如图 6-1（d）所示。当磁性作用非常弱时，流体作用占主导地位，粒子间的磁性相互作用可以忽略，此时会形成不同的结构。粒子在无滑动表面附近的旋转会产生很强的集体效应，这与前文介绍的轮状结构不同。在这种情况下，均匀胶体悬液中的粒子会呈现出在体系中自由传播的密度波[32]。如果在系统中产生足够大的密度波动，就会观察到一系列的不稳定性现象，首先形成一次波动，然后这一波动迅速地形成指状，在尖端处密度较大[33, 34]。粒子与壁面之间的距离影响波前沿的宽度以及波长。随后这些指状波动密集的尖端可以脱离，并继续作为稳定的集群移动，如图 6-1（f）所示。

与磁场异步旋转的胶体粒子往往具有独特的动力学性质。例如，在均匀的垂直振荡磁场的驱动下，较大的胶体粒子（直径大于 50 μm）的旋转会打破运动的对称性，能产生碰撞使自身运动状态发生改变[10]。此时流体作用相对较弱，粒子通过磁相互作用和粒子间的碰撞组装成一些动态平衡结构，如图 6-1（e）所示[35]。

这一系统为研究如何利用障碍物操纵和引导自组装结构提供了思路，并为粒子驱动的研究开辟了一条新的道路。

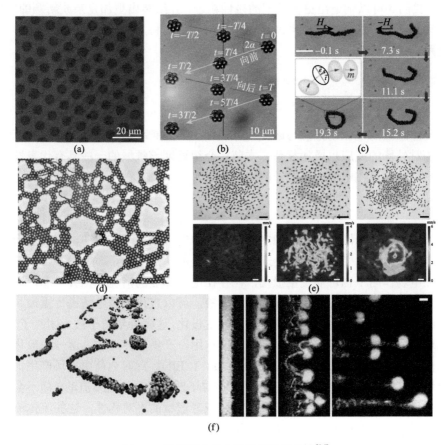

图 6-1　磁场驱动单个粒子及粒子集群[36]

（a）用图案化的磁性基底实现粒子的迁移[32]；（b）胶体粒子轮状结构的受控运动[21]；（c）能形成环状结构的磁性粒子链[24]（比例尺为 10μm）；（d）无磁性颗粒在磁性胶体粒子组成的网状结构中的运输[31]；（e）非同步旋转的胶体粒子组装成的一系列不同动态结构（比例尺为 1 mm）[35]；（f）流体作用形成稳定集群的模拟（左）及实验（右）结果[34]

与胶体粒子集群相比，仿生型微纳机器人的集群行为更加复杂也更难以控制，有关研究也相对较少。近年来微纳制造技术的发展使得类似纤毛的微观结构可以大规模地制造，有助于推动仿生系统集群行为的研究，如使大量的纤毛可以同步摆动并探究其动力学特征[37-39]。Vilfan 等对人造纤毛的自组装进行了实验研究，证明了人造纤毛产生流体流动并作为运输平台的可行性[40]。近期也有一些研究成功地用简单而有效的方法制造出了磁性纤毛[41-43]。仿生系统的集群行为是微纳机器人领域未来研究的一个重点方向，将有助于我们理解细菌等微生物的集群运动并从中获得启发。

总体而言，用磁场驱动胶体粒子集群是一种具有广泛应用前景的方法，磁场固有的生物相容性以及灵活性赋予了这一方法无限的可能。随着微纳制造技术的发展，我们还可以制造出更多类型的磁性粒子，并组装出更加复杂或新颖的结构。磁驱动与其他方法，如电驱动或声驱动相结合，也将为这一领域的研究开辟出新的道路。

6.3 电驱动的集群现象

胶体悬液的电驱动方法与磁驱动方法相比，其频率相对更高，其中的流体以及粒子对外场的反应也更加复杂。本节将介绍近期该领域的一些具有代表性的研究成果，并讨论在电驱动下粒子的集群现象。

6.3.1 电驱动

大多数胶体悬液的电荷是稳定的，即其中的单个粒子带有净电荷。在均匀的直流电场作用下，带电粒子将会迁移，这就是所谓的电泳。即使是不带电的粒子在外加电场作用下也可能发生极化，在存在电场梯度的情况下也会运动，这种现象称为介电泳。因此，对于带电的胶体悬液，可以直接使用电场进行操控。而不带电的胶体被放置在均匀的电场中也会发生极化，这将导致粒子被一团离子包围，形成双电层。外加电场对双电层施加力的作用，产生流体流动，这一现象称为感应电荷电泳（induced-charge electrophoresis，ICEP）。此时电荷由电场产生，并受到电场对其施加的力的作用。ICEP 在对称粒子四周会产生流体流动，但不会引起任何平移运动。然而，如果粒子具有电荷或者形状的不对称性，这些流体流动将会使粒子运动，如图 6-2（a）所示。这是一个相对较为复杂的研究领域，后文将简单介绍一些具体的驱动策略。

Quincke[44]发现介电胶体粒子在强电场中可以自发旋转，相关电驱动方法便是基于这种旋转的不稳定性。当粒子和流体的电荷弛豫时间不同时，就会发生这种旋转。在强电场中，介电粒子会产生感应偶极矩。如果胶体粒子的电荷弛豫时间大于流体的电荷弛豫时间，则感应偶极子将与外场反向平行排列。这种结构是不稳定的，任何微小的转动都会产生一个力矩并放大扰动，这导致粒子在外场横向上以恒定速率自发旋转[45]。当这些旋转的粒子靠近或接触固体表面时，它们便会发生移动，如图 6-2（b）所示。然而，这种"Quincke 转子"可能会向不同的方向移动，因为其旋转轴只是与表面平行，而集体效应的存在可以使这些粒子同步运动。

6.3.2 集体行为

电驱动胶体粒子的具体策略多种多样。例如，Vissers 等[46]证明，由于集体效应，直流电场条件下带电的胶体系统中便能形成平行的粒子通道。尽管利用 ICEP 产生流体流动驱动胶体粒子需要非对称性，但由于流体作用和其他作用的结合，对称的粒子已经被证明可以组成团簇、链状、带状以及旋涡状结构[47-51]。然而，充分利用 ICEP 效应驱动胶体粒子仍需要借助粒子的不对称性。一方面是借助新的制造技术开发形状不对称的粒子，另一方面是创造电荷的不对称性，后者相对来说更加容易实现。如 Janus 粒子（双面粒子），其制造相对简单，是目前研究使用较多的选择[52]。通过 ICEP 驱动的 Janus 粒子能以极高的速度（每秒数十微米）移动[53]。已有研究表明，由 Janus 粒子组成的胶体悬液可以组装成多种结构，如手性团簇、团聚物和链状结构等[54-56]。Yan 等[56]通过调节单个粒子之间的静电相互作用，使一种粒子形成了多种有序结构，如链状、集群以及团簇结构，如图 6-2（d）所示。

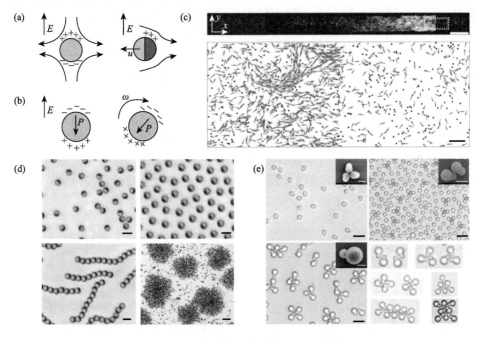

图 6-2 电驱动单个粒子及粒子集群[36]

（a）外加电场引发的 ICEP 流体流动示意图：流动环绕对称粒子四周，电荷或形状不对称时 ICEP 流动将导致粒子运动；（b）Quincke 转子旋转示意图：由结构不稳定性导致的持续旋转；（c）Quincke 转子集群遭遇随机障碍物的实验：上图为粒子集群的放大图像（比例尺为 5 mm），下图显示粒子通过障碍物，箭头表示粒子，圆点表示障碍物（比例尺为 100 μm）；（d）通过调节 Janus 胶体粒子系统的驱动频率来组成不同结构（比例尺为 5 μm）；（e）不对称粒子（二聚体胶体粒子）的集体行为：通过改变形状不对称性和表面电荷可以产生多种集体行为，大图为光学图像（比例尺为 5 μm），插图是 SEM 图像（比例尺为 2 μm）

虽然目前的研究较多地集中于化学成分的不均匀性，形状不对称的粒子也能借助 IECP 效应运动。Ma 等[57]利用不对称的二聚体进行实验，证明了形状不对称性可以产生推动力。此外，他们的研究还表明，该推动力可以通过改变二聚体的化学性质来改变，即由不同材料制成的形状相同的二聚体可以向不同方向移动。在由此类二聚体组成的胶体悬液中，组装行为由非对称的 ICEP 流体控制。这些流体的流动可以通过改变粒子电荷或液体的导电特性来调整，从而使粒子组装成各种手性或非手性的团簇结构，如图 6-2（e）所示[58]。

前文提到的 Quincke 转子的集体运动能产生多种多样的集群现象。有研究利用横向约束的实验证明了均匀分布的大量 Quincke 转子可以进行大规模的集体运动，并形成带状、团簇状或旋涡状结构。由于在该系统中，流体作用和粒子之间的静电相互作用都得到了较好的解释，因此除了实验观察外，有学者建立了相关的分析模型[59, 60]。就像 6.2 节讨论的异步磁驱动系统一样，在约束条件下的 Quincke 转子是一个极具前景的系统，可以帮助我们理解复杂系统中的集群运动现象。近期有研究人员用人造粒子探索了动态集群与随机障碍物之间的相互作用关系，如图 6-2（c）所示[61]。此外，关于外加电场作用下胶体粒子集群反应的研究发现，虽然此时单个粒子的行为类似于磁场中粒子的自旋，但这些粒子集群表现出一种完全不同的非线性响应，它们能够与流体流动方向排列一致并反向运动[62]。

在过去十年左右的时间里，制造技术的发展使得我们可以制造出化学或形状不对称的粒子，从而使 ICEP 效应能被用于胶体粒子驱动，这一研究方向尚待科研人员的不断探索。其他的电驱动方式，如 Quincke 旋转，可以用与创建更易于理解的模型来研究粒子的集群驱动现象。因此在这两个系统以及其他的驱动系统中，研究人员应进行更多的工作来探索胶体粒子的集群现象。

6.4 声驱动的集群现象

利用声场也能够实现胶体粒子的驱动[63-65]。在过去，声波曾被用于微流体中粒子的分选。近年来，已有研究表明，声波也可以被用来推动非对称粒子，其流体力学效应称为声流[66, 67]。本节主要介绍关于声驱动集群现象的研究成果，对声悬浮和推动机制不做介绍。

由于声辐射以及流体作用的结合，声驱动的胶体粒子集群能展现出很多有趣的集体现象。有实验观察到杆状和球形粒子能在声作用下自组装成较长的粒子链[66, 68]。这些链被认为是由于二次声辐射力（即 Bjerknes 力）在悬浮面上的吸引作用而形成的[68-70]。当粒子旋转时，由于流体作用，链会形成一个大的旋涡，使粒子高速前进[66, 68]。悬浮面上的声节点也可以产生由数千个胶体粒子组成的条纹状和环状结构[66, 71]。当粒子产生自推动时，这些链、环和条纹结构也会发生移动[66, 68]。Zhou 等[68]的研究表明，由微型棒体组成的胶体悬液可以用于在微尺度上搅拌流体。图 6-3（a）显示了棒体悬浮液中旋转链和节点聚集体的形成[72]。

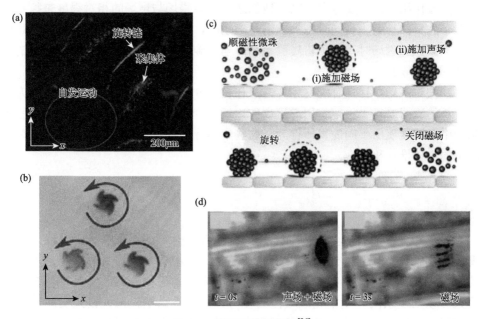

图 6-3　声驱动粒子集群[36]

（a）棒体悬浮液中旋转链和节点聚集体的形成；（b）三个共同旋转的星状体组成的平衡结构（比例尺为 15 μm）；（c）磁场与声场共同作用下，磁性团聚体在边界附近的可逆组装、迁移以及滚动；（d）左：同时施加声场与磁场时粒子形成位置固定的旋涡状结构；右：只施加磁场时粒子集群运动

　　除了二次声辐射力外，粒子的运动也与声流引起的流体作用有关[73, 74]。研究结果表明，在两个粒子之间，由声流所产生的流体作用力会形成一种依赖于频率的平衡状态[75]，并且这些流体作用将使胶体悬液具有不同的动力学状态和大规模的集群现象。在驻波中，由于声流的存在，流体作用使同向旋转的星状粒子相互排斥，并阻止粒子向声节点区域移动。因此，共旋转的粒子能形成稳定的结构，其粒子间距离约为 3 个粒子直径[76]，见图 6-3（b）。

　　声场也可以与其他类型的外加场结合使胶体粒子发生自组装[77]。将声悬浮与磁性吸引作用相结合，可以在直径 2 μm 的三金属棒悬浮液中形成可移动的星状体，其运动速度和方向取决于不对称的声流。这些集群的运动也可以通过外加磁场引导。受白细胞在血管壁迁移和滚动的启发，研究人员结合声场和磁场，利用顺磁性微珠在微通道中设计了磁性滚动式聚集体[78]，见图 6-3（c）。磁场以平行于壁面的直线为轴振荡，磁场作用下形成了由数十个顺磁性微珠组成的可旋转紧密聚集体。通过施加合适的声场，主辐射力将驱使这些聚集体向边界移动。一旦到达边界，这些聚集体就会像白细胞一样沿壁面滚动。此外，Li 等[79]开发了混合型磁性纳米粒子，其螺旋结构的手性使它们可以在旋转磁场下向给定方向运动，并在声流作用下向相反方向运动。他们通过调节磁场与声场的相对强度来控制这些粒子的集体行为，当同时施加声场与磁场时，粒子能形成位置固定的旋涡状结构；当只施加磁场时，粒子将集群运动；当只施加声场时，粒子将形成稳定的聚合体，如图 6-3（d）所示。

声波与磁场一样具有生物相容性，在粒子分选、靶向给药和显微手术等方面有广泛的应用前景[64]。声作用与流体作用的结合以及其间的复杂的关系导致胶体悬液中能够展现出不同的集体行为。这些集体行为可用于其他应用，如微流体环境中的物体推动和混合。

6.5 本章总结

与自然界中的许多生物类似，微纳机器人也会对外界影响产生反应，并表现出不同的集群现象。这些集群现象能赋予微纳机器人更强大的功能，如更大的载药量、更强的运动能力、灵活的形态变换等。这些能力的提升将使微纳机器人可以在复杂的环境中完成艰巨的任务，这是将微纳机器人投入实际应用的关键所在。因而在今后很长一段时间内，微纳机器人集群都将会是微纳机器人领域的研究热点。

引发微纳机器人产生集体行为的因素多种多样，本章主要介绍了胶体粒子在磁场、电场以及声场作用下的集体行为。这些外场驱动的集群现象是基于微/纳米粒子与外场之间的相互作用，其响应时间很快，并且能够自由地拆卸或组装，具有可控性。其中磁场与声场一般不会对人体造成伤害，具有良好的生物相容性。而电场驱动中可能出现的高电压会对人体组织造成损伤，不易应用于人体内。

除了上述的三种外加场之外，其他的微纳机器人驱动方式（如化学燃料驱动、光驱动等）也可以引发相应的集群现象。例如，化学梯度的存在可以使一些具有特殊结构的微纳机器人（如 Janus 粒子、Au-Pt 纳米线、管状微纳机器人）产生集群现象，使它们组成复杂的结构[80, 81]。然而，此类集群现象大多基于微纳机器人与介质之间的反应，因此一般不具备可逆性与可控性。并且其集体行为的响应时间也取决于反应的速率，与其他方法相比通常较慢。光同样也可以引发微纳机器人的集群现象。例如，AgCl 与 TiO$_2$ 粒子在紫外光的照射下会聚集成团，这是由于 AgCl 微粒子自身的不对称光解或 TiO$_2$ 光解水而产生的电解质梯度，导致了这种集体行为[82, 83]。与之类似，Palacci 等[84]报道的 Janus 粒子在蓝光照射下会催化 H$_2$O$_2$ 的分解，形成化学梯度，使其自组装成均匀致密的集群。在关闭光照后，集群中的粒子又将分散。光引发的微纳机器人集体行为需要使用一些特殊的材料(具有光热或光催化性能),这将会限制其实际应用。此外,这类系统通常需要一定程度的透明性,这也会给临床应用带来不小的挑战。

微纳机器人的形状设计对集群现象也有很大的影响。除了常见的球形结构,近年来研究者们对非球形或非对称胶体粒子集群现象的研究也取得了丰硕的成果,在粒子制造方面也取得了重大突破。其他一些影响集群现象的因素也在逐渐进入研究人员的视野。例如,在声场驱动的集群现象中,粒子密度分布可以影响粒子的运动方向和速度[85]。Collis 等[86]的研究表明,粒子中质量较大的部分相对于流体有较大的相对运动,而较轻的部分则随流体运动。因此,可以考虑利用质量分布不均匀的胶体粒子产生独特的集群现象。许多胶体粒子集群的运动或形态变换都依赖于粒子与边界之间的相互作用。实验研究中采用的边界通常是干净平整的,而在许多实际情况中,微纳机器人接触的边界可能是粗糙、弯曲或是具有弹性的(如生物膜),其所处的液体环境中也可能存在一些障碍物。因此,有必要进行进一步的研究来评估这些集群现象在实际生物系统中的可行性和适用性。

总而言之,随着微纳加工技术的飞速发展以及仿真模拟方法的逐步成熟,我们将逐渐揭开微纳机器人集群现象的神秘面纱,了解集体行为中的奥秘。未来的微纳机器人集群将会是一个功能强大的系统,可以使成千上万个个体组装成复杂的三维结构,以完成特定的任务。随着微纳机器人可控集体行为研究的深入,集群也将具有"智能"。由简单个体组成的集群在外界条件发生变化时可以灵活地改变自身形态,像自然界中的生物集群一样对环境有很强的适应力。集群的强大功能将使微纳机器人在生物医学等领域大放异彩,然而我们离真正了解并掌握集群现象还有很长的路要走,这需要微纳机器人领域科研人员的共同努力。本书的后续章节将以本实验室的研究成果为核心,介绍近年来微纳机器人集群的发展现状。

参 考 文 献

[1] Anderson V J, Lekkerkerker H N. Insights into phase transition kinetics from colloid science. Nature, 2002, 416(6883): 811-815.

[2] Aubret A, Ramananarivo S, Palacci J. Eppur si muove, and yet it moves: patchy (phoretic) swimmers. Current Opinion in Colloid & Interface Science, 2017, 30: 81-89.

[3] Xu T, Gao W, Xu L P, et al. Fuel-free synthetic micro-/nanomachines. Advanced Materials, 2017, 29(9): 1603250.

[4] Martínez-Pedrero F, Tierno P. Advances in colloidal manipulation and transport via hydrodynamic interactions. Journal of Colloid and Interface Science, 2018, 519: 296-311.

[5] Zöttl A, Stark H. Emergent behavior in active colloids. Journal of Physics Condensed Matter, 2016, 28(25): 253001.

[6] Zhang J, Luijten E, Granick S. Toward design rules of directional Janus colloidal assembly. Annual Review of Physical Chemistry, 2015, 66(1): 581-600.

[7] Peyer K E, Zhang L, Nelson B J. Bio-inspired magnetic swimming microrobots for biomedical applications.

Nanoscale, 2013, 5(4): 1259-1272.

[8] Dean W R, O'Neill M E. A slow motion of viscous liquid caused by the rotation of a solid sphere. Mathematika, 1963, 10(1): 13-24.

[9] Goldman A J, Cox R G, Brenner H. Slow viscous motion of a sphere parallel to a plane wall— I Motion through a quiescent fluid. Chemical Engineering Science, 1967, 22(4): 637-651.

[10] Kokot G, Piet D, Whitesides G M, et al. Emergence of reconfigurable wires and spinners via dynamic self-assembly. Scientific Reports, 2015, 5(1): 9528.

[11] Yellen B B, Hovorka O, Friedman G. Arranging matter by magnetic nanoparticle assemblers. Proceedings of the National Academy of Sciences, 2005, 102(25): 8860-8864.

[12] Zhu T, Lichlyter D J, Haidekker M A, et al. Analytical model of microfluidic transport of non-magnetic particles in ferrofluids under the influence of a permanent magnet. Microfluid Nanofluidics, 2011, 10(6): 1233-1245.

[13] Tierno P, Sagués F, Johansen T H, et al. Colloidal transport on magnetic garnet films. Physical Chemistry Chemical Physics, 2009, 11(42): 9615-9625.

[14] Ehresmann A, Lengemann D, Weis T, et al. Asymmetric magnetization reversal of stripe-patterned exchange bias layer systems for controlled magnetic particle transport. Advanced Materials, 2011, 23(46): 5568-5573.

[15] Gunnarsson K, Roy P E, Felton S, et al. Programmable motion and separation of single magnetic particles on patterned magnetic surfaces. Advanced Materials, 2005, 17(14): 1730-1734.

[16] Loehr J, de las Heras D, Loenne M, et al. Lattice symmetries and the topologically protected transport of colloidal particles. Soft Matter, 2017, 13(29): 5044-5075.

[17] Loehr J, Loenne M, Ernst A, et al. Topological protection of multiparticle dissipative transport. Nature Communications, 2016, 7: 11745.

[18] Stoop R L, Tierno P. Clogging and jamming of colloidal monolayers driven across a disordered landscape. Communications Physics, 2018, 1: 68.

[19] Grzybowski B A, Whitesides G M. Dynamic aggregation of chiral spinners. Science, 2002, 296(5568): 718-721.

[20] Tasci T, Herson P, Neeves K, et al. Surface-enabled propulsion and control of colloidal microwheels. Nature Communications, 2016, 7: 10225.

[21] Maier F J, Lachner T, Vilfan A, et al. Non reciprocal skewed rolling of a colloidal wheel due to induced chirality. Soft Matter, 2016, 12(46): 9314-9320.

[22] Yan J, Bae S C, Granick S. Colloidal superstructures programmed into magnetic Janus particles. Advanced Materials, 2015, 27(5): 874-879.

[23] Yan J, Bae S C, Granick S. Rotating crystals of magnetic Janus colloids. Soft Matter, 2015, 11(1): 147-153.

[24] Martinez-Pedrero F, Cebers A, Tierno P. Dipolar rings of microscopic ellipsoids: magnetic manipulation and cell entrapment. Physical Review Applied, 2016, 6(3): 034002.

[25] Martinez-Pedrero F, Cebers A, Tierno P. Orientational dynamics of colloidal ribbons self-assembled from microscopic magnetic ellipsoids. Soft Matter, 2016, 12(16): 3688-3695.

[26] Massana-Cid H, Martinez-Pedrero F, Navarro-Argemí E, et al. Propulsion and hydrodynamic particle transport of magnetically twisted colloidal ribbons. New Journal of Physics, 2017, 19(10): 103031.

[27] Massana-Cid H, Martinez-Pedrero F, Cebers A, et al. Orientational dynamics of fluctuating dipolar particles assembled in a mesoscopic colloidal ribbon. Physical Review E, 2017, 96(1): 012607.

[28] Yang T, Tasci T O, Neeves K B, et al. Magnetic microlassos for reversible cargo capture, transport, and release. Langmuir, 2017, 33(23): 5932-5937.

[29]　Martinez-Pedrero F, Tierno P. Magnetic propulsion of self-assembled colloidal carpets: efficient cargo transport via a conveyor-belt effect. Physical Review Applied, 2015, 3(5): 051003.

[30]　Martinez-Pedrero F, Ortiz-Ambriz A, Pagonabarraga I, et al. Colloidal microworms propelling via a cooperative hydrodynamic conveyor belt. Physical Review Letters, 2015, 115(13): 138301.

[31]　Maier F J, Fischer T M. Transport on active paramagnetic colloidal networks. The Journal of Physical Chemistry B, 2016, 120(38): 10162-10165.

[32]　Delmotte B, Driscoll M, Chaikin P, et al. Hydrodynamic shocks in microroller suspensions. Physical Review Fluids, 2017, 2(9): 092301.

[33]　Delmotte B, Donev A, Driscoll M, et al. Minimal model for a hydrodynamic fingering instability in microroller suspensions. Physical Review Fluids, 2017, 2(11): 114301.

[34]　Driscoll M, Delmotte B, Youssef M, et al. Unstable fronts and motile structures formed by microrollers. Nature Physics, 2017, 13(4): 375-379.

[35]　Kaiser A, Snezhko A, Aranson I S. Flocking ferromagnetic colloids. Science Advances, 2017, 3(2): e1601469.

[36]　Driscoll M, Delmotte B. Leveraging collective effects in externally driven colloidal suspensions: experiments and simulations. Current Opinion in Colloid & Interface Science, 2019, 40: 42-57.

[37]　Bruot N, Cicuta P. Realizing the physics of motile cilia synchronization with driven colloids. Annual Review of Condensed Matter Physics, 2016, 7(1): 323-348.

[38]　Di Leonardo R, Búzás A, Kelemen L, et al. Hydrodynamic synchronization of light driven microrotors. Physical Review Letters, 2012, 109(3): 034104.

[39]　Damet L, Cicuta G M, Kotar J, et al. Hydrodynamically synchronized states in active colloidal arrays. Soft Matter, 2012, 8(33): 8672-8678.

[40]　Vilfan M, Potocnik A, Kavcic B, et al. Self-assembled artificial cilia. Proceedings of the National Academy of Sciences of the United States of America, 2010, 107(5): 1844-1847.

[41]　Zhang S, Wang Y, Lavrijsen R, et al. Versatile microfluidic flow generated by moulded magnetic artificial cilia. Sensors and Actuators B: Chemical, 2018, 263: 614-624.

[42]　Hanasoge S, Hesketh P J, Alexeev A. Metachronal motion of artificial magnetic cilia. Soft Matter, 2018, 14(19): 3689-3693.

[43]　Hanasoge S, Hesketh P J, Alexeev A. Microfluidic pumping using artificial magnetic cilia. Microsystems & Nanoengineering, 2018, 4(1): 11.

[44]　Quincke G. Ueber rotationen im constanten electrischen felde. Annalen der Physik, 1896, 295(11): 417-486.

[45]　Melcher J, Taylor G. Electrohydrodynamics: a review of the role of interfacial shear stresses. Annual Review of Fluid Mechanics, 1969, 1(1): 111-146.

[46]　Vissers T, Wysocki A, Rex M, et al. Lane formation in driven mixtures of oppositely charged colloids. Soft Matter, 2011, 7(6): 2352-2356.

[47]　Zhang K Q, Liu X Y. Two scenarios for colloidal phase transitions. Physical Review Letters, 2006, 96(10): 105701.

[48]　Hu Y, Glass J, Griffith A, et al. Observation and simulation of electrohydrodynamic instabilities in aqueous colloidal suspensions. Journal of Chemical Physics, 1994, 100(6): 4674-4682.

[49]　Yeh S R, Seul M, Shraiman B I. Assembly of ordered colloidal aggregates by electric-field-induced fluid flow. Nature, 1997, 386: 57-59.

[50]　Fraden S, Hurd A J, Meyer R B. Electric-field-induced association of colloidal particles. Physical Review Letters,

1989, 63(21): 2373-2376.

[51] Pérez C L, Posner J D. Electrokinetic vortices and traveling waves in nondilute colloidal dispersions. Langmuir, 2010, 26(12): 9261-9268.

[52] Zhang J, Grzybowski B A, Granick S. Janus particle synthesis, assembly, and application. Langmuir, 2017, 33(28): 6964-6977.

[53] Gangwal S, Cayre O J, Bazant M Z, et al. Induced-charge electrophoresis of metallodielectric particles. Physical Review Letters, 2008, 100(5): 058302.

[54] Ma F, Wang S, Wu D T, et al. Electric-field-induced assembly and propulsion of chiral colloidal clusters. Proceedings of the National Academy of Sciences, 2015, 112(20): 6307-6312.

[55] Nishiguchi D, Iwasawa J, Jiang H R, et al. Flagellar dynamics of chains of active Janus particles fueled by an AC electric field. New Journal of Physics, 2018, 20(1): 015002.

[56] Yan J, Han M, Zhang J, et al. Reconfiguring active particles by electrostatic imbalance. Nature Materials, 2016, 15(10): 1095.

[57] Ma F, Yang X, Zhao H, et al. Inducing propulsion of colloidal dimers by breaking the symmetry in electrohydrodynamic flow. Physical Review Letters, 2015, 115(20): 208302.

[58] Yang X, Wu N. Change the collective behaviors of colloidal motors by tuning electrohydrodynamic flow at the subparticle level. Langmuir, 2018, 34(3): 952-960.

[59] Bricard A, Caussin J B, Desreumaux N, et al. Emergence of macroscopic directed motion in populations of motile colloids. Nature, 2013, 503(7474): 95.

[60] Bricard A, Caussin J B, Das D, et al. Emergent vortices in populations of colloidal rollers. Nature Communications, 2015, 6: 7470.

[61] Morin A, Desreumaux N, Caussin J B, et al. Distortion and destruction of colloidal flocks in disordered environments. Nature Physics, 2017, 13(1): 63-67.

[62] Morin A, Bartolo D. Flowing active liquids in a pipe: hysteretic response of polar flocks to external fields. Physical Review X, 2018, 8(2): 021037.

[63] Lenshof A, Magnusson C, Laurell T. Acoustofluidics 8: applications of acoustophoresis in continuous flow microsystems. Lab on a Chip, 2012, 12(7): 1210-1223.

[64] Rao K J, Li F, Meng L, et al. A force to be reckoned with: a review of synthetic microswimmers powered by ultrasound. Small, 2015, 11(24): 2836-2846.

[65] William C, Naiqing Z, An H, et al. Micro/nano acoustofluidics: materials, phenomena, design, devices, and applications. Lab on a Chip, 2018, 18(14): 1952-1996.

[66] Wang W, Castro L A, Hoyos M, et al. Autonomous motion of metallic microrods propelled by ultrasound. ACS Nano, 2012, 6(7): 6122-6132.

[67] Nadal F, Lauga E. Asymmetric steady streaming as a mechanism for acoustic propulsion of rigid bodies. Physics of Fluids, 2014, 26(8): 082001.

[68] Zhou C, Zhao L, Wei M, et al. Correction to twists and turns of orbiting and spinning metallic microparticles powered by megahertz ultrasound. ACS Nano, 2018, 12(7): 7415.

[69] Woodside S M, Bowen B D, Piret J M. Measurement of ultrasonic forces for particle-liquid separations. AIChE Journal, 1997, 43(7): 1727-1736.

[70] Gröschl M. Ultrasonic separation of suspended particles—Part I : fundamentals. Acta Acustica United with Acustica, 1998, 84(3): 432-447.

[71] Oberti S, Neild A, Dual J. Manipulation of micrometer sized particles within a micromachined fluidic device to form two-dimensional patterns using ultrasound. The Journal of the Acoustical Society of America, 2007, 121(2): 778-785.

[72] Ahmed S, Wang W, Bai L, et al. Density and shape effects in the acoustic propulsion of bimetallic nanorod motors. ACS Nano, 2016, 10(4): 4763-4769.

[73] Klotsa D, Swift M R, Bowley R, et al. Interaction of spheres in oscillatory fluid flows. Physical Review E, 2007, 76(5): 056314.

[74] Fabre D, Jalal J, Leontini J, et al. Acoustic streaming and the induced forces between two spheres. Journal of Fluid Mechanics, 2017, 810: 378-391.

[75] Voth G A, Bigger B, Buckley M, et al. Ordered clusters and dynamical states of particles in a vibrated fluid. Physical Review Letters, 2002, 88(23): 234301.

[76] Sabrina S, Tasinkevych M, Ahmed S, et al. Shape-directed micro-spinners powered by ultrasound. ACS Nano, 2018, 12(3): 2939-2947.

[77] Ahmed S, Gentekos D T, Fink C A, et al. Self-assembly of nanorod motors into geometrically regular multimers and their propulsion by ultrasound. ACS Nano, 2014, 8(11): 11053-11060.

[78] Ahmed D, Baasch T, Blondel N, et al. Neutrophil-inspired propulsion in a combined acoustic and magnetic field. Nature Communications, 2017, 8(1): 770.

[79] Li J, Li T, Xu T, et al. Magneto-acoustic hybrid nanomotor. Nano Letters, 2015, 15(7): 4814-4821.

[80] Zhang J, Luijten E, Grzybowski B A, et al. Active colloids with collective mobility status and research opportunities. Chemical Society Reviews, 2017, 46(18): 5551-5569.

[81] Solovev A A, Sanchez S, Schmidt O G. Collective behaviour of self-propelled catalytic micromotors. Nanoscale, 2013, 5(4): 1284-1293.

[82] Ibele M, Mallouk T E, Sen A. Schooling behavior of light-powered autonomous micromotors in water. Angewandte Chemie International Edition, 2009, 48(18): 3308-3312.

[83] Hong Y Y, Diaz M, Cordova-Figueroa U M, et al. Light-driven titanium-dioxide-based reversible microfireworks and micromotor/micropump systems. Advanced Functional Materials, 2010: 20(10): 1568-1576.

[84] Palacci J, Sacanna S, Steinberg A P, et al. Living crystals of light-activated colloidal surfers. Science, 2013, 339(6122): 936-940.

[85] Ahmed S, Wang W, Bai L, et al. Density and shape effects in the acoustic propulsion of bimetallic nanorod motors. ACS Nano, 2016, 10(4): 4763-4769.

[86] Collis J F, Chakraborty D, Sader J E. Autonomous propulsion of nanorods trapped in an acoustic field. Journal of Fluid Mechanics, 2017, 825: 29-48.

第7章 顺磁性纳米粒子链状团聚物的拆解

获得尺寸相近、分布均匀的基本模块（building blocks）是产生集群现象的关键因素之一。然而在磁场中，如何克服磁性吸引力，将原本体积较大的模块均匀拆解成尺寸相近的较小模块是一个亟待解决的问题。在本章中，我们利用顺磁性纳米粒子作为基本单元来研究其团聚物的拆解技术。顺磁性纳米粒子是极具潜力的基本模块，可以用于构建微纳机器人以进行药物递送等任务。虽然利用外部磁场可以有效地聚集并传输顺磁性纳米粒子，但这种粒子常会形成链状团聚物，对其正常功能产生不利影响。因此，对于团聚物的拆解（打断并分散粒子链）需要进行充分的研究。本章将会介绍一种利用预编程的动态磁场实现顺磁性纳米粒子链状团聚物可控拆解的方法，该动态磁场能够使粒子链同时发生断开和扩散。在磁偶极子间的排斥力作用下，粒子链的最终覆盖面积能膨胀到初始面积的 545%。本章展示了在去离子水和两种生物液体中的拆解实验，实验结果显示动态磁场的频率对粒子链最终的长度分布有很大影响。在理论分析方面，我们提出了一种相位滞后分析模型，与实验结果吻合良好。实现拆解以后，我们使用了旋转磁场重新组装粒子链，这表明组装与拆解过程是可逆的。最后，本章展示了利用纳米粒子链作为集群微纳机器人批量运输聚苯乙烯微球。

7.1 引言

由磁场远程驱动的微纳机器人因其在生物医学领域和小尺度机器人操控方面的潜力而受到广泛关注[1-5]。不同微纳机器人的应用前景包括靶向治疗、远程传感、活组织检查和微/纳米尺度设备组装等[6-11]。Petit 等[12]报道了一种能作为移动流体镊子的旋转磁性纳米线，这是一种能拾取并放置单个微粒和运动微生物的有效工具。Jing 等[13]报道了一种能在干燥或液体环境中进行翻滚运动的磁性哑铃状微纳机器人。除此以外，也有关于用各种类型的微纳机器人完成其他特定微操作任务的报道[14-17]。然而，由于尺寸和体积的限制，单个微纳机器人能够携带的药物剂量有限。而且单个的小尺度机器人对成像分辨率来说也是个严峻的考验，对实时定位更是如此，而这些都是在体内应用时所必需的。这些问题的解决可依赖于微纳机器人集群控制及操作方面的研究[18-20]。与单个微纳机器人相比，微纳机器人集群可以传输更大剂量的药物/材料[21]。并且微纳机器人集群也能为医学成像设备（如体内成像系统磁共振成像扫描仪）带来更高的对比度，以此实现微纳机器人的体内追踪[22]，从而可以通过视觉反馈来关闭自动控制回路[23, 24]。

血管内微创或无创介入式治疗是微纳机器人体内应用的一个热点，血管中的血液流动、各种边界条件和变化的直径，对微纳机器人集群来说是非常具有挑战的环境。其中的边界效应、范德瓦耳斯力、静电力和非牛顿流体所造成的影响已有相关仿真[25]。更好地理解血管或模拟血管（管状网络）中的集群行为，可以为微纳机器人进一步的体内应用铺平道路[26]。超顺磁性纳米粒子在血管内的自组装行为也有相关研究和模拟[27]。有研究者研究了粒子与粒子之间的相互作用，提出用磁场导向来引导血管网络中的多种磁性医疗机器人[28]。Fruchard 等[29]报道了能够估测血液流速的铁磁性微纳机器人集群的动力学特性。

在血管中传输纳米粒子微纳机器人的直接方法是将它们作为聚集的实体来驱动。在大尺寸血管中，这种顺磁性纳米粒子群以团簇的形式一起运动，具有较大的运动速度、驱动力和到达率。但它们也应该有在需要时（进入微血管或避免血栓形成）进行分解的能力。因此，需要一种有效且可逆的方法来拆解团状的纳米粒子群。事实上，许多外部刺激都能触发粒子群的组装/拆解行为，如气泡[30]、光[31, 32]、超声波[33]、磁场[34]、化学物质[35-37]。然而这些研究成果很难将拆解过程以一种易于实现、生物相容性好、可控的方式进行。

本章将会介绍本课题组提出的用动态磁场可逆拆解顺磁性纳米粒子链状团聚物的方法。该方法可将团聚物拆成长度分布可控的短粒子链，同时通过增加被拆解后各部分短链之间的距离来显著降低重组的概率。链的长度可以调整，因此在高度局限的环境中（如有分支的微血管），它们的运动具有可控性。此外，由于组装/拆解过程是可逆的，顺磁性纳米粒子可以根据需要改变聚集的形式，表现为一个集群状的实体。研究表明，粒子链的受控拆解过程包含两个关键点：①利用磁偶极子间的排斥力使链分散；②顺磁性粒子链的断开。我们对动态磁场进行了表征，并分别对粒子链的不同行为建立了模型。我们对提出的磁场进行了仿真，利用相位滞后模型来估计拆卸结果，并展示了链的组装过程。为了证明这一方法在体内应用的可行性，本章介绍了在两种不同的生物液体中进行的实验。最后，我们证明了拆解后的链在局限环境（如微通道）中具有更高的可达性。

7.2　断开及分散过程的物理模型与仿真

可以通过不同的方法来使微/纳米粒子组成的链断开，例如，旋转磁场便能使长粒子链断开形成几个较短的链。然而由于磁吸引力的作用，这些短链很容易相互吸引而再次形成较长的链。因此，磁性纳米粒子链的分散和断开都是影响其拆解过程的关键因素。

7.2.1 分散过程

纳米粒子链的分散需要外力来驱动粒子向不同方向运动，可以采用顺磁性纳米粒子链间的磁致斥力来满足这一条件。我们假设有一个垂直于基底［即图 7-1（a）中的 x-y 平面］的外加均匀磁场，由于磁力矩作用，该磁场能使粒子链与 z 轴并列排布。由于并排所产生的排斥力，这些链会相互排斥。施加在第 i 条链上的力的如图 7-1（a）所示，红色箭头代表磁力，蓝色箭头代表摩擦力与流体阻力。为了描述整个分散过程，在 t_1 时刻展示链的初始状态，t_2 为最终状态。当链之间相互远离时，每条链会受到摩擦力和阻力作用，从而达到受力平衡：

$$M_a \frac{\mathrm{d}^2 r_i(t)}{\mathrm{d}t^2} = F_i^m + F_i^d + F_i^f \tag{7-1}$$

其中，M_a 与 $r_i(t)$ 分别为 t 时刻第 i 条链的质量及位置。

作用在磁偶极子上的磁力（$F(P) \in \mathbb{R}^{3 \times 1}$）可以表示为

$$F(P) = \nabla(m_c(P) \cdot B(P)) \tag{7-2}$$

其中，$m_c(P) \in \mathbb{R}^{3 \times 1}$ 与 $B(P) \in \mathbb{R}^{3 \times 1}$ 分别为链的磁偶极矩以及在点 $P \in \mathbb{R}^{3 \times 1}$ 的磁场[38]。由于磁场由亥姆霍兹线圈产生，它是由各线圈产生的磁场叠加决定的，所以产生的磁场与施加在各线圈上的电流 I_i 成线性正比：

$$B(P) = \sum_{i=1}^{n} \tilde{B}_i(P) I_i = \tilde{B}(P) I \tag{7-3}$$

其中，n 为电磁线圈圈数；$\tilde{B}_i(P) \in \mathbb{R}^{3 \times 1}$ 为取决于磁系统工作区域中测量位置的矩阵；$I \in \mathbb{R}^{3 \times 1}$ 为每条线圈中所加电流的向量。

在此，链被视为具有相同尺寸和磁偶极矩的均匀圆柱体。因此，每条链的磁偶极矩可表示为

$$m_c(P) = V_p \chi_p \frac{B(P)}{\mu_0} = a_c^2 l \pi \chi_p \frac{B(P)}{\mu_0} \tag{7-4}$$

其中，V_p 为链的体积；χ_p 为纳米粒子的有效磁化常数；l 为圆柱体长；a_c 为横截面半径；μ_0 为自由空间的磁导率。其余 $N-1$ 条链对第 i 条链施加的链与链之间的磁性作用力 F_i^m 的表达式为[39]

$$F_i^m = \frac{3\mu_0}{4\pi} \sum_{\substack{j=1 \\ i \neq j}}^{N} \frac{m_{ci} m_{cj}}{r_{ij}^4} \left[(1 - 5(\hat{m} \cdot \hat{r}_{ij})^2) \hat{r}_{ij} + 2(m \cdot \hat{r}_{ij}) \hat{m} \right] \tag{7-5}$$

其中，m_{ci} 和 m_{cj} 分别为第 i 条和第 j 条链的磁偶极矩大小；$\hat{r}_{ij}$ 为对应的两条链中心之间的单位向量，其距离为 r_{ij}；$\hat{m}$ 为磁场的单位向量。

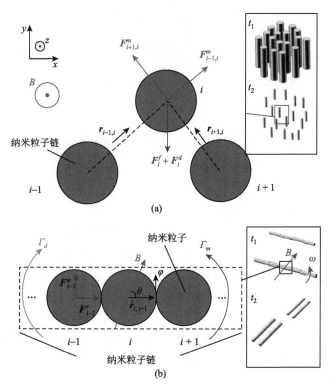

图 7-1　磁性粒子链结构拆解的两个关键点：分散以及断开

（a）链的俯视图：由第 $i-1$ 条和 $i+1$ 条链对第 i 条链施加的力，$r_{i+1,i}$ 为从第 $i+1$ 条链的中心指向第 i 条链的单位向量，第 $i+1$ 条链对第 i 条链施加磁力 $\boldsymbol{F}_i^m$，第 i 条链同时也受到流体阻力 $\boldsymbol{F}_i^d$ 和摩擦力 $\boldsymbol{F}_i^f$；（b）相位滞后为 θ 的顺磁性纳米链的局部示意图：θ 为外加磁场 B 的方向与链的长轴方向 $\hat{r}_{i,i+1}$ 之间的夹角，φ 为垂直于 $\hat{r}_{i,i+1}$ 的向量，Γ_m 与 Γ_d 分别为旋转的链所受的磁力矩与流体阻力矩，作用在第 $i-1$ 条链上的垂直、平行于链长轴的力分别表示为 $\boldsymbol{F}_{i-1}^\varphi$ 和 $\boldsymbol{F}_{i-1}^\gamma$

在实验中，链分布在同一平面上，磁场 $\hat{m}$ 垂直于基底，而 $\hat{r}_{ij}$ 平行于基底，因此这两个向量的数量积为 0，使得磁相互作用力 $\boldsymbol{F}_i^m$ 的方向向外，将第 i 条链推离相邻的链。事实上，磁偶极子间的相互作用不仅能在链之间产生强的吸引或排斥力，还能改变材料的磁化强度。由于相邻粒子引起的磁偶极子变化较小，所以在本章的模型中将其忽略。

当链因磁偶极子间的作用力而分散时，它们会受到与运动方向相反的流体阻力。本章中雷诺数约为 0.006，链在这种等级的雷诺数下所受到的流体阻力可以表示为[40]

$$F_i^d = 3\pi\eta d_e(\omega_\parallel f_{E\parallel} + \omega_\perp f_{E\perp}) \tag{7-6}$$

$$d_e = d_\perp E^{1/3} = d_\parallel E^{-2/3} \tag{7-7}$$

其中，η 和 d_e 分别为水的动态黏度和链的有效直径；链有分别平行、垂直于长轴的相对速度分量 $\omega_\parallel$ 和 $\omega_\perp$；$E = \dfrac{d_\parallel}{d_\perp}$ 为长宽比，斯托克斯修正因子分别为 $f_{E\parallel} = \left(\dfrac{4}{5} + \dfrac{E}{5}\right) E^{-1/3}$ 以及 $f_{E\perp} = \left(\dfrac{3}{5} + \dfrac{2E}{5}\right) E^{-1/3}$（$1 < E < 6$）；$d_\parallel$ 与 $d_\perp$ 分别为链平行方向与法向的直径。

基于以上分析，估算得 $F_i^d \approx 2.1 \times 10^{-11}$ N（$E = 2.2$，$\eta = 8.4 \times 10^{-4}$ N·s/m^2，$\omega_\perp = 3.1 \times 10^{-5}$ m/s，$\omega_\parallel = 0$，$d_\parallel = 1.335 \times 10^{-4}$ m，$d_\perp = 3 \times 10^{-5}$ m）。在只有两条链存在的情况下，磁偶极子作用力的估算值为 $F_i^m \approx 2.49 \times 10^{-8}$ N（$r_{ij}=100$ μm），流体阻力与其相比可以忽略不计。

由于链与基底之间的接触条件十分复杂，摩擦力难以估计。实际上，每条链的质量估计为 2×10^{-9} kg，磁相互作用力估计值为 2.49×10^{-8} N，链分散时的平均速度约为 3.1×10^{-5} m/s，由此可以算得加速阶段用时极短。同时，由于在这种低雷诺数情况下，惯性力的作用可以忽略不计，因此链扩散过程中的移动速度可以视为常量，摩擦力与磁力达到平衡。所以摩擦力应与磁力处于同一数量级，并且比分散阶段开始时的磁力小。在微尺度下摩擦力的近似估计可以表示为 $F_f = \tau A_e$[41]，其中，τ 为链与硅基底之间的剪切强度，A_e 为有效接触面积。

在仿真中，设定释放后的粒子形成了半径为 600 μm 的圆形，如图 7-2（a）所示，粒子的颜色表示实时受力情况。在 $t = 70$ s 时 [图 7-2（b）]，能清楚地观察到粒子的扩散，且外围的粒子受力比内部的粒子要小。相互作用力的变化如图 7-2（c）所示，仿真中使用的关键参数如表 7-1 所示。随着链之间距离的逐渐增加，磁性排斥力越来越小，愈加难以克服摩擦力。因此，粒子的速度降低，如图 7-3 所示。图 7-3 中每条曲线的斜率都随时间递减，其中一些曲线在不到 70 s 时便已达到水平（如 60 s 时 8 mT 的曲线和 40 s 时 6 mT 的曲线都已水平）。

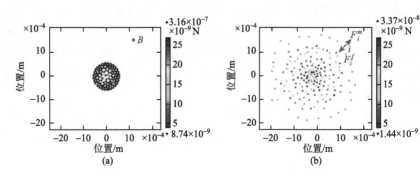

(a)　　　　　　　　　　　　　　(b)

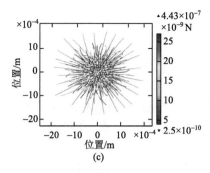

图 7-2　使用 COMSOL 仿真的结果

（a）聚集粒子的初始状态；（b）$t=70\,\text{s}$ 时的状态：每个点表示一条磁性纳米粒子链，点的颜色表示施加在链上的力的大小，磁力的合力 F_i^m 与摩擦力 F_i^f 由红色箭头标记，此时第 i 条粒子链达到受力平衡；

（c）所有粒子的运动轨迹：颜色变化表示力强度的变化，摩擦力 F_i^f 设为 $1.1\times10^{-8}\,\text{N}$

表 7-1　仿真中的关键参数

参数	数值
初始位置	基于网格
划分参数	1
释放面积/mm²	3.6×10^{-7}
a/m	3×10^{-5}
l/m	1.34×10^{-4}
χ_p	0.95
μ_0/[V·s/(A·m)]	1.257×10^{-6}
B/T	0.01

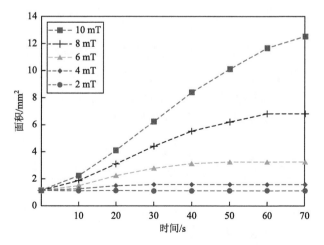

图 7-3　分散面积与时间关系的仿真结果

7.2.2 断开过程

可以使用旋转磁场将磁性纳米粒子链打断，我们用一条均匀粒子链模型来对链的断开行为进行分析。考虑一个半径为 a 的由 $2N+1$ 个球形粒子组成的链，中心的粒子位于坐标原点，其余的粒子标记为 $-N$ 到 N。考虑到粒子的顺磁性，我们假设它们的磁化总是平行于外加磁场。由于链的长轴不平行于单个粒子的磁偶极矩，因此产生了磁力矩，使链开始旋转。

图 7-1（b）为断开过程示意图。蓝色和黄色的箭头分别表示链受到的磁力矩与阻力矩。考虑粒子间的相互作用力，第 i 个粒子上的磁力可表示为

$$\boldsymbol{F}_i = F_i^{\varphi}\boldsymbol{u}_{\varphi} + F_i^{r}\boldsymbol{u}_r \tag{7-8}$$

$$F_i^r = \frac{3\mu_0 m^2}{4\pi}(1-3\cos^2\theta)\left[\sum_{j=-N}^{i-1}\frac{1}{r_{ij}^4} - \sum_{j=i+1}^{N}\frac{1}{r_{ij}^4}\right] \tag{7-9}$$

$$F_i^{\varphi} = \frac{3\mu_0 m^2}{4\pi}\sum_{\substack{j=-N \\ j\neq i}}^{N}\frac{2\sin(\theta)(\hat{\boldsymbol{m}}\cdot\hat{\boldsymbol{r}}_{ij})}{r_{ij}^4} \tag{7-10}$$

其中，F_i^{φ} 与 F_i^r 分别为沿 $\boldsymbol{u}_{\varphi}$ 与 $\boldsymbol{u}_r$ 的力的大小，它们分别垂直、沿着链轴的方向，$\boldsymbol{u}_r$ 总是指向第 N 个粒子[42]；相位滞后表示为 θ，即磁场 B 和向量 $\hat{\boldsymbol{r}}_{i,i+1}$ 之间的夹角；m 为每个顺磁性纳米粒子的磁偶极矩；r_{ij} 为第 i 个粒子和第 j 个粒子中心间的距离；$\hat{\boldsymbol{r}}_{ij}$ 为第 i 个粒子指向第 j 个粒子的单位向量。对于第 i 个粒子（$-N<i<0$），当链稳定旋转时，其受到的磁力合力方向指向第 N 个粒子。当 F_i^r 变为排斥力时，即合力指向第 $-N$ 个粒子，第 i 个粒子处将发生破碎。因此 F_i^r 需为负值才能满足式（7-8）。此外，由于 $\sum_{j=-N}^{i-1}\frac{1}{r_{ij}^4} - \sum_{j=i+1}^{N}\frac{1}{r_{ij}^4}$ 的值为负（$-N<i<0$），链的不稳定范围为 $|\cos\theta|<\sqrt{1/3}$，θ 的临界值为 54.7°，超过这个值，链将变得不稳定。

当链以恒定的角速度 ω 旋转时，由于流体的黏性，磁力矩 $\varGamma_m$ 与流体阻力矩 $\varGamma_d$ 达到平衡。如果 ω 增加到临界值附近，链的断开将会发生。关于链中心的总转矩 $\varGamma_m$ 是通过叠加邻近粒子对施加的转矩而得的，表示为

$$\varGamma_m = 2\sum_{i=1}^{N}(F_i^{\varphi}r_i) = \frac{3\mu_0 m^2}{4\pi}\sin(2\theta)\sum_{i=1}^{N}\left(2r_i\sum_{\substack{j=-N \\ i\neq j}}^{N}\frac{1}{r_{ij}^4}\right) \tag{7-11}$$

其中，r_i 为第 i 个粒子与链中心之间的距离，如果只考虑最近的粒子之间的作用力，施加在链上的磁力矩可以简化为[43]

$$\Gamma_m = \frac{3\mu_0 m^2}{4\pi}\sin(2\theta)4aN\frac{1}{(2a)^4} = \frac{3\mu_0 m^2 N}{16\pi a^3}\sin(2\theta) \tag{7-12}$$

其中，a 为每个粒子的半径。同时，用 Wilhelm 等[44]提出的形状因子估计了反向的黏性阻力矩：

$$\Gamma_d = \frac{64\pi a^3}{3}\frac{N^3}{\left(\ln N + \dfrac{1.2}{N}\right)}\eta\omega \tag{7-13}$$

其中，ω 为链旋转的角速度。因此，用黏性阻力矩 Γ_d 除以驱动磁力矩 Γ_m 便可获得一个改进的 Mason 数 R_T[45]，即一个估计旋转粒子链稳定性的参数。

$$R_T = 64\frac{\mu_0\eta\omega}{\chi_P^2 B^2}\frac{N^2}{\left(\ln N + \dfrac{1.2}{N}\right)} \tag{7-14}$$

当 $R_T < 1$ 时，磁力矩大于黏性阻力矩，链保持稳定。在链断开之前，阻力矩等于磁力矩，故 $R_T = 1$，链在磁场中旋转。但如果 $R_T > 1$，链就会发生断开。

7.3 　拆解过程：断开与分散的同步进行

　　旋转磁场被广泛应用于将粒子链断开形成更短的链装结构，链会随着磁场变化而规律性地断开和重组。粒子链的断开是实现按需拆解的基本要求之一，同时也要避免链的重组。我们开发了将上述分散与断开过程相结合的动态磁场，以此实现了纳米粒子链的可控拆解。图 7-4（a）和（b）为该动态磁场的三维和二维示意图。我们同时施加了：①垂直于基底旋转的翻转磁场；②相位变换运动，即磁场翻转的平面以频率 f 不断进行角度为 θ 的变换。

　　拆解过程示意图如图 7-4（a）所示。翻转磁场最初在 P_1 平面内旋转，只需一步便能变为 P_2。图 7-4（a）中的黑点链条代表一条纳米粒子链。在阶段Ⅰ，粒子链在 P_1 中做翻滚运动，从 S_1 转到 S_2。然后翻滚运动的平面由 P_1 变为 P_2，链必须随之变换，如阶段Ⅱ所示。这个阶段称为相位变换运动，链从 S_2 旋转到 S_3（P_2 至 P_3）。当完成相位变换运动后，链开始在 P_2 中翻滚，从 S_3 转到 S_4，如阶段Ⅲ所示。在拆解过程中，利用翻转磁场产生链与链之间的相互作用力，使其彼此向外排斥。由于几乎所有的链都是在基底上或基底附近并排翻滚，因此它们重组的可能性大大降低。由于这个原因，翻转磁场的频率应该保持足够低（即 1 Hz），以使链之间的相互作用力有足够的时间使它们之间的距离变大，并使所有粒子链由于翻滚而产生的平移运动都可以限制在一个可接受的范围内。同时，相位变换运动是为了有效地拆解纳米粒子链，因而相位变换运动的频率应设置得较高（如 10～20 Hz）。

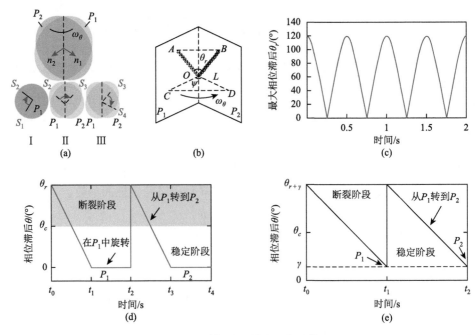

图 7-4　磁性粒子链断开与分散

（a）和（b）用于拆解顺磁性纳米粒子链的磁场示意图：P_1 和 P_2 为在纳米粒子链内旋转的两个相位，它们的法线方向分别为 n_1 和 n_2，$S_1 \sim S_4$ 为一条长度为 L 的链在一个拆解循环中的四个步骤，ψ 和 θ_r 分别为两相之间以及旋转链之间的夹角，ω_θ 为相位变换信号的角速度；（c）最大相位滞后 θ_r 随时间的变化关系；（d）和（e）SPLM 和 DPLM 中的相位滞后，其中 θ_c 和 γ 分别为断开发生的临界值以及相位滞后的最小值，链在绿色区域不稳定且能发生断开，白色区域是链的稳定区域

　　由式（7-9）和式（7-14）可知，被拆卸链的断开行为和长度分布与相位滞后直接相关。因此，有必要研究相位滞后以建立基于链旋转速度 ω_a 以及相位变换信号的平均转速 ω_θ 的不同模型。

　　（1）相位滞后最大值：为了得到相位滞后的最大值，考虑了翻滚运动的影响。换相指令通过计算机由预先编好的程序依次给出，由于换相指令是阶跃指令，所以可以忽略链在两相之间的低频翻滚运动。因此，在两个连续的相之间，链与两相交线的夹角保持不变，可以推出链旋转的实际角度表达式，如图 7-4（b）所示。

$$\sin\frac{\theta_r - \varphi_0}{2} = \frac{\sqrt{2}}{2}\sqrt{1 - \cos\psi}\,\cos(2\pi f t) \tag{7-15}$$

其中，θ_r 为两条链之间的夹角，也是这种情况下链的最大相位滞后角；φ_0 是链的初始相位，当 $\varphi_0 = 0$ 时，链平躺在基板上，并且垂直于两相的交线；翻滚运动的旋转频率用 f 表示；t 为时间。如果将 ψ 设置为 120°，f 设为 1 Hz，最大相位滞后角 θ_r 可以用 MATLAB 描绘，如图 7-4（c）所示。

　　（2）静态相位滞后模型（$\omega_a > \omega_\theta$）：如果输入的换相指令的平均角速度 ω_θ 低

于链旋转的角速度 ω_a，这种情况下可以建立静态相位滞后模型（static-phase-lag model，SPLM）来估计断开行为。当旋转场转到一个新的相位后，它会停止一段时间，即相位停止阶段（phase-stop-period，PSP），然后转到另一个相位。链的相位滞后如图 7-4（d）所示。

我们将输入换相信号的平均角速度 ω_θ 以及实验中链的旋转角速度 ω_a 定义为

$$\omega_\theta = \frac{\psi}{T_{\text{PSPO}}} \tag{7-16}$$

$$\omega_\alpha = \frac{\theta_r}{T_r} \tag{7-17}$$

其中，ψ 为两相之间的夹角；T_{PSPO} 为预先在程序中设定好的 PSP 阶段持续时间，这段持续时长与图 7-4（d）中的 t_2-t_0 相同，即换相信号的间隔时间；T_r 为链从一相变换到另一相所用的时间，即图 7-4（d）中的 t_1-t_0，红色曲线的倾斜表示链从相位 1 变到相位 2 的过程。因为实验中的雷诺数很小，所以惯性矩可以忽略不计[46]。因此施加在链上的矩达到了平衡，并且可以假设相位滞后以恒定的速率减小。因为 $\omega_a>\omega_\theta$，所以链会在 PSP 阶段结束前达到新的相位，从 t_1 到 t_2 的相位滞后为 0（翻滚运动的频率足够低，其造成的相位滞后可以忽略），如图 7-14（d）中的蓝线所示。链的拆解很容易在图 7-4（d）中的绿色部分发生，而白色部分则为链的稳定阶段。在这种情况下，相位变换信号频率的增加对链拆解的结果没有影响，直到该频率达到一个临界值（链旋转的角速度），这将产生另一个模型。

（3）动态相位滞后模型（$\omega_a>\omega_\theta$）：当输入的换相信号的频率增加，直到链不会停在任意一个相位中［即图 7-4（e）中 $T_{\text{PSPO}} = T_r = t_1-t_0$］，此时能通过动态相位滞后模型来表达相位滞后，如图 7-4（e）所示。链不会停在某一相位中，因此在其运动过程中总是存在一个最小的相位滞后角 γ。在这一速度范围下，相位变换运动的频率会显著影响链的拆解结果。因为相位滞后的最大值 θ_r 保持正弦变化，所以这两种情况下相位滞后不是线性变化的。

拆解后的链也可以通过很多方法重组，例如，借助永磁铁的一端，利用磁场梯度来聚集磁性粒子链。然而，磁场梯度随着离磁铁尖端距离变远而显著下降，因此需要开发更加灵活高效的组装方法。用旋转磁场能打散链状的聚集体，同时旋转的链也能产生流体旋涡，断开后的短链产生的旋涡之间有很强的流体相互作用。我们预计在一个适当的频率下，微流体旋涡能吸引较小的旋转短链来形成大的团簇，最终将大部分链重新聚集起来。

7.4　实验结果

实验研究在第 3 章中介绍的三轴亥姆霍兹线圈装置中进行。用于拆解粒子链的磁场是基于图 7-4（a）和（b）中的模型按顺序生成的，动态磁场的指令由计算机给出。在数控装置的帮助下，我们能通过程序预先定义好磁场翻转运动的频率、相位变换运动的频率、强度以及初始相位。磁驱动实验在一个装满去离子水的敞开容器中进行，以一片硅片作为拆解过程的基底，硅片抛光过的表面能增强图像对比度。

本章所用顺磁性纳米粒子的合成方法在之前已有报道[47]。首先将 $FeCl_3 \cdot 6H_2O$（1.35 g，5 mmol）溶解在乙二醇（40 mL）中形成透明溶液，然后加入 NaAc（3.6 g）和聚乙二醇（1.0 g）。将所得的混合物剧烈搅拌 30min 后密封在聚四氟乙烯不锈钢高压釜中（容量为 50 mL）。最后将高压釜加热到 200℃，保温 8～72 h。冷却到室温后，黑色的产物即是 Fe_3O_4 纳米粒子。用乙醇清洗数次后在 60℃下干燥 6 h。纳米粒子的 SEM 图像如图 7-5 所示。从图像中能算得粒子的平均直径约为 500 nm，这个值将被用于拆解过程的建模和估算。

图 7-5 磁性纳米粒子团聚物的扫描电镜图片

将一滴纳米粒子悬浮液（6 μL）滴到容器中，在容器下方放置永磁铁来将粒子聚集。为了更好地聚集粒子，将磁铁在小范围内轻微移动。然后将粒子团放入电磁线圈的工作区域以备进一步操作。首先施加一个强度为 10 mT 的平面内振荡磁场，其振荡角为 40°。在振荡磁场下，由于磁相互作用，粒子相互吸引，最终形成一个大的纺锤状聚集体。高强度磁场保证了粒子之间的紧密结合，此外振荡磁场在较宽的扇形区域内驱动粒子的聚集，而剩余的粒子则能被吸引到粒子团的主体中。

7.4.1 分散实验

为了验证和量化顺磁性纳米粒子链的扩散效果，我们施加了垂直于基底的均匀磁场。所有顺磁性纳米粒子链均位于同一平面（即硅基底），作用在这些链上的磁力矩使它们沿磁场方向排列，相同的磁偶极子相遇进而产生排斥力。然而，尽管竖直的链因与基底之间的相互作用面积较小而使其受到的阻力较小，链与硅片之间存在着的摩擦力仍能阻止链的移动。为了进一步减小阻力，我们施加了频率为 1 Hz 的锥形磁场，它的轴垂直于实验平面。因此链也做圆锥运动，有效地避免了在基底上的黏附。运动引起的流体动力效应的误差会使数值模拟的结果不准确，因此保持锥角不变来消除这一误差。

在强度为 10 mT 的磁场作用下，不同时刻（即 0 s 与 70 s）的分散面积如图 7-6（a）和（b）中红线圈出的区域所示。使用 ImageJ 软件对面积进行数值计算，算得的分散面积与磁场强度的关系如图 7-6（c）所示（实验中初始纳米粒子的数量始终保持不变）。在所有场强下，覆盖面积都随驱动时间的延长而增大。曲线先迅速上升，然后逐渐趋于平缓（例如，在 10 mT 的场强下，面积在初始的 10 s 内几乎增加了 3 mm^2，然后在 50～60 s 只增加了 0.71 mm^2）。最终（即 70 s 时）的分散面积随着磁场强度的增大而增大。越高的磁场强度产生越强的磁力，越能使链相互排斥更远的距离，直到流体阻力以及链与基板之间的摩擦力将磁力平衡。越高的场强下链分散的速度也越快。在 10 mT 的场强下最终分散面积达到了 11.4 mm^2，扩大到初始面积的 545%。在 2 mT 的场强下，面积总共只增加了约 22%。在最后 50 s，算得面积在小范围内（约 9.6%）变化，这可能是由于此时阻力占主导地位，链不能进一步分散。

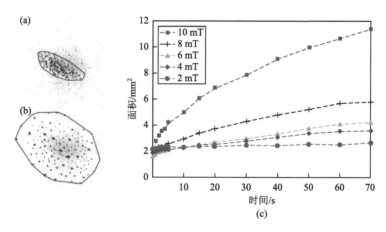

图 7-6　纳米粒子链的扩散

（a）0 s 时的分散面积；（b）70 s 时的分散面积；（c）五种不同磁场强度下覆盖面积与时间的关系

7.4.2　拆解实验及拆解后长度分布统计

我们在不同的相位变换运动频率下用前文提出的方法进行了链的拆解，图 7-7 为整个拆解过程的四个阶段。多条相互作用的链发生断开，同时向各个方向分散，图 7-7（d）为最后阶段的结果。在关闭拆解程序之前施加一个垂直于实验平面的强度为 5 mT 的均匀磁场，随后将其俯仰角从 90°降低到 60°以防止长链的重叠，由此可以得到更准确的统计分析结果。

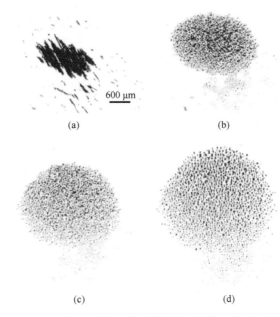

600 μm

(a)　　　　　　　　(b)

(c)　　　　　　　　(d)

图 7-7　顺磁性纳米粒子链在拆解过程中的四个不同时刻

（a）～（d）依次为 0 s、5 s、15 s 和 35 s 时的拆卸过程，施加了场强为 5 mT、俯仰角为 60°的均匀磁场来避免粒
子链互相接触，以免降低后续数学分析过程的精确度

　　利用 MATLAB 图像处理程序计算每条链拆解后的长度以及长度分布百分比的统计数据，数据由图 7-8 红色方框中的信息算得。直方图左侧的红色区域受到噪声和黏附粒子的影响严重，蓝色区域表示基于长度标准下链长（即曲线）的峰值范围。

　　当相位变换频率是 20 Hz 时，链长分布百分比的峰值在 25～45 μm 的范围内，占总数的 30%。频率为 20 Hz 的组与其他三组相比链长最短。从 20 Hz 到 3.3 Hz，短于 100 μm 的链减少了超过 50%，而长于 150 μm 的链的数量增加。在频率为 3.3 Hz 的情况下，长于 150 μm 的链占比超过 31%，是频率为 20 Hz 情况下同样长度范围的链所占百分比的 15 倍多，约为频率为 4 Hz 情况时的 4 倍多。结合四组不同的实验数据集合，拆解后的链长度分布的峰值范围分别在 30～55 μm（20 Hz）、45～75 μm（10 Hz）、140～160 μm（5 Hz）以及 150～200 μm（3.3 Hz）。

　　实际上短于 20 μm（7～8 个像素）的链很容易被许多因素影响。首先，黏附在基板上的纳米粒子会对成像过程造成严重的干扰。因为这些纳米粒子没有参与整个拆解过程，因而不能将其计算到结果中。此外放大 20 倍后每一个像素的长度为 2.67 μm。因此，图像中以小黑点形式出现的噪声会被程序算为直径为 2～3 μm 的粒子。长度非常短的链（即 0～10 μm）所占百分比能达到 5%～8% 左右的高数值。在一个区域内能存在更多的短链，而在特定区域内长链的绝对数量无法达到像短链一样多，因此长链的数量百分比较低。

上述数据的计算均采用数量标准（即图 7-8 中的直方图），它是基于每个长度范围内链的数量百分比而得的。利用这一标准可以有效地避免偶尔发生的不均匀拆解所带来的影响。还有一种估计方法如图 7-8 中的曲线所示，这种基于长度的方法是将一定范围内的长度之和除以总长度，从而减小噪声和黏附的纳米粒子带来的影响。

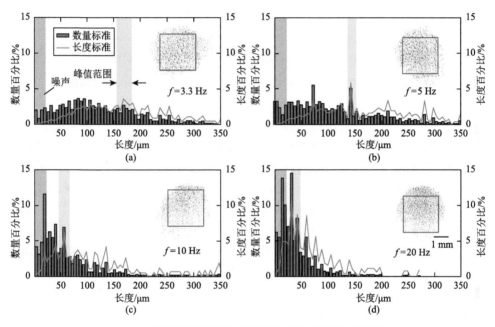

图 7-8　用四种不同相位变换频率拆解后链的长度分布

直方图为基于数量标准的百分比；曲线为基于长度标准的百分比，表示一定范围的长度之和与链总长度的比值；
红色区域主要为噪声点和黏附粒子，蓝色区域为基于长度标准的百分比峰值范围

实验数据与 Mason 数 R_T［式（7-14）］的对比如图 7-9 所示。蓝色曲线表示数学模型 R_T，红色和绿色曲线分别表示基于数量标准和基于长度标准所算得的实验数据。当相位变换运动的频率大于 10 Hz 时，两组实验数据都与数学模型吻合较好。采用两种不同测量标准的实验曲线都在模型曲线之上，这是因为 Mason 数最初是用来描述单条粒子链的稳定性，而不是用来描述相互作用的粒子链。在这种情况下，实际的相互作用力 F_{multiple} 要比单条粒子链时的相互作用力 F_{single} 大，实验中的链比模型中的链更加稳定，因此使链断开为相同的长度时需要更高的频率。

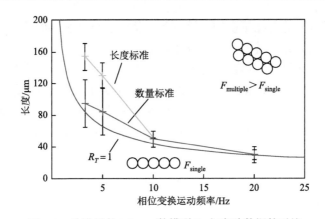

图 7-9 改进后的 Mason 数模型 R_T 与实验数据的对比

蓝色、红色和绿色曲线分别表示 Mason 数模型、数量标准以及长度标准的链长峰值

7.4.3 生物流体中的拆解

为了验证本章的拆解方法能进一步应用于体内，我们在两种不同的生物流体中进行了拆解实验。生物流体有两个性质会对实验结果产生明显影响：离子环境与较高的黏度。纳米粒子对离子很敏感，因为离子能改变它的表面电荷，导致粒子间产生不同的作用力。并且黏度会直接对断开模型产生影响，根据式（7-14），高黏度会导致拆解后的链更短。

将 0.05 wt%的吐温 20 加入 PBS 中，制得磷酸盐吐温缓冲液（PBST）。PBST 的黏度略高于去离子水（约 1.2 mPa·s），其渗透压与血液相同，为实验创造了富离子的环境。相位变换频率为 10 Hz 时的拆解结果如图 7-10（a）所示。同时，在 PBS 中加入 5 wt%聚乙烯吡咯烷酮制备出模拟血液，其黏度（约 3.5 mPa·s）以及渗透压与血液相同。在模拟血液中的实验结果如图 7-10（b）所示，实验中相位变换频率为 10 Hz。

在去离子水、PBST 和模拟血液中拆解后的链长峰值如图 7-10（c）所示。对比 PBST 和去离子水中的结果，当相位变换频率较低（＜7 Hz）时，PBST 中拆解后链的峰值长度比在去离子水中短。PBST 的高黏度造成了这种差异，因为长链在遇到大的黏性阻力矩时无法保持稳定。在高相位变换频率（＞7 Hz）下，PBST 中拆解后的链峰值长度比在去离子水中长。原因可能是离子环境改变了纳米粒子的表面电荷，在粒子之间产生了等效的静电力，导致粒子之间的结合力更强。当链被拆解到较短的长度时，静电力的影响占主导地位，因此在 PBST 中拆解后的链相对较长。模拟血液的黏度大约是去离子水的三倍，这种高黏度控制着拆解行为，使得在所有相位变换频率范围内，链的峰值长度都小于其他两种情况。

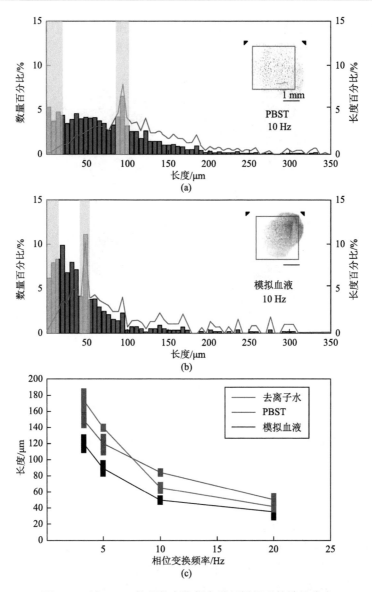

图 7-10 以 10 Hz 的相位变换频率进行拆解后的链长分布

（a）PBST；（b）模拟血液；红色区域以噪声点和黏附粒子为主，蓝色区域表示不同相位变换频率下的链长峰值；
（c）去离子水、PBST 与模拟体液中拆解结果的对比

7.4.4 拆解的逆过程——组装

在某些情况下，顺磁性粒子团聚物在拆解过程后需要重新聚集起来，本节展示一种用链旋转产生的微旋涡来实现这一逆过程的方法。实验在去离子水中进行，图 7-11 的实验结果清楚地显示了用频率为 8 Hz 的旋转磁场的成功聚集过程。在

重组之前，首先进行拆解过程，拆解时间为 4 s。在最后阶段可以观察到大多数链被聚集到了一个较小的区域，只有一小部分没有被重新组装。

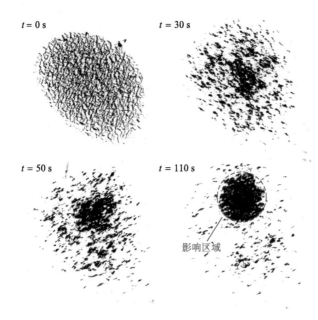

图 7-11 组装过程的四个时刻

磁场旋转频率为 8 Hz，强度为 10 mT，拆解持续 4s

关于组装过程的一种理解是，当一部分链被聚集起来时，会产生一个主导的微流体旋涡，小的粒子团会被吸引到旋涡的中心。可以观察到由于流体动力相互作用，旋转粒子团边缘的短链在绕着旋涡的轴线旋转，同时也能观察到它们由磁场产生的自旋转。有的链在固定位置旋转且不发生横向漂移，说明它们在主旋涡的影响范围之外（该过程的详细介绍请见第 8 章）。

图 7-12（a）为最终面积与拆解时间的关系。用频率为 10 Hz 的旋转磁场拆解后平均面积分别比 8 Hz 与 5 Hz 时小 12%和 42%。其原因之一是当旋转速度加快时，链会产生更强的涡流，因此在更高频率的旋转磁场中，链旋转产生的旋涡会聚集得更紧密。图 7-12（a）中的每一条曲线在最后阶段面积都大幅减小。这是因为拆解过程时间越长，链的分布区域越大。因此，一方面，由于链之间相距较远，很难形成一个能吸引更多链的主导旋涡。另一方面，纳米粒子在拆解和组装过程中的损失是不可避免的。结果导致在纳米粒子形成的旋涡中，粒子的总数有所减少。

重组时间与拆解时间的关系如图 7-12（b）所示。磁场旋转频率为 10 Hz 时能形成更大的旋涡，使此时的组装时间与 8 Hz 以及 5 Hz 时相比分别缩短了 31%和

29%。对于长时间拆解所形成的大覆盖面积，同样需要长时间来形成主导旋涡使粒子链聚集。

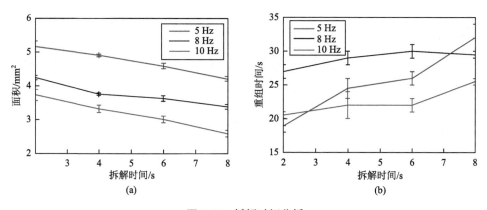

图 7-12 拆解时间分析

（a）重组后的最终面积与拆解时间的关系； （b）达到平衡的时间与拆解时间的关系

7.4.5 非磁性微米小球的定向运送

纳米粒子链集群可以作为"载具"批量运输"货物"，例如在去离子水中进行非磁性微米小球的定向运送（图 7-13）。我们以聚苯乙烯微粒（平均直径为 200 μm 的非磁性微米小球）作为货物，用粒子链集群将它们运输到宽为 430 μm 的微通道中，如图 7-13 所示。初始状态如 0 s 时所示。首先施加一个垂直于实验平面的翻转磁场（其法线方向平行于实验平面）来驱动链进行翻滚运动，聚苯乙烯粒子与链一起接近通道的入口。然而由于链较长，处于前方的链严重阻碍了后方小球的运动，所以没有任何小球可以进入通道，如 15 s 时所示。还有一个原因是微通道只比小球的平均直径宽 200 μm 左右，如果链的宽度超过某个极限，小球就可能被阻塞。随后，用粒子链将小球运回，在 28 s 时进行拆解（相位变换频率为 20 Hz）。使用拆解后的链执行相同的任务，它们成功地将小球运输到了微通道中，如 43 s 和 55 s 时所示。这表明本章介绍的顺磁性纳米粒子链群的拆解方法对于微操作具有环境适应性，适合在局限环境内的靶向递送。

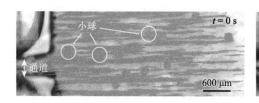
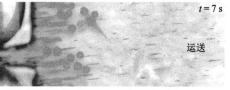

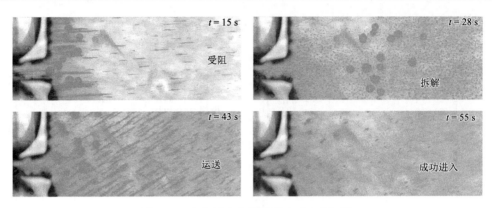

图 7-13　去离子水中的微米小球定向运送

从 0 s 到 15 s，尝试用较长的链运送，前方粒子链的翻滚运动使小球的运动受阻；然后用后方粒子链将小球运回，在 28 s 时进行拆解；最后，43～55 s，小球随着短链成功进入了通道

7.5　本章总结

　　本章介绍了一种用动态磁场可控拆解顺磁性纳米粒子链状团聚物的新方法。该方法中包含了粒子链的断开与分散过程，可以将纳米粒子链打断，同时使其在基底上沿径向向外分散。7.2 节及 7.3 节对分散过程进行了仿真并建立了这种新方法的模型，模型与实验结果吻合良好。我们对拆解后的链长分布进行了统计计算，发现链的峰值长度随相位变换频率的增大而减小。此外，该方法也适用于富含离子、黏度较高的 PBST 和模拟血液。本章还介绍了一种组装分散链的方法，并进行了简单分析。最后，我们展示了一组用长/短链集群运输非磁性微米小球的对比实验，证明了拆解后的链可以高效地将小球运输到狭窄区域。本章介绍的用动态磁场拆解顺磁性纳米粒子链状团聚物的方法对微纳机器人集群的基本认识有重要意义，为后续研究打下基础，并有望被进一步应用。

参 考 文 献

[1]　Sitti M, Ceylan H, Hu W, et al. Biomedical applications of untethered mobile milli/microrobots. Proceedings of the IEEE, 2015, 103(2): 205-224.

[2]　Abbott J J, Nagy Z, Beyeler F, et al. Robotics in the small, part Ⅰ: microbotics. IEEE Robotics & Automation Magazine, 2007, 14(2): 92-103.

[3]　Zhang L, Abbott J J, Dong L, et al. Artificial bacterial flagella: fabrication and magnetic control. Applied Physics Letters, 2009, 94(6): 064107.

[4]　Nelson B J, Kaliakatsos I K, Abbott J J. Microrobots for minimally invasive medicine. Annual Review of Biomedical Engineering, 2010, 12(1): 55-85.

[5]　Bao J, Yang Z, Nakajima M, et al. Self-actuating asymmetric platinum catalytic mobile nanorobot. IEEE

Transactions on Robotics, 2014, 30(1): 33-39.

[6]　Abbott J J, Lagomarsino M C, Zhang L, et al. How should microrobots swim? The International Journal of Robotics Research, 2009, 28(11-12): 1434-1447.

[7]　Zhang L, Abbott J J, Dong L, et al. Characterizing the swimming properties of artificial bacterial flagella. Nano Letters, 2009, 9(10): 3663-3667.

[8]　Hamdi M, Ferreira A. Guidelines for the design of magnetic nanorobots to cross the blood-brain barrier. IEEE Transactions on Robotics, 2014, 30(1): 81-92.

[9]　Liu J, Gong Z, Tong K, et al. Locating end-effector tips in robotic micromanipulation. IEEE Transactions on Robotics, 2014, 30(1): 125-130.

[10]　Diller E, Pawashe C, Floyd S, et al. Assembly and disassembly of magnetic mobile micro-robots towards deterministic 2-D reconfigurable micro-systems. The International Journal of Robotics Research, 2011, 30(14): 1667-1680.

[11]　Chowdhury S, Jing W, Cappelleri D J. Controlling multiple microrobots: recent progress and future challenges. Journal of Micro-Bio Robotics, 2015, 10(1-4): 1-11.

[12]　Petit T, Zhang L, Peyer K E, et al. Selective trapping and manipulation of microscale objects using mobile microvortices. Nano Letters, 2011, 12(1): 156-160.

[13]　Jing W, Pagano N, Cappelleri D J. A novel micro-scale magnetic tumbling microrobot. Journal of Micro-Bio Robotics, 2013, 8(1): 1-12.

[14]　Steager E B, Sakar M S, Magee C, et al. Automated biomanipulation of single cells using magnetic microrobots. International Journal of Robotics Research, 2013, 32(3): 346-359.

[15]　Floyd S, Diller E, Pawashe C, et al. Control methodologies for a heterogeneous group of untethered magnetic micro-robots. The International Journal of Robotics Research, 2011, 30(13): 1553-1565.

[16]　Tung H W, Maffioli M, Frutiger D R, et al. Polymer-based wireless resonant magnetic microrobots. IEEE Transactions on Robotics, 2014, 30(1): 26-32.

[17]　Ye Z, Régnier S, Sitti M. Rotating magnetic miniature swimming robots with multiple flexible flagella. IEEE Transactions on Robotics, 2014, 30(1): 3-13.

[18]　Schaller V, Weber C, Semmrich C, et al. Polar patterns of driven filaments. Nature, 2010, 467(7311): 73-77.

[19]　Grossman D, Aranson I S, Ben Jacob E. Emergence of agent swarm migration and vortex formation through inelastic collisions. New Journal of Physics, 2008, 10(2): 023036.

[20]　Carlsen R W, Edwards M R, Zhuang J, et al. Magnetic steering control of multi-cellular bio-hybrid microswimmers. Lab on a Chip, 2014, 14(19): 3850-3859.

[21]　Snezhko A, Aranson I S. Magnetic manipulation of self-assembled colloidal asters. Nature Materials, 2011, 10(9): 698-703.

[22]　Servant A, Qiu F, Mazza M, et al. Controlled *in vivo* swimming of a swarm of bacteria-like microrobotic flagella. Advanced Materials, 27(19): 2981-2988.

[23]　Martel S, Mohammadi M. Using a swarm of self-propelled natural microrobots in the form of flagellated bacteria to perform complex micro-assembly tasks. International Conference on Robotics and Automation, Anchorage, Alaska. 2010: 500-505.

[24]　Darnton N, Turner L, Breuer K, et al. Moving fluid with bacterial carpets. Biophysical Journal, 2004, 86(3): 1863-1870.

[25]　Arcese L, Fruchard M, Ferreira A. Endovascular magnetically guided robots: navigation modeling and

optimization. IEEE Transactions on Biomedical Engineering, 2012, 59(4): 977-987.

[26] Khalil I S, Magdanz V, Sanchez S, et al. The control of self-propelled microjets inside a microchannel with time-varying flow rates. IEEE Transactions on Robotics, 2014, 30(1): 49-58.

[27] Vartholomeos P, Mavroidis C. Simulation platform for self-assembly structures in MRI-guided nanorobotic drug delivery systems. IEEE International Conference on Robotics and Automation, Anchorage, Alaska. 2010: 5594-5600.

[28] Latulippe M, Martel S. Dipole field navigation: theory and proof of concept. IEEE Transactions on Robotics, 2015, 31(6): 1353-1363.

[29] Fruchard M, Arcese L, Courtial E. Estimation of the blood velocity for nanorobotics. IEEE Transactions on Robotics, 2014, 30(1): 93-102.

[30] Solovev A A, Mei Y, Schmidt O G. Catalytic microstrider at the air-liquid interface. Advanced Materials, 2010, 22(39): 4340-4344.

[31] Palacci J, Sacanna S, Steinberg A P, et al. Living crystals of light-activated colloidal surfers. Science, 2013, 339(6122): 936-940.

[32] Hong Y, Diaz M, Córdova-Figueroa U M, et al. Light-driven titanium-dioxide-based reversible microfireworks and micromotor/micropump systems. Advanced Functional Materials, 2010, 20(10): 1568-1576.

[33] Xu T, Soto F, Gao W, et al. Reversible swarming and separation of self-propelled chemically powered nanomotors under acoustic fields. Journal of the American Chemical Society, 2015, 137(6): 2163-2166.

[34] Gao Y, van Reenen A, Hulsen M A, et al. Disaggregation of microparticle clusters by induced magnetic dipole-dipole repulsion near a surface. Lab on a Chip, 2013, 13(17): 1394-1401.

[35] Hiramatsu H, Osterloh F E. pH-controlled assembly and disassembly of electrostatically linked CdSe-SiO₂ and Au-SiO₂ nanoparticle clusters. Langmuir, 2003, 19(17): 7003-7011.

[36] Illés E, Tombácz E. The effect of humic acid adsorption on pH-dependent surface charging and aggregation of magnetite nanoparticles. Journal of Colloid & Interface Science, 2006, 295(1): 115-123.

[37] Kagan D, Balasubramanian S, Wang J. Chemically triggered swarming of gold microparticles. Angewandte Chemie International Edition, 2011, 50(2): 503-506.

[38] Kummer M P, Abbott J J, Kratochvil B E, et al. Octomag: an electromagnetic system for 5-dof wireless micromanipulation. IEEE Transactions on Robotics, 2010, 26(6): 1006-1017.

[39] Melle S, Calderón O G, Rubio M A, et al. Microstructure evolution in magnetorheological suspensions governed by mason number. Physical Review E, 2003, 68(4): 041503.

[40] Loth E. Drag of non-spherical solid particles of regular and irregular shape. Powder Technology, 2008, 182(3): 342-353.

[41] Yoon E S, Singh R A, Oh H J, et al. The effect of contact area on nano/micro-scale friction. Wear, 2005, 259(7): 1424-1431.

[42] Melle S, Fuller G G, Rubio M A. Structure and dynamics of magnetorheological fluids in rotating magnetic fields. Physical Review E, 2000, 61(4): 4111.

[43] Singh H, Laibinis P E, Hatton T A. Rigid, superparamagnetic chains of permanently linked beads coated with magnetic nanoparticles.Ssynthesis and rotational dynamics under applied magnetic fields. Langmuir, 2005, 21(24): 11500-11509.

[44] Wilhelm C, Browaeys J, Ponton A, et al. Rotational magnetic particles microrheology: the Maxwellian case. Physical Review E, 2003, 67(1): 011504.

[45]　van Reenen A, de Jong A M, den Toonder J M, et al. Integrated lab-on-chip biosensing systems based on magnetic particle actuation—a comprehensive review. Lab on a Chip, 2014, 14(12): 1966-1986.

[46]　Gao Y, Hulsen M A, Kang K G, et al. Numerical and experimental study of a rotating magnetic particle chain in a viscous fluid. Physical Review E, 2012, 86(4): 041503.

[47]　Deng H, Li X, Peng Q, et al. Monodisperse magnetic single-crystal ferrite microspheres. Angewandte Chemie, 2005, 117(18): 2842-2845.

第8章

旋涡状顺磁性纳米粒子集群的生成及运动控制

本章提出了一种利用旋转磁场使分散的纳米粒子（直径为 500 nm）形成旋涡状顺磁性纳米粒子集群（vortex-like paramagnetic nanoparticle swarm，VPNS）的新方法。VPNS 是一种动态平衡的结构，其中的纳米粒子处于同步运动状态。我们对该粒子集群生成过程的机理进行了分析与仿真，并通过实验进行了验证。调整外加磁场的旋转频率可以使 VPNS 的形态随之改变。我们提出了一个估算集群面积变化的分析模型，其理论结果与实验数据能较好吻合。此外，我们展示并研究了该旋涡状粒子集群的可逆合并和分裂行为。可以通过调节外加旋转磁场的俯仰角来驱动 VPNS，使其成为移动机器人末端执行器。在一个小的俯仰角下（如 2°），整个集群能作为一个整体移动，且形态保持完整。另外，我们还研究了 VPNS 的束缚力，并给出了影响集群形态的关键磁场参数。最后，我们展示了 VPNS 在高精度定位下通过弯曲、有分支的通道的过程，并且其靶向递送的到达率超过90%，显著高于磁性粒子链集群做简单翻滚运动时的情况。

8.1 ▷ 引言

由外部磁场驱动的无缆微纳机器人能够在微尺度上进行精确的操作[1-3]。研究人员设计了不同结构的磁性微纳机器人来完成特定任务，其中包括螺旋形的游动微纳机器人[4, 5]、微粒子[6, 7]、单个细菌[8]、纳米线[9]、共振微驱动器[10]、能进行"滞滑"（stick-slip）运动的立方形微纳机器人[11, 12]、带有货物槽的 U 形微纳机器人[13]以及通过几何与磁性设计而具有独特响应的微纳机器人[14, 15]。这些研究成果很好地展示了单个微纳机器人的无线控制或数个微纳机器人的独立控制。

微纳机器人也能应用于生物医学领域，如根据需要直接进行药物传递。首先将药物或细胞（如干细胞）结合到微纳机器人上，然后利用外部磁场将微纳机器人导向体内的目标位置，再将药物或细胞释放以用于局部治疗。在这一领域，已有报道实现了磁性微纳机器人在体内驱动的闭环控制[16]。然而，由于尺寸和体积的限制，单个微纳机器人所能装载的药物剂量有限。与单个微纳机器人相比，微纳机器人集群能传递的药物或材料量明显更多[17, 18]。并且通过集群控制，能使所有微纳机器人进行同步运动，这是实现具有高到达率的靶向传递的关键，在复杂环境中尤为重要。尽管已经取得了一些进展，微纳机器人体内成像仍然是当前阶段的研究面临的一个关键问题。已有报道利用常规的临床磁共振成像（MRI）系统对活猪动脉中的无缆微纳机器人的自动导航进行了监测[19]。通过在磁共振导航系统上集成附加的成像梯度线圈和特殊梯度线圈，将磁共振导航与成像反馈结合，可以实现更高强度、高精度的无线驱动[16, 20]。微纳机器人的集群控制能够加强医学成像效果，使用这种技术可以在体内追踪微纳机器人集群，并且与跟踪单个微纳机器人时相比具有更好的对比度[21]。

迄今为止，在小尺度上实现微纳机器人集群的形态控制和运动控制仍具挑战[22]。因为微纳机器人由于尺度限制不能集成处理器、传感器以及执行器来接收和执行来自控制器的指令。因此，需要进一步研究微纳机器人之间的交流和相互作用的机制。此外，新的集群控制方法仍待开发。而且当有成千上万甚至数百万个微纳机器人处于图像处理中的感兴趣区域时，很难跟踪每个微纳机器人的运动。由于这些基础的难关尚待攻克，因而需要开发微纳机器人集群形态控制和运动控制的新方法[23-26]。

形成稳定的形态是集群形态控制的第一步。过去有报道双面粒子（Janus 粒子）可以自组装成复杂的预定义结构或具有不同表面修饰的同步选择微管[27-29]。Yan 等[30]用半圆柱形磁性涂层包覆的胶体硅棒形成了条状结构和环状结构，并且这一过程是可逆并可控的。Crassous 等[31]将椭圆形的胶体集群在交变电场下可逆地组装成了规则的管状结构。此外，不同的外加场参数和胶体集群长宽比会引发不同的集群行为。利用不对称结构作为基本构造模块，可以实现一系列复杂手性结构的自组装[32, 33]。微尺度下的介质间相互作用可以引发大尺度（如毫米尺度）的集群行为，这在极大程度上依赖于外部刺激。活性粒子也可以通过引入不平衡的相互作用来重构成各种集群状态[34]。另外，如光[35, 36]、超声[37]、磁场[38, 39]以及化学燃料[40]等因素也能引发不同微纳机器人的集群行为。以上这些研究成果为我们展示了不同类型的自组装过程并对其机理进行了分析。然而他们所展示的这些集群结构大多数是静态的，缺乏执行受控运动的能力，因而不能作为机器人的末端执行器。

微纳机器人集群的运动控制是另一个亟须解决的关键问题。它们在外部磁场作用下往往会形成大小不一的聚集体，在相同磁场的驱动下以不同速度移动。因此，其整体形态将被分散、拉长，需要复杂且耗时的驱动及控制过程才能将这些分散部分导向预设的目标位置。如果能形成动态稳定的集群结构，并使其作为一个整体进行平移运动，就可以保证靶向传输的到达率，同时可以提高其运动灵活性及可控性。Belkin 等[41]报道了磁性微粒在交变磁场作用下能自发形成动态定位的蛇形图案。这种动态结构的运动是可控的，但该结构必须在液-气界面上形成，限制了其进一步的应用。在生物学领域，分子马达驱动的丝状蛋白作为大尺寸（亚微米尺度）的旋涡形阵列展现出了集体运动的能力[42]，但迄今为止整个结构的运动性能尚未得到验证。综上所述，现今研究的重点便是开发一种简单高效的方法来形成形态可控的磁性集群结构，并使其可以作为一个整体实现平移运动，以便应用于靶向递送。

我们的研究工作旨在解决上述微纳机器人集群领域的难题，包括集群的形成、形态控制以及运动控制。我们将直径为 500 nm 的 Fe3O4 纳米粒子作为研究对象，利用简单的旋转磁场将分散的顺磁性纳米粒子聚集成一个动态平衡的 VPNS。其中大多数纳米粒子是同步运动的，并且被限制在 VPNS 的核心区域内。这一特性使得大量的纳米粒子可以作为一个动态整体运动，并能大幅提高靶向递送的效率，是实现集群驱动和控制的关键。作为能响应磁场的可重构末端执行器，VPNS 可以实现可逆的形态膨胀、收缩以及可逆合并、分裂过程。我们展示了这种微群在复杂环境下进行自适应形态控制的潜力，并且实现了高到达率的定向传输。此外，我们还展示了微机器人集群不同的运动模式和相应的运动形态。当给旋转磁场加上一个小的俯仰角时（如小于 10°），VPNS 便能作为一个整体移动，并且具有高机动性和可控性。最后，我们展示了 VPNS 在弯曲且有分支的通道中的受控运动，并证实了 VPNS 能以极高的到达率（超过 90%）到达目标位置。

8.2　旋涡状集群的生成原理

在磁场中，顺磁性纳米粒子倾向于相互吸引，从而形成链状结构。因此，我们将纳米粒子链作为分析中的最小单元。在流体中被旋转磁场驱动的顺磁性纳米粒子链会产生局部旋涡，仿真结果如图 8-1（a）所示。靠近粒子链两端的区域流速最大，粒子链中心区域附近流速较小，链中心的流速几乎为零。白线表示由旋转链产生的流速场，也表示涡流。速度分布为 $\vec{u}$ 的流场的涡度 $\vec{\xi}$ 定义为

$$\vec{\xi} = \nabla \times \vec{u} = \left(\frac{\partial u_z}{\partial y} - \frac{\partial u_y}{\partial z}, \frac{\partial u_x}{\partial z} - \frac{\partial u_z}{\partial x}, \frac{\partial u_y}{\partial x} - \frac{\partial u_x}{\partial y} \right) \tag{8-1}$$

其中，u_x、u_y 与 u_z 为 $\vec{u}$ 沿笛卡尔坐标系三个轴的分量。对一个二维旋涡而言（在 x-y 平面内），它的流动被限制在平面内，所以涡度只有 z 轴方向的分量不为零，式（8-1）可以简化为

$$\vec{\xi} = \left(\frac{\partial v_y}{\partial x} - \frac{\partial v_x}{\partial y} \right) \vec{z} \tag{8-2}$$

速度环量是速度场对封闭曲线的线积分，在刚性物体旋转中[43]，可以表示为

$$\Gamma = \oint_C \vec{u}\,\mathrm{d}l = \int_A \xi \cdot \vec{n}\,\mathrm{d}s \qquad (8\text{-}3)$$

其中，A 为边界 C 的闭合曲面。涡度与旋涡角速度 ω 之间的关系为 $\xi = 2\omega$。我们认为 VPNS 是旋涡的核心部分，并作为刚体旋转。因此，可以对其涡度进行估计。

8.2.1　旋涡的合并

VPNS 的形成过程在很大程度上取决于粒子链旋转所产生的旋涡的合并，其形成过程如图 8-1（b）～（d）所示。首先将顺磁性纳米粒子链分散在液体中，施加旋转磁场后，它们围绕各自的中心旋转。旋转的链产生的旋涡对其他链施加远程的吸引作用，使链与链之间的距离逐渐减小。当两个旋转链（两个旋涡）之间的距离小于某个临界值时，链就会共轴旋转，两个旋涡完成合并，如图 8-1（b）和（c）所示。此时，链分别绕自己的中心旋转，同时也绕着两条链间的中心旋转。两个旋涡合并后，产生了更强的流场（即更大的流速），如图 8-1（c）中较粗的红色箭头所示。此外，两条共轴旋转的链所产生的旋涡可以与其他旋涡相互融合，形成一个更大的动态系统，其中纳米粒子链更多，流动更强。因此，经过持续的合并过程，会产生一个或多个由多条粒子链产生的主旋涡，如图 8-1（d）所示。

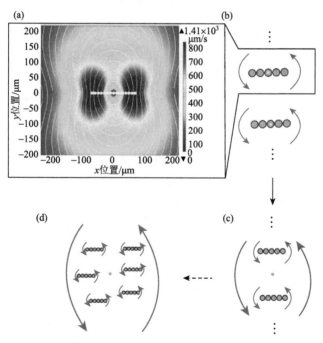

图 8-1　顺磁性纳米粒子链旋转产生的旋涡合并过程示意图

（a）单条旋转频率为 5 Hz 的粒子链产生的局部流动，剖面颜色表示流速场的大小；（b）～（d）灰色圆形表示顺磁性纳米粒子，红色箭头表示纳米粒子链产生的涡流，较粗的箭头表示较大的流速，共同旋转的中心用黄点表示

在稳定的 VPNS 中，施加在第 i 条链上的力如图 8-2 所示。第 i 条粒子链受到两个旋涡之间短程相互作用所产生的流体排斥力 $F_{i+1,i}^v$，以及第 $i+1$ 条链所施加的磁性排斥力 $F_{i+1,i}^r$。同时，主旋涡对第 i 条链施加了一个指向心部的力 F_i^a。这三个力动态平衡，它们的合力表现为离心力，使得第 i 条链绕着集群中心旋转。

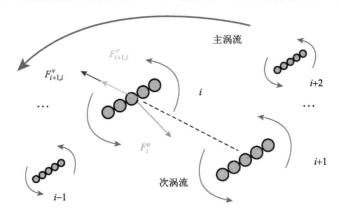

图 8-2　第 $i+1$ 条链对第 i 条链施加的相互作用力

由于流体和磁相互作用，第 i 条链分别受到主旋涡施加的向内的作用力、旋涡间近程作用产生的排斥力以及磁性排斥力

当两个旋涡相距较远，即它们之间的距离 d 与旋涡核心的半径 a 相比较大时，旋涡进行较为独立的旋转。当 a/d 超过临界值 $(a/d)_c$ 时，旋涡的行为立即发生变化，并开始合并。旋涡的合并现象在很大程度上取决于合并开始的值（a/d）。通过理论分析，有报道得出 $(a/d)_c$ 约为 $0.3^{[44,45]}$。在此基础上，我们模拟了两个相同旋涡的合并过程，此时开始的值（a/d）超过了临界值 $(a/d)_c$，结果如图 8-3 所示。最开始这两个相同的旋涡是分开的，如图 8-3（a）所示，图中标出了 a 和 d。在合并过程的开始，受涡旋对流（长程吸引作用）的驱动，旋涡相互靠近。当两个旋涡接触时，它们会迅速变形，形成较长的形态。同时，涡度场通过扩散过程合并成了单一分布，如图 8-3（b）中的黑线所示。随后，旋涡融合成了一个椭圆，其中喷射出两个强大的带状涡流。涡流带在旋涡核心附近被逐渐卷起并且消散，最终形成了一个轴对称的圆形旋涡。合并过程的最后两个阶段如图 8-3（c）和（d）所示。仿真结果验证了旋涡的合并过程，并且能够进一步支持我们的假设，即 VPNS 是由旋转链产生的旋涡合并所形成。

8.2.2　形成 VPNS 的最低粒子浓度

根据临界值 $(a/d)_c$，我们可以估算出形成 VPNS 所需的顺磁性纳米粒子的最低浓度。通过测量初始悬浮液中的纳米粒子浓度 C_0 和每次实验中使用的体积 V_0，可以得到纳米粒子的总质量 $M = C_0 V_0$，以及纳米粒子的总体积 $V_p = M/\rho$，ρ 为磁体质量密度。然后我们估计了每条纳米粒子链的平均体积 $V_c = \pi r_c^2 h$，其截面半径为 r_c，高度为 h，h 是根据 10 Hz 时的 Mason 数模型估计的[46]。根据 $N_c = V_0 / V_c$ 可以计算纳米粒子链的总数。我们假设纳米粒子链是均匀密布的，每条链旋转产生一个旋涡，利用$(a/d)_c$ 计算相邻两个旋涡中心的临界距离，便可以得到能生成的 VPNS 的最大面积。因此，根据表 8-1 中列出的参数，估算出形成 VPNS 的最低粒子浓度为 3.2 μg/mm^2。

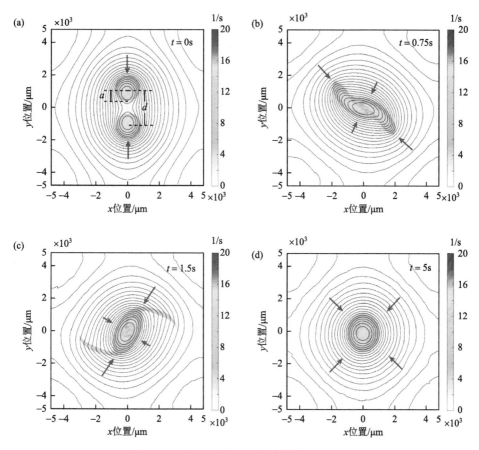

图 8-3　两个相同旋涡合并过程的仿真结果

（a）～（d）分别展示了时间为 0s、0.75s、1.5s 和 5s 时刻的旋涡状态；彩色图表示涡度场，两个旋涡内的初始涡度分布是均匀的，两个旋涡核心的半径及两者之间的相对距离分别用 a 和 d 表示，初始条件为（a/d）= 0.3；红色箭头表示各点流体压力方向，旋涡初始半径为 800 μm

表 8-1　用于计算形成 VPNS 所需最小纳米粒子浓度的主要参数

参数	数值
C_0	4.5 μg/μL
V_0	12 μL

参数	数值
ρ	5180 kg/m^3
r_c	5 μm
h	50 μm
$(a/d)_c$	0.3

8.3 旋涡状集群的特征描述

为了使 VPNS 能作为微纳机器人执行任务，我们研究了其运动方程和旋涡核心内外流体的相互作用等特性。从惯性参考系中的动量方程开始[47]：

$$\frac{\mathrm{D}\vec{u}}{\mathrm{D}t} = \frac{\partial \vec{u}}{\partial t} + (\vec{u}\cdot\nabla)\vec{u} = \frac{-\nabla P}{\rho} + \frac{\nabla\cdot\tau}{\rho} + \vec{g} \tag{8-4}$$

其中，$\vec{u}$ 为流动的速度分布；P 为局部压力；ρ 为流体局部密度；τ 为压力张量；$\mathrm{D}/\mathrm{D}t$ 为拉格朗日导数；$\vec{g}$ 为单位质量的体积力。根据 $(\vec{u}\cdot\nabla)\vec{u} = \nabla\left(\frac{1}{2}\vec{u}\cdot\vec{u}\right) - \vec{u}\times\vec{\xi}$，式（8-4）可以表示为

$$\frac{\partial \vec{u}}{\partial t} + \nabla\left(\frac{\vec{u}\cdot\vec{u}}{2}\right) - \vec{u}\times\vec{\xi} = \frac{-\nabla P}{\rho} + \frac{\nabla\cdot\tau}{\rho} + \vec{g} \tag{8-5}$$

对式（8-5）取旋度，有

$$\frac{\mathrm{D}\xi}{\mathrm{D}t} = -\vec{\xi}(\nabla\cdot\vec{u}) + (\vec{\xi}\cdot\nabla) + \frac{1}{\rho^2}\nabla\rho\times\nabla P - \frac{1}{\rho^2}\nabla\rho\times(\nabla\cdot\tau) + \frac{1}{\rho}\nabla\times(\nabla\cdot\tau) + \nabla\times\vec{g} \tag{8-6}$$

我们认为牛顿流体具有恒定的密度和黏度，因此，式（8-6）第二、第四、第五和第七项可以消去。再结合 $\nabla\cdot\tau = \mu\nabla^2\vec{u}$，涡度公式可以进一步简化为

$$\frac{\mathrm{D}\vec{\xi}}{\mathrm{D}t} = (\vec{\xi}\cdot\nabla)\vec{u} + \nu\nabla^2\vec{\xi} \tag{8-7}$$

其中，ν 为流体的动态黏度。式（8-7）明确显示旋涡因黏度而扩散。Lamb-Oseen 旋涡是这种扩散现象的一个典型例子[48]。对于一个在无黏性无限流体中的二维轴对称涡旋，从 $t=0$ s 开始考虑其黏度，将式（8-7）展开：

$$\frac{\partial \vec{\xi}}{\partial t} + (\vec{u}\cdot\nabla)\vec{\xi} = (\vec{\xi}\cdot\nabla)\vec{u} + \nu\nabla^2\vec{\xi} \tag{8-8}$$

因为 Oseen 旋涡是二维的，$\nabla\vec{u}$ 局限在平面内，$\vec{\xi}$ 与之垂直，因此第三项为零。同时，$\nabla\vec{\xi}$ 沿径向向外，$\vec{u}$ 只沿切向，所以第二项也消去了。因此，我们可以将

公式简化为 $\partial \xi_z(r \cdot t)/\partial t = \nu \nabla^2 \vec{\xi}(r \cdot t)$。泊松方程可以用相似变量解 $\xi_z = f(\eta)/t$ 来求解，其中 $\eta = r/\sqrt{\nu t}$，r 为到旋涡中心的距离。近似解为

$$\xi_z(r,t) = \frac{\Gamma_0}{4\pi\nu t}\exp\left(\frac{-r^2}{4\nu t}\right) \quad (r > R) \tag{8-9}$$

$$u_\theta = \left(\frac{\Gamma_0}{2\pi r}\right)\left[1 - \exp\left(-\frac{r^2}{4\nu t}\right)\right] \quad (r > R) \tag{8-10}$$

其中，u_θ 为切向速度；R 为旋涡核心的半径；Γ_0 为旋涡的初始环量。该模型较好地描述了 VPNS 周围的流体流动，其原因如下：①由于流体黏度的影响，涡度随离核心的距离增加而减小；②由于雷诺数较小，可以忽略惯性力，纳维-斯托克斯层流方程在模型中适用；③不产生轴向和径向速度（旋转频率固定）。

然而，在旋涡的核心部分涡度不会减小，因为核心部分是由外部磁场驱动的。我们假设核心部分进行刚性旋转，并且在核心的任意位置涡度保持不变。同时，速度分布与到旋涡中心的距离呈线性关系。因此在旋涡中心，涡度和速度分布可以表示为

$$\xi_z = \frac{\Gamma_0}{\pi R^2} \quad (r < R) \tag{8-11}$$

$$u_\theta = \frac{\Gamma_0 r}{2\pi R^2} \quad (r < R) \tag{8-12}$$

在距离旋涡中心的整个范围内，可以用切向速度和涡度的解析模型来描述旋涡，如图 8-4（a）和（b）所示。该模型适用于半径为 8×10^{-4} m 的 VPNS。在 VPNS

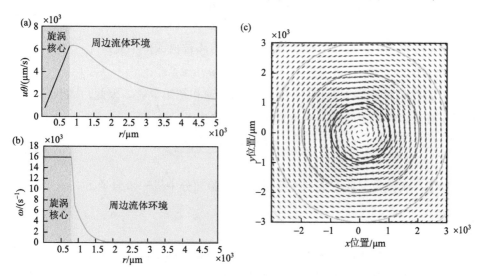

图 8-4　旋涡状集群模型分析

（a）切向速度分布；（b）涡度分布；（c）旋涡切向速度示意图：蓝色箭头和红色箭头分别表示旋涡核心内和核心外的流速，箭头的大小表示流速的大小，彩色圆圈表示旋涡涡度的梯度

的核心区域（$r < 8 \times 10^{-4}$ m），切向流速线性递增，涡度保持不变。当离开核心区域的范围后（$r > 8 \times 10^{-4}$ m），切向流速逐渐减小，涡度急剧减小（减小到在距中心 1.5 mm 处为 $1s^{-1}$ 左右）。同时，图 8-4（c）直观地展示了整个系统（包括核心和周围的流体）的速度分布。箭头的大小表示流速的大小，蓝色箭头表示旋涡核心内的速度分布，红色箭头表示周围流体的速度分布。从图 8-4（a）和（c）中可以看出，切向流速大约在 VPNS 的轮廓处达到最大值。

8.4 集群模式自重组

8.4.1 核心尺寸的变化

当 VPNS 在复杂环境中时，如不同直径的微通道，就需要改变其核心的尺寸。根据环量的定义 $\Gamma = \oint_c \vec{u} \mathrm{d}l$，求导可得

$$\frac{\mathrm{d}\Gamma}{\mathrm{d}t} = \frac{\mathrm{d}}{\mathrm{d}t} \oint_c \vec{u}\mathrm{d}l \tag{8-13}$$

根据旋转结构中的开尔文定理：

$$\Gamma_a = \Gamma + f_c A_n \tag{8-14}$$

其中，f_c 为 Coriolis 参数；A_n 为旋涡面积。对式（8-14）求导，可得 $\mathrm{d}\Gamma / \mathrm{d}t = -f_c(\mathrm{d}A_n / \mathrm{d}t)$，因此进一步得出

$$\frac{\mathrm{d}}{\mathrm{d}t} 2\pi r u = -f_c \frac{\mathrm{d}}{\mathrm{d}t} \pi r^2 \tag{8-15}$$

基于环量守恒，即使改变尺寸，VPNS 的环量也保持不变：

$$2\pi r u + \pi f_c r^2 = 2\pi r_0 u_0 + \pi f_c r_0^2 \tag{8-16}$$

其中，u_0 和 r_0 分别为旋涡核心的初始切向流速和初始半径。因此，VPNS 的旋转频率与其覆盖面积之间的关系由式（8-13）给出

$$\omega = \frac{f_c(r_0^2 - r^2) + 2v_0 r_0}{2r^2} \tag{8-17}$$

模型与实验数据的对比将在接下来的实验部分中进一步讨论。

8.4.2 扩展状态

作为一种可重构的机器人末端执行器，VPNS 能进行形态扩展。在一个稳定的 VPNS 内部，如图 8-1 所示，粒子链在磁性排斥力、链自身旋转产生旋涡的短程排斥作用、主旋涡施加的向心作用力的共同作用下处于平衡状态。主旋涡向内的作用力维持了集群的旋涡状结构，是集群膨胀的唯一约束。减小涡度对减小旋

涡向心作用力来说至关重要，这就需要减小链的旋转频率。当向心作用力减小时，磁性排斥力将主导集群，VPNS 的形态将会显著扩展。

然而，如果简单地降低输入磁场的旋转频率 f_f，由于链之间的头尾相吸，会形成长的链。此时产生的旋涡将发生极大的变化，旋涡状集群的特征将消失。避免这种情况方法是增加 f_f，由于旋转链的失调行为，其旋转频率 f_{cr} 反而会降低。而旋涡向心作用力又与 f_{cr} 有关。因此，为了估算 VPNS 在扩展状态下的扩展面积，需要研究 f_f 与 f_{cr} 之间的关系。图 8-5 为估计顺磁性粒子链失调旋转频率的示意图。一开始，在位置 1（P_1），链的长轴与磁场方向重合，如图 8-5（a）所示。磁场以角速度 ω_f 旋转，链以角速度 ω_c 旋转（链失调状态的角速度）。当磁场旋转到 P_2 时，相位滞后角 θ_1（磁场方向与链的夹角）为 90°。由于粒子的顺磁性，当 θ_1 超过 90°时，链反向旋转（图中逆时针方向），而磁场不断顺时针旋转，如图 8-5（b）所示。最后，链和磁场再次重合，链反向旋转的角度为 θ_b，如图 8-5（c）所示。图 8-5 显示的是顺磁性纳米链的整个失调循环过程。在此，设 t_1 和 t_2 分别为相位滞后角从 0°到 90°（P_1 到 P_2）以及从 90°到 0°（P_2 到 P_4）的时间。在一个失调循环中链旋转的角度（θ_p）、所用时间（T_0）以及 t_1 和 t_2 都可以计算出来，表示为

$$t_1 = \frac{\pi/2}{2\pi(f_f - f_{cr})} \tag{8-18}$$

$$t_2 = \frac{\pi/2}{2\pi(f_f + f_{cr})} \tag{8-19}$$

$$\theta_p = \theta_c - \theta_b = \frac{\pi f_{cr}^2}{f_f^2 - f_{cr}^2} \tag{8-20}$$

$$T_0 = t_1 - t_2 = \frac{f_f}{2(f_f^2 - f_{cr}^2)} \tag{8-21}$$

其中，$\theta_c = \omega_c t_1 = \dfrac{\pi f_{cr}}{2(f_f - f_{cr})}$，$\theta_b = \omega_c t_2 = \dfrac{\pi f_{cr}}{2(f_f + f_{cr})}$。同时，$f_{cr} = \omega_c/2\pi$ 与 $f_f = \omega_f/2\pi$ 分别为粒子链与磁场的旋转频率。链旋转一周（2π）会经历 $N = 2\pi/\theta_p$ 个循环，因此失调状态的纳米粒子链的平均频率可以表示为

$$f_r = \frac{1}{NT_0} = \frac{f_{cr}^2}{f_f} \tag{8-22}$$

我们假设：旋涡施加在纳米粒子上的向心作用力与旋涡的旋转频率 f_v 成正比（将在下一节证明）；施加的磁场旋转频率与旋涡旋转频率呈线性关系（将由实验数据验证）。根据这些假设，我们就可以得到旋涡向心作用力与输入的磁场旋转频率之间的关系。

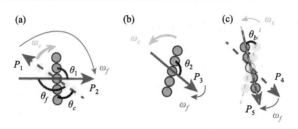

图 8-5 顺磁性纳米粒子链失调旋转过程示意图

绿色和蓝色的箭头分别表示粒子链角速度 ω_c 和磁场角速度 ω_f，红点箭头和浅灰色的粒子表示上一个时刻的磁场方向和粒子链；（a）中链和磁场的旋转角度分别为 θ_c 和 θ_f，（a）和（b）中 θ_1 和 θ_2 分别为不同时刻的相位滞后角，（c）中粒子链反向旋转的角度为 θ_b

我们使用 Comsol（短链视为单个粒子）进行了数值模拟。粒子之间有磁性排斥力作用，因为在高输入旋转频率（如 70 Hz）下旋涡向心作用力减小，集群形态会明显扩展。结合式（8-22）和上述假设，可以估算旋涡向心作用力的变化。当链刚好处于其失调频率（约 20 Hz）时，旋涡的向心作用力达到最大值。在仿真中，当输入频率为 20 Hz 时，每个粒子都受到一个向心力（指向集群的中心）的作用，这个力与磁性排斥力平衡，保持粒子被限制在初始区域。利用这种方法可以估算出旋涡向心力的最大值。因为向心力与 f_v（VPNS 的旋转频率）成正比，所以可以利用输入旋转频率的变化率进行进一步的估算。在仿真中应用不同的向心力（作为旋涡向心作用力），面积变化结果如图 8-6 所示。事实上，输入旋转频率 f_f 和 VPNS 的旋转频率 f_v 并不相同，而且在大多数情况下 $f_f > f_v$。如果将 f_f 直接应用于仿真，则主旋涡提供的约束力的估算值将会偏高。因此这两个值需要校正（相应的方法见 8.6.3 节），校正后的仿真和实验结果曲线均随输入旋转频率的增大而上升。仿真曲线几乎呈线性增长，当输入旋转频率达到 70 Hz 时，集群面积几乎停止增长。同时，当频率相对较低时（即 20～45 Hz），实验结果对应的

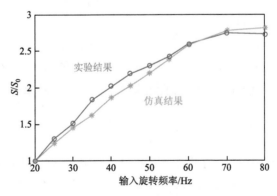

图 8-6 VPNS 在扩展状态下的面积变化率的实验和仿真结果

S_0 表示输入旋转频率为 20 Hz 时的面积

曲线增长较快，并随着频率的持续增加逐渐平缓。当频率为 80 Hz 时，两条曲线的值均达到了 2.7 左右，表现出了良好的吻合。仿真中使用的关键参数如表 8-2 所示。磁化率、磁导率和粒子的体积分别表示为 χ_p、μ_0 和 V_p。磁场强度为 B。

表 8-2　估算扩展状态下集群扩展面积的关键参数

参数	数值
χ_p	0.8
VPNS 初始面积	3.6×10^{-7} mm^2
μ_0	1.257×10^{-6} V·s/(A·m)
B	10^{-3} T
V_p	2.12×10^{-14} m^3

8.5　维持集群模式的力

由于产生了旋涡，VPNS 的形态得以维持。为了更好地控制集群的形态，需要研究其向心的束缚力。Lecuona 等[49]已经研究了刚性小球在流体旋涡中运动方程的一般形式。我们考虑 VPNS 的核心区域，微粒子的速度可以由下式给出

$$V = u + St\left(\frac{3}{2}\varepsilon - 1\right)(u \cdot \nabla u - I) + O(St^{3/2}) \tag{8-23}$$

$$V_\theta = u_\theta(r) - StI_\theta\left(\frac{3}{2}\varepsilon - 1\right) + O(St^{3/2}) \tag{8-24}$$

$$V_r = St\left(\frac{3}{2}\varepsilon - 1\right)\left(-\frac{u_\theta^2(r)}{r} - I_r\right) + O(St^{3/2}) \tag{8-25}$$

其中，V 为微粒子的速度；V_θ 和 V_r 分别为速度切向和径向的分量；I_r 和 I_θ 分别为惯性径向和切向的分量。由于小球是圆形的，且密度均匀，这种情况下 I_r 和 I_θ 是相等的。数量级用 O 表示。根据斯托克斯定律，球体的阻力总是与旋涡向内的作用力平衡，并且与其移动速度成正比。因此，球体的速度也与旋涡的向心作用力成正比。根据式（8-23），将纳米粒子作为研究对象时（I 可以忽略），纳米粒子的速度大小与旋涡流动呈线性关系。因此，旋涡施加在纳米粒子上的向心作用力与旋涡的旋转频率成正比。由式（8-24）可得，无磁性粒子的切向速度取决于局部切向流速 $u_\theta(r)$ 以及惯性的影响 $(StI_\theta)\left(\frac{3}{2}\varepsilon - 1\right)$。然而，这两部分的数量级差别极大，即 $u_\theta(r) \sim O(10^{-3})$，$(StI_\theta)\left(\frac{3}{2}\varepsilon - 1\right) \sim O(10^{-7})$。因此，粒子的切向速度由局部流速决

定。同时，式（8-25）中，非磁性粒子的径向速度取决于局部切向流速 $4rSt$ 和惯性影响 StI_r。通过估算数量级，可得 $\dfrac{u_\theta^2(r)}{r}St \sim O(10^{-4})$（$r = R_0$）、$StI_r \sim O(10^{-4})$（$r = R_0$），这两部分的影响具有相同的数量级。惯性影响由斯托克斯定律和雷诺数估计，它们对微粒子的径向运动有主要影响。这些数据是使用表 8-3 中的参数算得的。为了控制旋涡对非磁性微粒的作用力，关键的方法是调节输入旋转频率 f_f。同时，由式（8-23）可知，当粒子惯性增大时，它所受的旋涡作用力减小。

表 8-3　估算旋涡流动和粒子惯性对旋涡向心力影响中使用的参数

参数	定义	数值
ω_f	磁场旋转频率	10 Hz
U_0	流体切向流速	8×10^{-3} m/s
D	纳米粒子直径	2×10^{-4} m
v_c	流体动态黏度系数	10^{-6} kg/(s·m)
ρ_f	液体密度	10^3 kg/m³
ρ_p	粒子密度	1.05×10^3 kg/m³
R_0	旋涡半径	8×10^{-4} m

　　利用可调节的旋涡向心力，VPNS 能够更好地适应其外部环境。我们模拟了在旋涡核心以不同频率旋转、微球直径也不同时，无磁性微粒与流体旋涡之间的相互作用，结果如图 8-7 所示。图 8-7（a1）、（b1）、（c1）和（d1）中旋涡核心（白色圆圈）的旋转产生了流体旋涡。我们生成指向右边的均匀层流（速度为 1000 μm/s）以模拟旋涡向与层流相反方向运动时的情况。核心的旋转频率分别为 1 Hz、2.5 Hz、5 Hz，相应的流场模拟结果如图 8-7（a1）、（b1）、（c1）所示。因为核心是顺时针旋转的，如图 8-7 中红色箭头所示，所以上部的流动速度较大（背景流与核心旋转引起的流动之和）。而在下部，因为核心旋转引起的流动与背景流相遇使得速度较小。同时，随着核心旋转频率的增加，均匀的背景流对整个流场的影响减小。

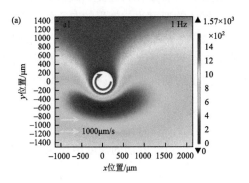
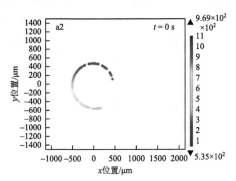

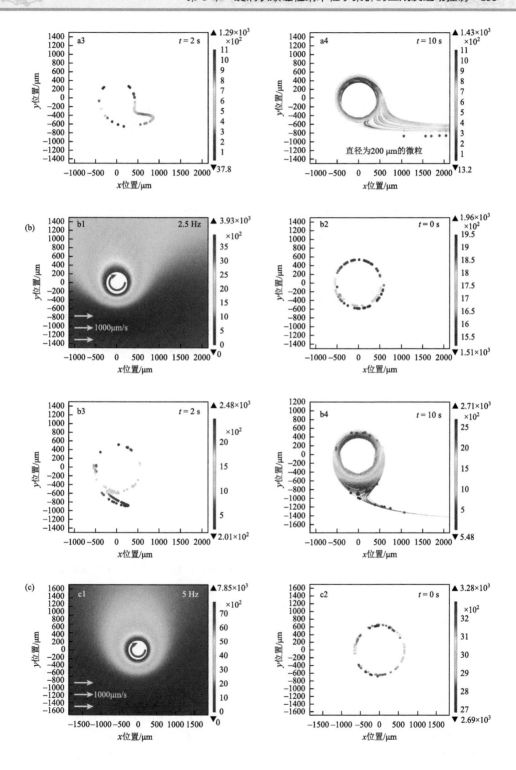

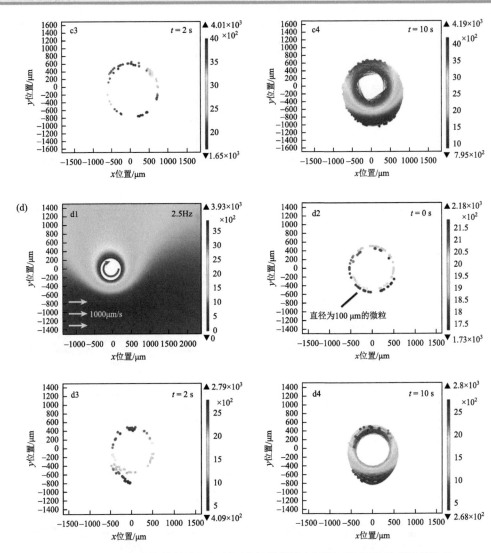

图 8-7　以不同频率旋转的旋涡与不同直径的微粒之间相互作用的仿真结果比较

彩色图例显示了流场和微粒的速度大小，在（a）（b）（c）中，微粒的直径为 200 μm，旋涡核心的旋转频率分别为 1 Hz、2.5 Hz、5 Hz；（d）中粒子的直径为 100 μm，核心的旋转频率为 2.5 Hz；$t = 0$ s 时立即施加均匀的层流，其速度的大小为 1000 μm/s，黄色箭头表示其方向。所有粒子的运动轨迹如图（a4）、（b4）、（c4）、（d4）所示。在（a4）中，有轨迹的微粒用红点标记以便观察

　　在开始时没有生成背景流的情况下，在 $t = 0$ s 时释放微粒子，这些微粒随即被旋涡捕获，如图 8-7（a2）、（b2）、（c2）所示。紧接着释放背景流，微粒开始受到影响，说明旋涡开始向左侧移动。在旋转频率为 1 Hz 的情况下，旋涡产生的束缚力相对于背景流较弱。在 $t = 2$ s 时，由于背景流的作用，几乎所有的粒子都处于不稳定状态，并向右移动，如图 8-7（a3）所示。在最后阶段（$t = 10$ s），可以

看到所有的粒子都从旋涡中脱离，这些粒子的运动轨迹如图 8-7（a4）所示。当核心以 2.5 Hz 的频率旋转，在 $t = 2$ s 时，只有部分粒子受到背景流的强烈影响，如图 8-7（b3）所示。在 $t = 10$ s 时，大部分粒子仍聚集在旋涡中心，从中逃出的粒子的运动轨迹数少于频率为 1 Hz 时的情况，如图 8-7（b4）所示。如果将旋转频率继续增加到 5 Hz，旋涡的束缚力能控制所有的粒子。此时背景流对粒子的扰动较小，在 $t = 10$ s 时，所有粒子仍被束缚在旋涡中心，粒子的运动轨迹被限制在旋涡核心之内。仿真结果验证了式（8-24）的结论，即当粒子惯性系数不变时，旋涡旋转频率越高，对粒子施加的向心作用力越大。

为了验证惯性系数对粒子与流体间相互作用的影响，我们进行了相应的仿真，结果如图 8-7（d1）～（d4）所示。使用的微粒子直径为 100 μm，旋涡核心的旋转频率为 2.5 Hz，在 $t = 0$ s 时立即激活背景流，令其速度恒为 1000 μm/s。粒子直径为 100 μm 时，所有的粒子都被束缚在了旋涡中，如图 8-7（d3）和（d4）所示。与图 8-7（b3）和（b4）相比，我们可以得出结论：当旋涡在恒定的旋转频率下移动时，更容易捕获较小的颗粒（惯性系数较小）。仿真结果与式（8-24）一致。此外，如果将粒子的直径继续缩小到 100 nm，这一结论仍然成立。

8.6 实验结果与模型对照

8.6.1 集群的生成

VPNS 的生成过程如图 8-8（a）所示。纳米粒子在工作区域内最初呈分散状态。施加旋转磁场后，首先观察到纳米粒子链的自旋，然后形成一个纳米粒子链高度集中的区域，最后形成了动态平衡的 VPNS。由于旋转磁场的作用，粒子集群外围区域的粒子链也发生自旋。同时，由于相互作用力径向分量的动态平衡，它们也绕着旋涡中心旋转且到中心的距离不变。如图 8-8（a）所示，$t = 80$ s 时，大部分的粒子链被聚集到了旋涡的中心，而有些粒子链因为超出了旋涡的影响范围，所以没有被吸引。事实上，在旋涡的中心，粒子也并没有组成固态实体。集群的轮廓清晰可见，中心区域内仍能看到较小的空隙，同时伴随着一些粒子链进入其中，另一些由于离心力的作用被从中抛出。从这一现象来看，粒子组成的旋涡是一个动态平衡的系统，这与我们在模型部分提出的理论相吻合（见 8.2 节）。

通过施加不同场强与旋转频率的磁场，我们测得了能成功形成动态平衡的 VPNS 的磁场条件。在场强一定的情况下，当旋转频率较低（如 2 Hz）时，如图 8-8（b）的区域Ⅰ所示，纳米粒子产生的旋涡流体作用较弱。因此，纳米粒子只能形成链状结构，但它们的覆盖面积不会缩小，如插图（6 mT，2 Hz）所示。当频率增加到 3 Hz 左右时，流体的向心作用力逐渐增大，这一阶段在图 8-8（b）中由蓝色方块（区域Ⅱ）表示。此时纳米粒子链有聚集成更小区域的趋势，然而还有许多粒子链没有被聚集（约40%）。同时，在VPNS内部，链也只是松散地聚集在一起，导致集群结构不稳定。在区域III的磁场条件下可以形成动态平衡的VPNS，在这一区域，大部分纳米粒子能被成功聚集。对于较低的磁场强度而言（如4 mT），对应可行的旋转频率区间较小（3.5~5 Hz）；而当磁场强度为10 mT时，对应的频率区间较宽（4~10 Hz）。当磁场参数在红色虚线之上时（区域IV），VPNS的形成又伴随着更多的粒子损失。由于在更高的旋转频率下，旋转的纳米粒子链会被拆解成更短的链，这时产生的流体作用力无法聚集大部分的纳米粒子链。当旋转频率继续增加（区域V）时，粒子倾向于形成多个旋涡状微群。其中的一个主要原因是流体作用力和链的长度不断减小，不能形成一个主导的旋涡，反而是在局部形成了多个小尺度的旋涡。

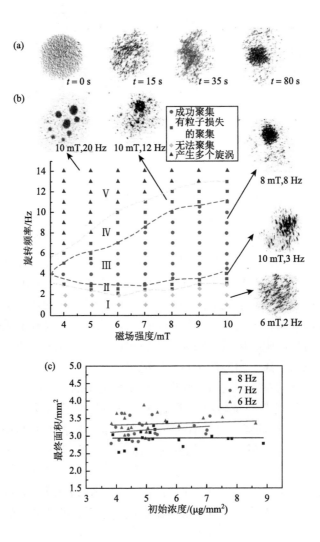

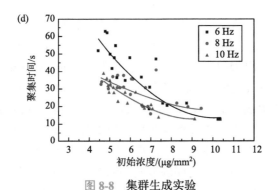

图 8-8 集群生成实验

（a）VPNS 的形成过程；（b）纳米粒子集群行为与磁场参数的关系图，可以产生四种不同的集群行为，即成功聚集、有粒子损失的聚集、无法聚集以及产生多个旋涡，不同的图标用于表示不同的状态，边界由红色和黄色的虚线突出显示，实验图像如插图所示；（c）初始粒子浓度和最终集群面积之间的关系：磁场旋转频率分别为 6 Hz、7 Hz 及 8 Hz，磁场强度为 8 mT，直线由数据点拟合而得；（d）不同初始粒子浓度和旋转频率下的聚集时间，磁场强度为 8 mT

8.6.2　集群的表征

为了进一步评估这一方法的有效性，我们在能成功形成 VPNS 的磁场参数下（区域Ⅲ），采用不同的初始纳米粒子浓度和磁场旋转频率进行了聚集过程研究。实际上，在相同的粒子数和固定的初始条件下（即旋转频率、磁场强度和粒子总数），如果所有的粒子都被聚集到旋涡内，即使初始浓度不同，最终形成的 VPNS 面积也应该是一样的。不同初始粒子浓度对应的旋涡最终面积如图 8-8（c）所示。随着粒子初始浓度的增加，曲线基本保持不变（上升率低于 10%）。这一小的增长速率表明，旋涡最终面积与初始粒子浓度关系不大，这说明该方法能高效地聚集分散的顺磁性纳米粒子。同时，在粒子总数相同的情况下，低初始粒子浓度意味着大的初始覆盖面积。曲线小幅上升的原因是，在聚集过程中，特别是初始粒子浓度较低时，流体作用力不够大，以致不能成功聚集外围区域的粒子。

对比三条对应不同旋转频率的曲线［图 8-8（c）］可以发现，磁场旋转频率为 8 Hz 时集群的形态最小，频率为 6 Hz 时集群最大。这一结果可以很好地用环量守恒来解释，如式（8-16）所示。我们还研究了不同初始粒子浓度下旋涡状集群聚集所需时间，结果如图 8-8（d）所示。在整个粒子浓度范围内（4～11 μg/mm²），聚集过程所需时间随初始粒子浓度的增加而下降。其中的主要原因之一是高的初始粒子浓度意味着更短的粒子链之间的距离，因此在旋转的粒子链合并之前，旋涡向内的力吸引它们互相靠近所需时间较短。随着初始粒子浓度不断增加，曲线逐渐平缓。由于聚集过程是高度随机的（如有不同数量的粒子流失及覆盖面积的测量误差），结果具有一定不确定性。因此，我们利用散点图和线性曲线拟合，通过对大量实验结果的观察，统计性地展示了粒子聚集的规律。

为了验证图 8-3 中的模拟结果，我们进行了两个独立 VPNS 的自发合并实验，实验结果如图 8-9 所示。最开始的一组磁场参数位于图 8-8（a）中的区域 V 内（即 12 Hz，7.5 mT），所用的顺磁纳米粒子悬浮液浓度较低（即 5 μg/mm²）。基于之前分析，这种情况下有较大概率形成多个旋涡。在实验中生成了两个独立的 VPNS，它们之间的相对距离满足$(a/d)_c$，如图 8-9（b）所示。两个 VPNS 之间的距离逐渐减小，并且在接触前，由于流体相互吸引作用而发生变形，如图 8-9（c）所示。当它们接触后，两个集群合并成一个，具有伸长的形状，如图 8-9（d）和（e）所示。合并后的集群长轴与短轴之间的差别随着时间的推移逐渐减小，最后形成了一个轴对称的圆形 VPNS。实验结果与模拟结果吻合较好。

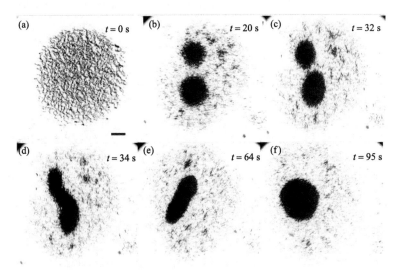

图 8-9　两个独立 VPNS 的自发合并过程

外加磁场强度为 7.5 mT，旋转频率为 12 Hz，比例尺为 500 μm

8.6.3　集群形态转变

1. 核心尺寸的改变

基于式（8-17）中给出的模型，可以将 VPNS 的面积随输入频率的变化用图 8-10 中的中蓝色曲线表示。集群的面积随着旋涡旋转频率的增加而减小，例如，根据模型将旋转频率由 5 Hz 增加到 10 Hz，面积会减小初始值的 50%。实验数据如图 8-10 中黄色圆圈所示。当旋转频率低于 6 Hz 时，实验数据与模型之间的差别较小（约 5%）。在输入频率大于 7 Hz 的情况下，差异达到 20% 以上，其主要原因是旋转频率的不一致。数学模型（蓝色曲线）中假定旋涡旋转的频率 f_v 与输入的磁场旋转频率 f_f 相同（$f_v = f_f = f_\alpha$，f_α 为常量），该模型描述的是 f_v 与

S/S_0 的关系。然而在实验中，输入频率 f_f 必须加到高于 f_α 来使旋涡的旋转频率达到 $f_v = f_\alpha$。因此，对于任意的集群面积变化率，实验中都对应着比模型更高的旋转频率。

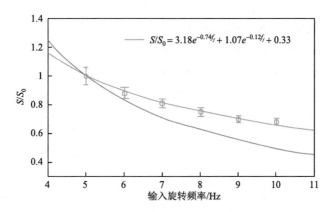

$$S/S_0 = 3.18e^{-0.74f_f} + 1.07e^{-0.12f_f} + 0.33$$

图 8-10　VPNS 的面积与输入磁场旋转频率的关系

蓝色曲线表示原始模型，该模型假设 VPNS 的旋转频率与输入的磁场旋转频率相同；黄色曲线表示修正后的模型，该模型校正了两个频率；实验数据用红色圆圈标注，S_0 表示旋转频率为 5 Hz 时的覆盖面积

为了更好地估计集群面积变化率与输入旋转频率之间的关系，需要对原数学模型［式（8-17）］进行修正。因为主要误差来源于 f_v 与 f_f 之间的差值，且分析模型非常复杂、难以获取，故采用实验数据进行校正，如图 8-11 所示。线性拟合曲线提供了两个频率之间的反射。利用这一关系，我们将这两个频率（f_v 和 f_f）结合，得到了一个修正后的模型，该模型由图 8-10 中的黄色曲线表示。改进后的模型能更好地估计所有频率范围内面积的变化率。

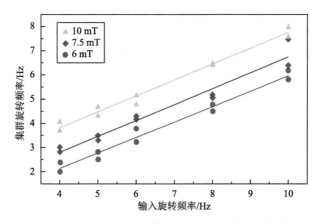

图 8-11　VPNS 的旋转频率与输入频率的校正结果

2. VPNS 的扩展状态

稳定的 VPNS 形成后，其面积与旋转磁场的频率密切相关，在 0～90 Hz 的频率范围内，二者的关系如图 8-12 所示。将旋转频率为 5 Hz 时，从分散的顺磁性纳米粒子中形成的 VPNS 的初始覆盖面积定义为 S_0。当旋转频率逐渐增大时（7～10 Hz），集群面积减小到 $0.65S_0$ 左右，式（8-17）可以很好地解释这一结果。之后，随着旋转频率的增加，VPNS 的覆盖面积进入一个稳定的阶段，即从 10 Hz 到 20 Hz，面积几乎保持不变。如图 8-12 中相应的插图所示，在这个输入频率范围内形成了高粒子浓度的 VPNS。当旋转频率超过 20 Hz 时，VPNS 表现为扩展状态。也就是频率从 20 Hz 到 70 Hz 的过程中，覆盖面积膨胀到初始面积的300%左右，即从 $0.65S_0$ 到 $1.85S_0$。图中对应的插图显示此时集群形成了纺锤状形态。图 8-12 中的粉红色区域显示的便是能够形成轮廓稳定且动态平衡的 VPNS 的频率范围。在扩展状态下，由于顺磁性纳米粒子链的失调行为，旋涡向内的作用力大大减小。因此，在扩散状态下无法观察到动态平衡的 VPNS 的一些重要特征，如此时只有极少的粒子链绕涡旋中心旋转、集群的轮廓不稳定、运动时旋涡状结构容易消失。

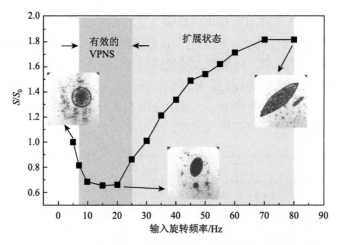

图 8-12　VPNS 的面积与输入频率之间的关系

在粉红色区域，顺磁性纳米粒子可以组合成一个轮廓稳定、动态平衡的 VPNS；在蓝色区域 VPNS 处于扩展状态；插图分别为输入旋转频率为 5 Hz、20 Hz、80 Hz 时的集群形态，磁场强度为 7.5 mT

事实上，扩展状态是一个双向可逆的过程，高输入频率（如超过 20 Hz）会导致 VPNS 变为扩展状态，一旦输入频率降到低于 20 Hz 的某个合适频率，集群就可以重新形成有效的 VPNS。扩展状态的可逆性如图 8-13（a1）～（a6）所示。如图 8-13（a1）所示，用频率为 8 Hz 的旋转磁场形成 VPNS。在 $t=30$ s 时，将旋转频率增加到 25 Hz 来使集群进入扩展状态，VPNS 的形态立即扩展，如图 8-13（a2）所示。在 $t = 32$ s 时，进一步将输入频率增加到 40 Hz，集群变得更大，其轮廓变得极不稳定，呈现出齿轮状的形态，如图 8-13（a3）和（a4）所示。最后，当输入频率降低到 8 Hz，VPNS 退出扩展状态，恢复形成稳定的圆形，如图 8-13（a6）所示。

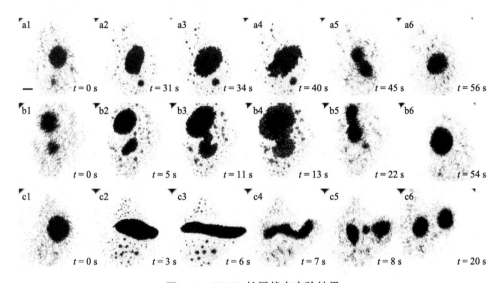

图 8-13 VPNS 扩展状态实验结果

（a1）～（a6）可逆扩展的实验结果；（b1）～（b6）两个独立 VPNS 的强制合并；（c1）～（c6）一个主 VPNS 分裂成两个子集群；实验中的磁场强度为 7.5 mT，比例尺为 600 μm

在聚集过程中，如果旋转磁场的参数处于图 8-8 区域Ⅴ中，则会产生多个旋涡状粒子集群。将多个旋涡状集群合并成一个主集群有利于运动控制以及路径规划。两个独立 VPNS 的强制合并过程如图 8-13（b1）～（b6）所示。用频率为 12 Hz 的旋转磁场在分散的纳米粒子中形成两个 VPNS，并且超过 60 s 未观察到有自发合并趋势，这说明此时的（a/d）没有到达（a/d）$_c$。在这种情况下，需要一种新的方法来使旋涡合并。在 $t = 2$ s 时，将输入频率增加到 40 Hz，集群显著膨胀。两个粒子开始接触，这对于合并过程来说至关重要，并且连接区域随着时间推移而变宽，如图 8-13（b3）和（b4）所示。然后将输入频率减小到 6 Hz 使集群退出扩展状态，30 s 后合并过程完成，如图 8-13（b5）和（b6）所示。

与合并过程相反，图 8-13（c1）～（c6）展示了将一个主 VPNS 分裂为两个独立的较小子集群的过程。使用一个频率为 80 Hz 的椭圆形旋转磁场（集群短轴上的磁场强度是长轴上磁场强度的三倍）来使 VPNS 进入扩展状态，使其覆盖区域显著扩展（并且伸长）。集群逐渐形成了条状形态，如图 8-13（c2）～（c3）所示。$t = 6$ s 时，立即重新施加圆形旋转磁场，且磁场频率降低到 12 Hz，集群形态发生扭曲，如图 8-13（c4）所示。实际上，如果将回复频率（即用于退出扩展状态的频率）调低（如 8 Hz），同时将扩展状态持续时间缩短，集群形态将不会被扭曲，而是围绕其中心旋转，最后将发生形成单个 VPNS 的可逆过程。通过施加一个更高的回复频率可以完成分裂过程，在这种情况下，粒子链的长度更短，使旋涡作用力的影响范围更小。集群的不同部位趋于局部聚集，最终形成了两个VPNS，如图 8-13（c5）和（c6）所示。

8.6.4 集群运动过程中的形态

1. 同步运动

物体接近固体边界时阻力系数会增大，此时施加在物体不同部位的流体作用力是不平衡的，导致较远部位的运动速度较大。根据这一原理，可以给旋转磁场引入一个俯仰角来实现 VPNS 的二维运动。同时，俯仰角的大小不仅对 VPNS 的移动速度至关重要，对其形态也有很大影响，如图 8-14 所示。当俯仰角为 90°时（即翻滚运动），顺磁性纳米粒子链不能形成平面内的旋涡。由于磁相互作用力的存在，链条在翻滚运动过程中互相之间头尾相吸。因此，链的长度变化很大，导致各条链的运动速度不一，集群的形态便会伸长，如图 8-14（a1）和（a2）所示。当俯仰角度为 14°时，VPNS 的形态无法维持，旋涡逐渐消失，如图 8-14（b1）和（b2）所示。当俯仰角度低于 10°，VPNS 能保持其原有形态，并且在运动过程中始终保持动态平衡。这里我们展示了俯仰角为 2°时的情况，此时绝大部分的纳米粒子链都被约束在旋涡心部，并且以相同的方式同步运动，如图 8-14（c1）和（c2）所示。

图 8-14（d）展示的是分别在 90°、14°及 2°的旋转磁场驱动下，集群覆盖面积的变化率。做翻滚运动的集群的覆盖面积在 1 s 内扩展 90%以上，并且以几乎恒定的速度递增。当俯仰角为 14°时，覆盖面积先是在 0.5 s 内缓慢增长，然后以几乎与翻滚运动情况相同的速率增长。由于在这种运动模式下旋涡结构不稳定，所以无法维持动态平衡状态。因此，流体作用变得没有规律性，大部分纳米粒子在运动过程中丢失并且失去控制。当俯仰角度为 2°时，覆盖面积的变化率很小（小于 5%），这说明 VPNS 在运动过程中始终保持稳定。

为了实现纳米粒子的同步传递，VPNS 的形态需要是可控的。虽然以大的俯仰角驱动纳米粒子集群可以使其获得更高的移动速度，但同时也会使集群形态因此拉长或扩展，这将阻碍粒子以高到达率、高精确度进行传输。

图 8-14（e）展示的是 VPNS 移动速度的研究结果。我们采用了具有不同频率和俯仰角的旋转磁场来驱动 VPNS，VPNS 的移动速度随俯仰角的增大而增大。

同时，从图 8-14（e）中可以看出，移动速度和旋转频率之间的耦合不强。这可能是因为即使增加粒子链的旋转频率使它们运动得更快（在体长上），但更高的旋转频率也会使链断开形成更短的链，使移动速度（在绝对长度上）几乎保持不变。

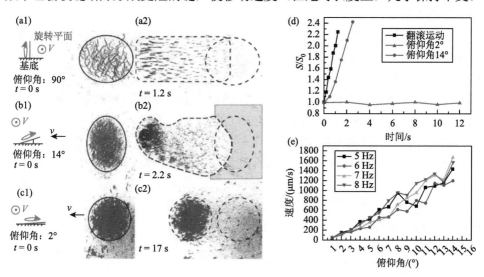

图 8-14　运动过程中集群的形态变化

纳米粒子集群的初始形状如（a1）、（b1）、（c1）中的红色圆圈所示，在不同俯仰角下运动后的最终区域如（a2）、（b2）、（c2）中的红色虚线圆圈所示，初始位置也以蓝色虚线圆圈标出；绿色区域中分散的粒子一开始没有位于集群中，因此该区域不包含在集群区域内；（a1）、（b1）、（c1）展示了所加磁场方向与集群运动方向之间的关系，VPNS 垂直于磁场的倾斜方向运动；（d）不同运动模式下面积随时间的变化；（e）不同俯仰角下 VPNS 的运动速度

2. VPNS 的可调节束缚力

在运动过程中，VPNS 产生的流体束缚力将大部分纳米粒子限制在其核心内，实现了整个集群作为一个动态实体的运动。因此，要想了解影响运动过程中集群形态的关键输入参数，就需要研究其产生的流体束缚力。相关数学模型已在 8.5 节给出。我们引入了多个聚苯乙烯微粒作为标记来展示 VPNS 的可调束缚力，结果如图 8-15 所示。图 8-15（a1）、（b1）、（c1）、（d1）中的聚苯乙烯微粒是随机分布的，我们驱动 VPNS 接近并捕获它们。由于流体作用，微粒被吸向 VPNS，所有微粒被吸入 VPNS 核心后的情况如图 8-15（a2）、（b2）、（c2）、（d2）所示。这四种情况下用于聚集微粒的驱动磁场参数相同，其磁场强度为 6 mT，旋转频率为 8 Hz，俯仰角为 5°。图 8-15（a1）～（a3）展示了成功捕获并传输多个微粒的过程，所加磁场在传输过程中的参数与收集过程相同。VPNS 在运动过程中保持稳定，能在运动过程中成功地捕捉所有的微粒。然后将输入旋转频率降低到 4 Hz，同时保持其他参数与图 8-15（a1）～（a3）中相同。在这种情况下，

最开始三个微粒都被束缚在核心中，随后有两个微粒在运动过程中被抛出核心，如图 8-15（b3）所示，这说明旋涡向心的作用力有所减小。对比图 8-15（a1）～（a3）和（b1）～（b3）可以得出，在实验中增加 VPNS 的旋转频率可以增强旋涡向心的束缚力。

我们将磁场的俯仰角增加到 8°，以提高 VPNS 的移动速度，同时磁场强度和旋转频率与图 8-15（a2）、（a3）中相同。在运动过程中，并不是所有的微粒都能被捕获。如图 8-15（c3）所示，有两个微粒从旋涡核心中跑出。背景层流的运动速度会影响 VPNS 的束缚能力，同时高速的流动也会减小旋涡结构的稳定性［对比图 8-15（a1）～（a3）和（c1）～（c3）可得］。

我们还使用了具有不同惯性的微粒（直径 100 μm）进行实验，如图 8-15（d1）～（d3）所示。聚集到所有小尺寸微粒后，在运动过程中将输入磁场的所有参数调到与图 8-15（b2）、（b3）中相同，因而 VPNS 的运动速度相同（$v_4 = v_2$）。如图 8-15（d3）的插图所示，VPNS 中没有任何微粒流失。但由于此时微粒较小，它们因顺磁性纳米粒子集群的存在而难以识别。所以我们采用了垂直于实验平面的均匀磁场来提高观测效果，如图 8-15（d3）所示，从中可以看到微粒仍然在集群的中心区域。通过对比图 8-15（d1）～（d3）与（b1）～（b3）的实验结果可以发现，对于相同的 VPNS 来说，惯性系数较小的微粒更易被捕获。实验结果与式（8-24）中的分析模型和图 8-7 中的仿真结果都吻合较好。综上，较高的输入频率（如8 Hz）、较小的俯仰角所产生的较小运动速度、集群中纳米尺度的基本模块（顺磁性纳米粒子）是 VPNS 同步运动的保障。

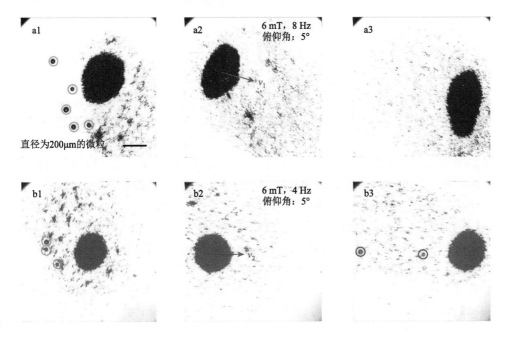

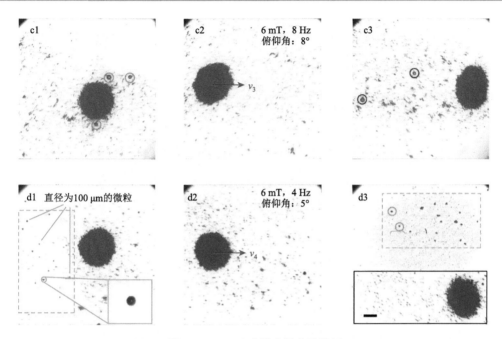

图 8-15　VPNS 束缚力的实验验证

无磁性微粒在不同磁场条件下的行为。随机分布的微粒由蓝色圆圈标记，从 VPNS 核心中抛出的微粒由红色圆圈标记，被 VPNS 束缚的微粒由绿色圆圈标记；VPNS 的速度用红色箭头表示，v_1、v_2、v_3 和 v_4 分别对应（a2）、（b2）、（c2）和（d2）。比例尺为 800 μm，插图内比例尺为 500 μm

3. 微通道中的运动

在小俯仰角下运动的 VPNS 具有形态稳定性，这是使其通过带有分支的微通道的优势所在。VPNS 通过两个不同通道的过程如图 8-16 所示，我们将 VPNS 从初始容器经通道导向目标容器。VPNS 的初始位置在半圆形通道入口，如图 8-16（a1）所示，该通道具有两个分支。随后引导 VPNS 通过微通道，如图 8-16（a2）～（a5）所示。图 8-16（b1）～（b5）中的绿点显示了 VPNS 在通道整体视图中的实时位置，最终 VPNS 成功到达目标容器，并且在通道内的粒子流失很少。此外，我们还引导 VPNS 通过一个有转角的通道，如图 8-16（c1）～（c5）所示，通道如图 8-16（d1）～（d5）所示。从图中可以看到，VPNS 在通道内只留下了少量的碎片，大部分纳米粒子都成功地到达了目标容器。我们使用图像处理程序对比到达目标位置的粒子团面积与留在通道内的粒子面积，计算出了到达率。计算结果显示，集群作为旋涡状的实体进行运动，可以实现极高的到达率，在半圆形和转角通道中到达率分别为 91.6% 和 96.8%。

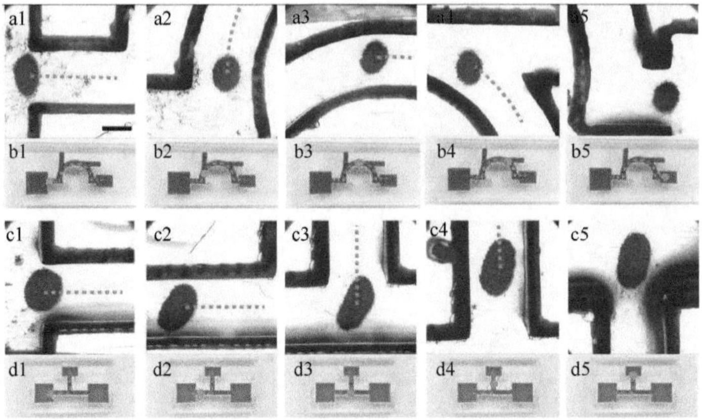

图 8-16 驱动 VPNS 通过两个不同的具有分支的微通道

（a1）～（a5）和（c1）～（c5）分别为半圆形通道和转角通道中的 VPNS，绿色虚线表示预期路径；（b1）～（b5）和（d1）～（d5）分别为半圆形通道和转角通道的整体视图，绿点表示集群相应的实时位置；比例尺为 800 μm

同时，我们以磁场驱动纳米粒子链做翻滚运动的实验作为对照。在翻滚运动过程中，纳米粒子集群形态被显著拉长。另外，由于通道存在分支，传输过程的到达率较低，只有很少一部分粒子链能够到达目标容器。结果，经半圆形通道，到达率小于 10%；经转角通道，到达率约为 50%。上述结果表明，对于在复杂环境中的顺磁性纳米粒子定向传输，形成动态平衡的旋涡状粒子集群能保证传输的精确度与到达率。

4. 关于医疗影像设备的讨论

为了将本文提出的方法进一步应用于体内介入性治疗领域，需要合适的成像方法。临床 MRI 系统能实现软组织的可视化，并且避免患者暴露于电离辐射，它的高分辨率使集中的纳米粒子集群的体内追踪成为可能。但其强大的主磁场会阻碍纳米粒子集群的旋转运动，同时使集群的驱动和成像难以完成。为了提供具有恒定磁场强度的旋转磁场，需要集成额外的线圈，并以此实现 VPNS 的生成、形态转换和导向。同时，利用 X 射线成像技术在体内实时跟踪 VPNS 也存在着关键性问题。例如，在磁驱动过程中，电磁线圈需要放置在 X 射线发生器和接收器之间，因此磁场干扰会使成像质量变差[50]。传统的 X 射线成像可以提供几毫米的分辨率，但长时间暴露于辐射之下可能对患者有害，因此操作时长成为另一个限制。此外，超声成像也是一种极具前景的临床体内成像方式。已有文献报道了利用二维超声成像反馈进行路径规划与转向，以规避动态障碍物[51]。它的优点包括成本低［与计算机断层成像（CT）和 MRI 相比］，没有电离辐射。临床超声成像分辨率约为 1～2 mm。我们在本文中提出的形成 VPNS 的方法或许能提高超声成像的性能，因为通过增加纳米粒子的数量或使用更大的纳米粒子，能使集群的尺寸达到或超过能被跟踪的极限分辨率。

8.7　本章总结

本章介绍了 VPNS 的形成、可逆合并与分裂以及保持完整形态的导航运动。VPNS 内的纳米粒子链同步运动，使集群形成了动态稳定的结构。我们分别对 VPNS 的形成过程、VPNS 对旋转磁场输入频率的响应以及它的扩展状态进行了仿真，对应的实验结果与模型吻合良好。通过在扩展状态下进行操作，首次实现了 VPNS 的形态变化，如合并和分裂，这说明了 VPNS 在磁场驱动下具有高可控性和灵活性。此外，当磁场的俯仰角较小时，VPNS 可以作为一个具有稳定形态的实体进行定向运动。我们通过对无磁性微粒行为的分析和仿真，研究了对集群同步运动来说至关重要的束缚力。最后，我们展示了 VPNS 以高到达率通过通道的过程。我们对 VPNS 的研究阐述了对微纳机器人集群行为的基本理解，使其有望被进一步应用，如根据需要进行体内药物递送。

参 考 文 献

[1] Nelson B J, Kaliakatsos I K, Abbott J J. Microrobots for minimally invasive medicine. Annual Review of Biomedical Engineering, 2010, 12(1): 55-85.

[2] Sitti M, Ceylan H, Hu W, et al. Biomedical applications of untethered mobile milli/microrobots. Proceedings of the IEEE, 2015, 103(2): 205-224.

[3] Zhang L, Abbott J J, Dong L, et al. Artificial bacterial flagella: fabrication and magnetic control. Applied Physics Letters, 2009, 94(6): 064107.

[4] Peyer K E, Zhang L, Kratochvil B E, et al. Non-ideal swimming of artificial bacterial flagella near a surface. 2010 IEEE International Conference on Robotics and Automation(ICRA), Anchorage, AK, USA. 2010: 96-101.

[5] Zhang L, Abbott J J, Dong L, et al. Characterizing the swimming properties of artificial bacterial flagella. Nano Letters, 2009, 9(10): 3663-3667.

[6] Folio D, Ferreira A. Two-dimensional robust magnetic resonance navigation of a ferromagnetic microrobot using Pareto optimality. IEEE Transactions on Robotics, 2017, 33(3): 583-593.

[7] Sadelli L, Fruchard M, Ferreira A. 2D observerbased control of a vascular microrobot. IEEE Transactions on Automatic Control, 2017, 62(5): 2194-2206.

[8] Khalil I S, Pichel M P, Abelmann L, et al. Closedloop control of magnetotactic bacteria. The International Journal of Robotics Research, 2013, 32(6): 637-649.

[9] Petit T, Zhang L, Peyer K E, et al. Selective trapping and manipulation of microscale objects using mobile microvortices. Nano Letters, 2011, 12(1): 156-160.

[10] Frutiger D R, Vollmers K, Kratochvil B E, et al. Small, fast, and under control: wireless resonant magnetic micro-agents. The International Journal of Robotics Research, 2010, 29(5): 613-636.

[11] Floyd S, Pawashe C, Sitti M. Two-dimensional contact and noncontact micromanipulation in liquid using an

untethered mobile magnetic microrobot. IEEE Transactions on Robotics, 2009, 25(6): 1332-1342.

[12] Pawashe C, Floyd S, Sitti M. Modeling and experimental characterization of an untethered magnetic micro-robot. The International Journal of Robotics Research, 2009, 28(8): 1077-1094.

[13] Steager E B, Selman Sakar M, Magee C, et al. Automated biomanipulation of single cells using magnetic microrobots. The International Journal of Robotics Research, 2013, 32(3): 346-359.

[14] Diller E, Giltinan J, Lum G Z, et al. Six-degree-of-freedom magnetic actuation for wireless microrobotics. The International Journal of Robotics Research, 2016, 35(1-3): 114-128.

[15] Floyd S, Diller E, Pawashe C, et al. Control methodologies for a heterogeneous group of untethered magnetic micro-robots. The International Journal of Robotics Research, 2011, 30(13): 1553-1565.

[16] Martel S. Magnetic navigation control of microagents in the vascular network: challenges and strategies for endovascular magnetic navigation control of microscale drug delivery carriers. IEEE Control Systems, 2013, 33(6): 119-134.

[17] de Lanauze D, Felfoul O, Turcot J P, et al. Three-dimensional remote aggregation and steering of magnetotactic bacteria microrobots for drug delivery applications. The International Journal of Robotics Research, 2014, 33(3): 359-374.

[18] Snezhko A, Aranson I S. Magnetic manipulation of selfassembled colloidal asters. Nature Materials, 2011, 10(9): 698-703.

[19] Martel S, Mathieu J B, Felfoul O, et al. Automatic navigation of an untethered device in the artery of a living animal using a conventional clinical magnetic resonance imaging system. Applied Physics Letters, 2007, 90(11): 114105.

[20] Martel S, Felfoul O, Mathieu J B, et al. MRI-based medical nanorobotic platform for the control of magnetic nanoparticles and flagellated bacteria for target interventions in human capillaries. The International Journal of Robotics Research, 2009, 28(9): 1169-1182.

[21] Servant A, Qiu F, Mazza M, et al. Controlled in vivo swimming of a swarm of bacteria-like microrobotic flagella. Advanced Materials, 2015, 27(19): 2981-2988.

[22] Li J, de Ávila B E F, Gao W, et al. Micro/nanorobots for biomedicine: delivery, surgery, sensing, and detoxification. Science Robotics, 2017, 2(4): eaam6431.

[23] Becker A, Onyuksel C, Bretl T, et al. Controlling many differential-drive robots with uniform control inputs. The International Journal of Robotics Research, 2014, 33(13): 1626-1644.

[24] Donald B R, Levey C G, Paprotny I, et al. Planning and control for microassembly of structures composed of stress-engineered MEMS microrobots. The International Journal of Robotics Research, 2013, 32(2): 218-246.

[25] Martel S, Mohammadi M. Using a swarm of self-propelled natural microrobots in the form of flagellated bacteria to perform complex micro-assembly tasks. International Conference on Robotics and Automation, Anchorage, Alaska. 2010: 500-505.

[26] Vach P J, Walker D, Fischer P, et al. Pattern formation and collective effects in populations of magnetic microswimmers. Journal of Physics D: Applied Physics, 2017, 50(11): 11LT03.

[27] Chen Q, Bae S C, Granick S. Directed self-assembly of a colloidal kagome lattice. Nature, 2011, 469(7330): 381-384.

[28] Mao X, Chen Q, Granick S. Entropy favours open colloidal lattices. Nature Materials, 2013, 12(3): 217-222.

[29] Yan J, Bloom M, Bae S C, et al. Linking synchronization to self-assembly using magnetic Janus colloids. Nature, 2012, 491(7425): 578-581.

[30] Yan J, Chaudhary K, Bae S C, et al. Colloidal ribbons and rings from Janus magnetic rods. Nature Communications, 2013, 4: 1516.

[31]　Crassous J J, Mihut A M, Wernersson E, et al. Field-induced assembly of colloidal ellipsoids into well-defined microtubules. Nature Communications, 2014, 5: 5516.

[32]　Ma F, Wang S, Wu D T, et al. Electric-field-induced assembly and propulsion of chiral colloidal clusters. Proceedings of the National Academy of Sciences, 2015, 112(20): 6307-6312.

[33]　Singh G, Chan H, Baskin A, et al. Self-assembly of magnetite nanocubes into helical superstructures. Science, 2014, 345(6201): 1149-1153.

[34]　Yan J, Han M, Zhang J, et al. Reconfiguring active particles by electrostatic imbalance. Nature Materials, 2016, 15(10): 1095-1099.

[35]　Hong Y, Diaz M, Córdova-Figueroa U M, et al. Lightdriven titanium-dioxide-based reversible microfireworks and micromotor/micropump systems. Advanced Functional Materials, 2010, 20(10): 1568-1576.

[36]　Palacci J, Sacanna S, Steinberg A P, et al. Living crystals of light-activated colloidal surfers. Science, 2013, 339(6122): 936-940.

[37]　Xu T, Soto F, Gao W, et al. Reversible swarming and separation of self-propelled chemically powered nanomotors under acoustic fields. Journal of the American Chemical Society, 2015, 137(6): 2163-2166.

[38]　Diller E, Pawashe C, Floyd S, et al. Assembly and disassembly of magnetic mobile micro-robots towards deterministic 2-D reconfigurable micro-systems. The International Journal of Robotics Research, 2011, 30(14): 1667-1680.

[39]　Miyashita S, Diller E, Sitti M. Two-dimensional magnetic micro-module reconfigurations based on inter-modular interactions. The International Journal of Robotics Research, 2013, 32(5): 591-613.

[40]　Kagan D, Balasubramanian S, Wang J. Chemically triggered swarming of gold microparticles. Angewandte Chemie International Edition, 2011, 50(2): 503-506.

[41]　Belkin M, Snezhko A, Aranson I, et al. Driven magnetic particles on a fluid surface: pattern assisted surface flows. Physical Review Letters, 2007, 99(15): 158301.

[42]　Sumino Y, Nagai K H, Shitaka Y, et al. Large-scale vortex lattice emerging from collectively moving microtubules. Nature, 2012, 483(7390): 448-452.

[43]　Saffman P G. Vortex Dynamics. Cambridge: Cambridge University Press, 1992.

[44]　Melander M, Zabusky N, McWilliams J. Symmetric vortex merger in two dimensions: causes and conditions. Journal of Fluid Mechanics, 1988, 195: 303-340.

[45]　Saffman P, Szeto R. Equilibrium shapes of a pair of equal uniform vortices. The Physics of Fluids, 1980, 23(12): 2339-2342.

[46]　van Reenen A, de Jong A M, Den Toonder J M, et al. Integrated lab-on-chip biosensing systems based on magnetic particle actuation—a comprehensive review. Lab on a Chip, 2014, 14(12): 1966-1986.

[47]　Grabowski W J, Berger S. Solutions of the Navier-Stokes equations for vortex breakdown. Journal of Fluid Mechanics, 1976, 75(3): 525-544.

[48]　Green B. Fluid Vortices. Berlin, Germany: Springer Science & Business Media, 2012: 30.

[49]　Lecuona A, Ruiz-Rivas U, Nogueira J. Simulation of particle trajectories in a vortex-induced flow: application to seed-dependent flow measurement techniques. Measurement Science and Technology, 2002, 13(7): 1020.

[50]　Choi J, Jeong S, Cha K, et al. Positioning of microrobot in a pulsating flow using EMA system. 2010 3rd IEEE RAS and EMBS International Conference on Biomedical Robotics and Biomechatronics(BioRob), Tokyo. 2010: 588-593.

[51]　Vrooijink G J, Abayazid M, Patil S, et al. Needle path planning and steering in a three-dimensional non-static environment using two-dimensional ultrasound images. The International Journal of Robotics Research, 2014, 33(10): 1361-1374.

第9章

基于统计的磁性纳米粒子集群的自动控制

集群自动化控制是微纳机器人领域的主要挑战之一。对于这种由数量庞大的微纳机器人组成的小尺寸系统，使用精确的机器人模型以及机器人交互通信的传统方法难以实现其自动控制。这是因为集群中的微纳机器人运动极为复杂，并且用于个体运动控制以及运动反馈的驱动器与传感器也难以集成到小尺度的电路板上。本章中我们基于前两章的技术和结果，提出了一种基于统计的方法，实现了顺磁性纳米粒子集群的全自动化控制，包括集群的形成、识别、跟踪、运动控制和实时分布监测/控制。通过建立集群的统计，可以用计算机对纳米粒子集群的集体行为进行定量分析。我们设计了基于统计的算法来自动生成并识别旋涡状顺磁性纳米粒子集群，该算法对纳米粒子集群的数量和初始分布具有鲁棒性。为了鲁棒地跟踪 VPNS，我们提出了一种基于统计的 VPNS 跟踪方法，该方法提取 VPNS 的 500 个边界点，并对 VPNS 的分布进行了最优识别。实验结果表明，采用提出的聚集优化控制方法可将 70%以上的纳米粒子聚集在 VPNS 中。我们还提出了一种 VPNS 的自动运动控制方法，该方法具有高精度轨迹跟踪性能（跟踪误差<5%）。此外，利用统计量还能实时监测纳米粒子集群的分布区域/密度并且控制其分布面积。实验结果验证了此方法在顺磁性纳米粒子集群自动控制中的可行性。

9.1 ▶ 引言

微纳机器人在高精度靶向给药/治疗、微/纳米操作等生物医学领域具有广阔的研究及应用前景，吸引了广泛的关注[1-7]。在微纳机器人的各种驱动方式中，磁场具有许多利于生物医学应用的优点[8]，如其穿透深层组织的能力。而且在实际应用中，在遵守相关规定的前提下[9]，即使是高场强的磁场对生物体也是安全的[10]。最近，研究人员展示了磁性微纳机器人在靶向递送[11-13]、治疗[14]等方面[15]的生物医学应用。尽管已经取得了不错的进展，但因为单个微纳机器人的体积和表面积都很小，所以需要大量的微纳机器人来共同完成货物递送任务[16]。此外，由于成像分辨率不足，单个微纳机器人的体内跟踪也是一个难题[17]。因此，大量微纳机器人的同步运动控制具有重要意义[18]。

新兴的集群控制技术作为机器人领域的一个重要方向，对科学[19, 20]和技术[21, 22]的发展都产生了巨大的影响。不同于配有各种传感器并且能被单独驱动的厘米级机器人[20, 22]，也异于能用分布式驱动器网络进行单个机器人控制的毫米级机器人[21]，微纳机器人很难配备用于个体运动反馈及控制的传感器和驱动器，于是便产生了微纳机器人集群在形成及同步运动控制上的难题。两种常用的独立控制多个磁性微纳机器人的方法是：打破微纳机器人的形状对称性[23, 24]以及利用磁场的非均匀性[25]。然而，从实际应用的角度来看，集群的磁性微纳机器人由于具有体积小、数量多的特点，并不适合用这两种方法进行控制[26]。因此，全局磁场最适合于磁性微纳机器人的集群控制[27]。

通过设计随时间变化的磁场，可以实现集群磁性微纳机器人的集体行为，如用非均匀磁场使微粒子集群分散[28]以及用均匀磁场拆解纳米粒子集群[29]。研究人员还展示了趋磁细菌[12, 30]、微筏[31]、微粒子[32-35]以及纳米粒子[36, 37]集群的磁性组装。此外，利用其他外部刺激，如光[38, 39]、超声波[40]和化学物质[41]也能触发集群的拆解/组装行为。虽然这些工作已经很好地展示了微观尺度下不同类型集群的控制行为，但对微群集体行为的定量描述和自动化监测/控制方法还有待研究。此外，导航运动是微纳机器人集群作为机器人末端执行器的一个重要特点，目前常采用开环运动控制来进行。通过预先设置或手动调节磁场，可以使集群在二维平面内沿着直线[12, 31, 42]、矩形轨迹[32, 33, 43, 44]以及在带有分支的通道[37, 42, 45]内运动。实验结果表明了运动的有效性，但运动轨迹跟踪的精度较低，磁场参数的调整也需要精细的手工操作[37, 42-45]。因此，需要进一步探索微纳机器人集群运动的自动控制方法，从而使得微纳机器人集群能自主、高效且准确地执行任务[46-48]。传统的控制方法通常需要明确的数学模型来对单个[49, 50]或多个[51, 52]微纳机器人的运动进行自动控制。然而，对于磁性微纳机器人集群而言，机器人受到磁场磁力、机器人之间的磁相互作用力、流体作用力以及与工作环境之间的相互作用力的影响，使得精确建模非常复杂。此外，个体之间的相互反应也难以被实时跟踪和控制。这两个主要因素使得基于精确模型的控制方法不适用于大规模的磁性微纳机器人集群。

基于上述微纳机器人集群中的问题，我们旨在开发一种定量描述二维纳米粒子集群的方法，并在此基础上实现对集群行为（集群的形成和分布）的自动监测/控制以及集群运动的精确控制。顺磁性纳米粒子[53, 54]可以作为微群的基本模块。在我们之前的工作中[37]，证明了利用简单的旋转磁场可以形成 VPNS（详见第 8章）。然而，VPNS 的生成及其分布面积/密度无法被定量地监测和控制。此外，生成过程是在人工操作下进行的，其生成性能（如生成用时以及 VPNS 中聚集的纳米粒子比例）非常依赖经验。如图 9-1 所示，纳米粒子集群的许多统计参数都随着集群行为变化，这在人工操作中是无法定量且全面考虑的。并且人工操作具有控制频率低并且难以协调多个输入参数的特点，限制了其控制效率。自动控制相对而言更加可靠便捷。然而 VPNS 的自动运动控制具有一定的挑战性。除了前面提到的精确建模的困难外，VPNS 还可能因动态流体作用力和外部干扰而改变形态并且丢失或吸收纳米粒子。因此，需要一种无需精确模型的鲁棒控制方法，同时也需要一种有效的跟踪方法。基于这些目的，我们提出了一种基于统计的顺磁性纳米粒子集群的自动控制方法，具体成果如下。

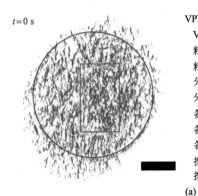

$t=0$ s

VPNS形成前的参数

VPNS是否形成：否

粒子单元数：1893

粒子总面积：1.6866 mm^2

分布中心：(1045, 729)像素

分布半径：1.48 mm

备选VPNS的形状比：1.66

备选VPNS的面积比：0.179

备选VPNS的粒子密度：95.14

拟合椭圆的主轴长：--

拟合椭圆的副轴长：--

(a)

$t=232$ s

VPNS形成后的参数

VPNS是否形成：是

粒子单元数：1095

粒子总面积：1.6707 mm^2

分布中心：(891, 951)像素

分布半径：0.86 mm

备选VPNS的形状比：1.01

备选VPNS的面积比：0.879

备选VPNS的粒子密度：130.52

拟合椭圆的主轴长：254像素

拟合椭圆的副轴长：244像素

(b)

图 9-1　纳米粒子集群形成前后的统计参数

　　表 9-1 列出了这些参数的相关定义，这些参数的值通过图像处理和算法获得，蓝色圆圈表示含有集群中 90%±5%纳米粒子的分布圆。（a）VPNS 形成前的统计参数：红色矩形为备选 VPNS 的最小边界矩形，基于这些统计可以实现 VPNS 的自动生成和识别（详情见 9.4 节），"--"表示在该状态下无法获取的参数；（b）VPNS 形成后的统计参数：红色椭圆是 VPNS 的最优拟合分布区域，将被进一步用于 VPNS 的跟踪和运动控制；这些统计参数及其变化被用来定量地反映所有纳米粒子的集体行为，两个虚线矩形显示了几个粒子单元的特写图像。图中比例尺均为 800 μm

（1）建立了集群统计以定量描述纳米粒子集群的状态。根据所分析的集体行为（如纳米粒子聚集水平），对集群中所有的粒子聚集单元（PA 单元）定义并计算了底层参数（如密度和形状）。

（2）利用集群统计，设计了在聚集过程中自动识别有效的 VPNS 的算法。我们也提出了一种基于统计的跟踪 VPNS 分布的最优方法。

（3）为了增加纳米粒子的利用率，我们提出了一种提高 VPNS 中纳米粒子聚集水平的磁场自动调节方法。

（4）针对无需精确模型的 VPNS，提出了一种基于观测器的运动控制方案。通过补偿模型的不确定性（如形状变化）和外部干扰确保了控制的鲁棒性。设计了一种积分线性二次控制器（linear quadratic controller with integration，LQI）以达到最优控制性能。实验表明，该方法具有较高的轨迹跟踪精度。

（5）基于所建立的统计，实现了对纳米粒子集群分布区域/密度的实时监测和分布面积的控制。

表 9-1　纳米粒子集群关键统计参数的定义

参数	定义	符号	单位
PA 单元	与其他粒子聚集体没有物理接触的单个粒子聚集体	U_i	—
PA 单元数目	相机视场中 PA 单元的总数	N	—
PA 位置$^{○,◇}$	图像平面上某个 PA 单元质心的位置	l_i	像素
PA 面积*	某个 PA 单元所占的分布面积，该分布面积与 PA 单元中纳米粒子的数量成正比	a_i	mm^2
面积比$^{*,★}$	粒子集群中某个 PA 单元面积与所有 PA 总单元面积之比	δ_i	—
形状比$^{*,★}$	PA 单元或 VPNS 的最小边界矩形的长边与短边长度之比	γ_i	—
粒子密度*	PA 单元或 VPNS 中纳米粒子的填充水平，由式（9-2）算得	d_i	—
备选 VPNS$^{*,○,*,◇}$	粒子数最多的 PA 单元（相当于面积最大的 PA 单元）	U_c	—
分布中心$^{◁}$	由式（9-6）算得的纳米粒子集群分布的中心位置	c_s	像素
分布半径$^{◁}$	包含集群中 90%±5%纳米粒子的圆的半径，其圆心即分布中心	R_s	mm

注："*"、"○"、"★"、"◇"以及"◁"分别是 VPNS 识别、跟踪、优化聚集控制、运动控制以及分布监测/控制的关键参数。

9.2　纳米粒子集群的统计描述

顺磁性纳米粒子集群分布在平整的基底上，其分布区域直径约数毫米，如图 9-1 所示。在强度均匀的动态磁场作用下，纳米粒子集群能表现出集体行为。用于单个机器人的传统建模方法无法描述这样一个动态、粒子数量繁多的系统。

因为对单个纳米粒子的跟踪和控制难以实现，而且对成千上万个纳米粒子之间相互作用的建模计算量巨大，不适合实时控制应用。此外，纳米粒子的集体行为在形态、时间和位置上具有随机性，不能用时变函数准确表达。我们提出用基于统计的方法来解决这些问题，因为集体行为和集群统计参数之间的关系清晰并且可以解释。如图 9-1 所示，我们所建立的基于统计的集群描述方法可以利用统计参数及它们的组合，定量地描述集群的分布、形态、位置等特征。然后，计算机可以定量地理解和处理集群的集体行为。该基于统计的方法具有明确且简易的特点，使其成为微纳机器人集群控制领域极具前景的方法。

近期有报道将粒子集群作为统计现象而非确定的函数来处理，取得了较好的控制效果[55]。虽然我们用于构成机器人的顺磁纳米粒子的尺寸和物理性质与之不同，但在这两种类型的机器人集群中，个体运动以及相互作用的建模与控制都难以进行，而用集群统计可以根据控制行为简易地描述这两个集群系统。对于这种集群系统的控制，[55]中得出的良好成果是对基于统计的控制方法的极大支持。在另一项研究中[26]，研究人员用集群统计和全局控制信号来操控粒子集群。[26]中每个粒子的个体运动都被作为带有随机扰动噪声的简单完整的机器人进行建模，并且所有粒子的性质都相同且不发生变化。与之不同，我们的工作研究的是由非均匀粒子组成的顺磁性纳米粒子集群的控制，集群的形态会发生动态变化，其中纳米粒子的个体运动也更加复杂。因此，需要额外的统计参数和方法来对顺磁性纳米粒子集群进行描述和跟踪，也需要新的控制方法来自动控制集群的形成和运动等。

为了从统计的角度研究微纳机器人集群的控制，我们从表示纳米粒子集群的最小组成入手。因为我们主要考虑对纳米粒子集群整体进行控制，所以单个纳米粒子因分辨率与显微镜视野的矛盾而无法被跟踪。我们将一个 PA 单元（U_i）视作纳米粒子集群中最小的单元，其定义如表 9-1 所示。按照这个一般定义，我们提出的自动控制方法对成像分辨率没有特殊的要求。PA 单元由属性集表示为

$$U_i = \{i, l_i, a_i, \delta_i, \gamma_i, d_i \mid i = 1, 2, \cdots, N\} \tag{9-1}$$

其中包含了表 9-1 中定义的 PA 单元的相关性质，如它的面积、形状以及位置。i 为 PA 单元的标记。通过图像处理和计算，可以得到所有 PA 单元的位置 $l_i(x_{l_i}, y_{l_i})$ 以及面积 a_i。假设粒子聚集体密度与深度为 8 位的微观反馈图像的图像强度成正比，则粒子密度 d_i 可由式（9-2）计算：

$$d_i = \sum_{p(x,y) \in \mathbf{R}_i} \frac{255 - b(x, y)}{W_i \times H_i} \tag{9-2}$$

其中，$p(x, y)$、$b(x, y)$ 和 $\mathbf{R}_i \in \mathbb{R}^{W_i \times H_i}$ 分别为像素在位置（x, y）处的灰度值和 PA 单元的最小边界矩形。W_i 和 H_i 分别为最小边界矩形的宽度和高度。第 i 个 PA 单元的面积比 δ_i 和形状比 γ_i 分别由式（9-3）和式（9-4）算得。

$$\delta_i = \frac{a_i}{\sum\limits_{n=1}^{N} a_n} \tag{9-3}$$

$$\gamma_i = \frac{\max(W_i, H_i)}{\min(W_i, H_i)} \tag{9-4}$$

考虑到纳米粒子集群的随机性，我们进一步利用了这些参数在一段时间内的平均值。例如：

$$\overline{\delta_{i_j}} = \sum_{n=j-m+1}^{j} \frac{\delta_{i_n}}{m} \tag{9-5}$$

其中，$\overline{\delta}$ 和 j 分别为参数的平均值和离散时间点；m 为一个与参数相关的时间常数，由参数的波动程度决定。纳米粒子集群的分布由两个参数表示：分布中心和分布半径。它们的定义已在表 9-1 中给出。分布中心 $c_s(x_s, y_s)$ 由式（9-6）计算：

$$x_s = \frac{\sum\limits_{i=1}^{N}(a_i \cdot x_{l_i})}{\sum\limits_{n=1}^{N} a_n}, \quad y_s = \frac{\sum\limits_{i=1}^{N}(a_i \cdot y_{l_i})}{\sum\limits_{n=1}^{N} a_n} \tag{9-6}$$

通过迭代图像处理算法可以得到表示分布区域的圆圈（图 9-1），其中心和半径分别定义为分布中心和分布半径。

利用纳米粒子集群的实时统计参数，计算机可以综合分析集群的当前状态，从而利用这些参数的特定组合来确定磁场的控制动作，从而达到特定的控制目的。

9.3　系统概述

我们开发的顺磁性纳米粒子集群的闭环控制系统如图 9-2 所示。顺磁性纳米粒子（Fe_3O_4）由[56]中报道的方法合成，其平均直径为 600 nm［图 9-2（a）］。在一个充满 PVP 溶液的长方体容器（30 mm×30 mm×3 mm）中进行实验。PVP 溶液是一种能提供低雷诺数环境的常用黏性流体，可以简易地调节其黏度以研究纳米粒子集群在具有不同黏度液体中的集体行为。纳米粒子分布在硅基底上，基底表面如镜面一般，增强了显微观察的对比度。采用前文介绍的三轴亥姆霍兹线圈装置[57]，对磁性纳米粒子集群进行整体驱动，并将双机控制系统用于实现集群的自动控制。整个闭环控制系统如图 9-2（b）所示。将计算机Ⅱ算得的磁场参数经 I/O 卡（Model 826，Sensoray Inc.）传递到计算机Ⅰ。然后计算机Ⅰ生成三维磁场的控制信号，使其具有特定的旋转频率、磁场强度和俯仰角等。控制信号被传输到伺服放大器（ADS 50/5 4-Q-DC，Maxon Inc.）通过 I/O 卡产生驱动线圈的动态电流。用安装在显微镜上的高速摄像机反馈纳米粒子群的实时图像，再由计算机 II 进行图像处理、统计计算和闭环控制。

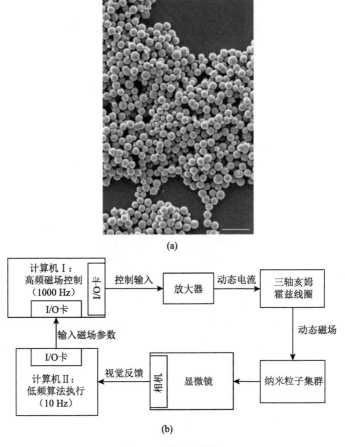

图 9-2 磁驱动系统

（a）平均直径为 600 nm 的顺磁性纳米粒子的 SEM 图像，比例尺为 2 μm；（b）控制系统整体结构说明

9.4 基于统计的 VPNS 自动识别与跟踪

VPNS 的形成是粒子集群中所有纳米粒子在旋转磁场作用下的集体行为。其形成过程不能用函数准确表达，因此很难对集群参数的耦合变化趋势进行建模，而这一变化趋势也与流体类型、初始纳米粒子分布等密切相关。实际上，即使两

个纳米粒子集群有相同的初始条件，其集体行为以及最终形成的 VPNS 也会因随机性而产生各方面的差异。基于 9.2 节中给出的所有 PA 单元的底层统计，我们将随时间变化的统计参数结合起来综合分析集群状态。本节的目标有两个：①自动识别生成过程中形成的稳定 VPNS，以便进一步进行及时的控制操作；②对 VPNS 分布进行鲁棒跟踪，以实现 VPNS 的监测和运动控制。

9.4.1　VPNS 的自动识别

在磁场作用下，顺磁性纳米粒子会因磁偶极子的吸引力作用而形成粒子链。旋转磁场驱动纳米粒子链旋转，从而在流体中产生旋涡。如图 9-3（a）所示，施加旋转磁场后，由于流体旋涡的相互作用，均匀分布的纳米粒子链逐渐聚集到一起，形成了 VPNS。我们主要是操控主 VPNS（即最大的 VPNS），因为它有最多的纳米粒子。9.5 节提出了一种磁场控制方法将更多的纳米粒子聚集到主 VPNS 中。为了便于表述，在本章的剩余部分中如果没有特别说明，"VPNS"指的便是主 VPNS。

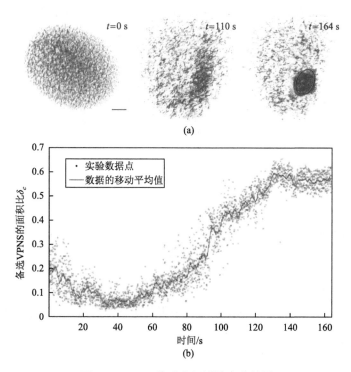

图 9-3　VPNS 生成和识别的实验结果

（a）VPNS 生成过程中的图像；（b）δ_c 和时间之间的关系；红线表示通过一个长度为 30 的滑动窗口算得的原始数据的移动平均值；比例尺为 500 μm

对于在形成过程中识别 VPNS 来说，现有的依赖于图像特征的聚类算法（如 K-means 和 Mean-Shift）并不适用，因为集群中所有的纳米粒子具有相似的图像特征，如颜色、亮度和纹理。此外，这些方法不能为识别有效的 VPNS 提供定量标准。考虑到所建立的集群统计可以定量描述集群状态，我们提出了一种基于集群统计特征的 VPNS 自动识别方法，如下所述。面积最大的 PA 单元被定义为备选 VPNS：

$$U_c = \{c, \boldsymbol{l}_c, a_c, \delta_c, \gamma_c, d_c \,|\, a_c \geqslant a_i,\ i = 1, \cdots, N\} \tag{9-7}$$

通过算法 9-1 可以找到每个时间点下的备选 VPNS。为了确定备选 VPNS 是否有效，需要考虑 U_c 当前状态的三个必要条件。

（1）形状。在场强恒定的旋转磁场的作用下，稳定的 VPNS 应呈圆形。若形成过程是由均匀分布的纳米粒子集群开始的，那么 γ_c 可以非常大 [图 9-3（a），110 s]。处于这种状态的 VPNS 在受到外界干扰或磁场突变时容易发生分裂。因此，我们设置了上界 γ_v 以使 VPNS 稳定形成。γ_v 的值越小，所识别出的 VPNS 便具有越高的稳定性。

（2）密度。随着纳米粒子的聚集，粒子密度 d_c 逐渐增大，直至 U_c 达到图 9-1（b）中的动态平衡。因此密度反映了 VPNS 的形成程度。一个有效的 VPNS 应有大于下界 d_v 的粒子密度，d_v 可由离线数据分析得到。

（3）聚集水平。面积比 δ_c 反映了粒子的聚集水平，是评估 VPNS 货物运载能力的一个重要标准。由于 PA 单元的合并使 δ_c 增加，我们为有效的 VPNS 设置了下界 δ_v。然而，有效的 VPNS 的最终聚集水平取决于初始粒子分布。为了提供相应的鲁棒性，我们利用表示聚集趋势的 δ_c 的标准差作为替代条件来判断聚集水平，即

$$\mathrm{SD}(\bar{\delta}_{c_j}) = \sqrt{\frac{1}{N_s} \sum_{n=0}^{N_s-1} (\bar{\delta}_{c_j-n} - \bar{\bar{\delta}}_{c_j})^2} \tag{9-8}$$

其中，N_s 为取样周期，$\bar{\bar{\delta}}_{c_j}$ 为 $\bar{\delta}_{c_j}$ 的平均值，由下式算得

$$\bar{\bar{\delta}}_{c_j} = \frac{1}{N_s} \sum_{n=0}^{N_s-1} \bar{\delta}_{c_j-n} \tag{9-9}$$

经过一个足够长的时间 j_v 后，如果 δ_c 仍小于其下界，则通过比较 $\mathrm{SD}(\bar{\delta}_{c_j})/\bar{\bar{\delta}}_{c_j}$ 与预先设定的上界 σ_v，来判断粒子聚集是否完成。

算法 9-1

基于统计的有效 VPNS 自动识别。j 表示离散时间点。该算法的时间复杂度为 $O(N)$，执行频率为 10 Hz。

1　　**while** $j < \infty$ **do**

2　　　$N, \boldsymbol{l}_i, a_i, \boldsymbol{R}_i \leftarrow$ 图像处理；

3　　　$c \leftarrow 0, a_c \leftarrow 0, \boldsymbol{l}_c \leftarrow (0,0)$；

4　　　**for** $i \leftarrow 1, N$ **do**

5　　　　　**if** $a_c < a_i$ **then**

6　　　　　　　$c_j \leftarrow i, a_{c_j} \leftarrow a_i, \boldsymbol{l}_{c_j} \leftarrow \boldsymbol{l}_i, \boldsymbol{R}_{c_j} \leftarrow \boldsymbol{R}_i$；

7　　　$\gamma_{c_j} \leftarrow \dfrac{\max(W_{c_j}, H_{c_j})}{\min(W_{c_j}, H_{c_j})}, \delta_{c_j} \leftarrow \dfrac{a_{c_j}}{\sum\limits_{n=1}^{N} a_n}$

8　　　$d_{c_j} \leftarrow \sum\limits_{p(x,y) \in \boldsymbol{R}_{c_j}} \dfrac{255 - b(x,y)}{W_{c_j} \times H_{c_j}}$；

9　　　**if** $j \geqslant 10$ **then**

10　　　　$\overline{\gamma}_{c_j} \leftarrow \sum\limits_{n=j-4}^{j} \dfrac{\gamma_{c_n}}{5}, \overline{\delta}_{c_j} \leftarrow \sum\limits_{n=j-9}^{j} \dfrac{\delta_{c_n}}{10}$；

11　　　　$\overline{d}_{c_j} \leftarrow \sum\limits_{n=j-4}^{j} \dfrac{d_{c_n}}{5}$；

12　　　　**if** $\overline{\gamma}_{c_j} < \gamma_\upsilon$ **then**

13　　　　　　**if** $\overline{d}_{c_j} > d_\upsilon$ **then**

14　　　　　　　**if** $\overline{\delta}_{c_j} > \delta_\upsilon$ **then**

15　　　　　　　　VPNS是否生成←Yes；

16　　　　　　　　**Break while loop;**

17　　　　　　**else**

18　　　　　　　**if** $j \geqslant j_\upsilon$ **then**

19　　　　　　　　$\overline{\overline{\delta}}_{c_j} \leftarrow \dfrac{1}{5} \sum\limits_{n=0}^{4} \overline{\delta}_{c_j - n}$；

20　　　　　　　　$\mathrm{SD}(\overline{\delta}_{c_j}) \leftarrow \sqrt{\dfrac{1}{5} \sum\limits_{n=0}^{4} (\overline{\delta}_{c_j - n} - \overline{\overline{\delta}}_{c_j})^2}$；

21　　　　　　　　**if** $\mathrm{SD}(\overline{\delta}_{c_j}) / \overline{\overline{\delta}}_{c_j} < \sigma_\upsilon$ **then**

22　　　　　　　　　VPNS是否生成←Yes；

23　　　　　　　　　**Break while loop;**

上述识别方法由算法 9-1 实现。其收敛性由 VPNS 的产生机制确保，由 δ_υ 定义的聚集等级标准是导致无限循环的唯一可能。为了避免这个问题，如果预期的 VPNS 没有形成（即 δ_c 大于下界），$\mathrm{SD}(\overline{\delta}_{c_j})$ 提供了一个替代终止条件。

我们在 1 wt% 的 PVP 溶液中进行了实时实验，以验证该识别算法的有效性。该算法具有较低的时间复杂度，可以在足够高的频率（本章为 10 Hz）下执行。通过分析 VPNS 形成过程中的集群统计数据，对其参数进行了调整：根据形成有效 VPNS 的统计参数，确定了 γ_v、δ_v 以及 d_v；分别根据最长形成时间以及 δ_c 的数据波动水平选择 j_v 和 σ_v 的值；进行试错实验以测试性能并且修改最后的参数。通过参数调整，将 γ_v、δ_v、d_v、j_v 和 σ_v 分别设置为 1.3、0.3、120、250 和 0.2。采用平面内（俯仰角为 0°）的旋转磁场来形成 VPNS，其场强为 5 mT，频率为 8 Hz。典型的实验结果如图 9-3 所示。从具有超过 1500 个 PA 单元的均匀分布粒子集群中形成了 VPNS。在 164 s 时成功生成并识别到了有效的 VPNS。图 9-3（b）为纳米粒子集群表现出集体行为时 δ_c 的数据。δ_c 从开始到 40 s 时是下降的，这是粒子链的破碎与重新聚集使得相互连接的粒子链破碎成了较小的聚集体。

随后 PA 单元通过流体旋涡的相互作用逐渐聚集到一起 [图 9-3（a），110 s]。虽然在 130 s 后 δ_c 达到平衡并且达到了聚集水平（σ_v），但由于此时形状细长或密度不足，直到 164 s 时才识别到 VPNS。即 130 s 时的 VPNS 不满足由 γ_v 与 d_v 决定的形成水平标准。在这种状态下的 VPNS 由于流体捕捉力不足，其运动不稳定。在识别到 VPNS 后，用图 9-3（a）中的红色椭圆跟踪并表示 VPNS 的分布情况，这将在 9.4.2 节详细介绍。

我们进行了大量的自动生成和识别实验来验证该方法的有效性和鲁棒性。三个最具代表性的例子的如图 9-4 所示。例 I 和例 II 都用了 8 μL 的粒子悬浮液，它

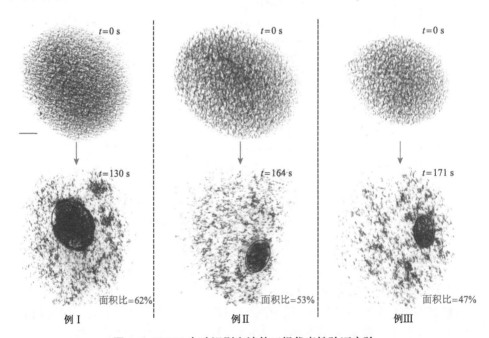

图 9-4　VPNS 自动识别方法的三组代表性验证实验

例 I、例 II 和例Ⅲ分别使用 8 μL、8 μL 和 4 μL 粒子悬浮液。例 I 和例 II 表明，即使在相同的操作条件下向容器中加入等量的两个纳米粒子集群，也并不能保证它们的初始粒子分布相同；在三种纳米粒子数量或初始分布不同的情况下，VPNS 形成所需时间明显不同；比例尺为 500 μm

们有着截然不同的初始粒子分布。1 μL 粒子悬浮液中有大约 6 μg 的 Fe_3O_4 纳米粒子。例Ⅲ中使用了 4 μL 粒子悬浮液以作对照。这三种情况的初始粒子分布或初始粒子量不同，将导致 VPNS 的形成过程和结果存在显著差异。因此，它们可以作为测试该方法有效性和鲁棒性的基础实验。事实上，即使初始条件和磁场相同，两个纳米粒子集群也会因随机性而产生不同的 VPNS。从图 9-4 中可以看出，三种情况下形成的 VPNS 具有不同的形成时间、形态、位置以及纳米粒子聚集水平。而我们提出的识别方法结合了从集群统计中得到的集群特征，成功地识别了这些 VPNS。9.5 节给出了在不同 PVP 浓度（即不同的流体黏度）下的更多实验结果。

9.4.2　VPNS 的自动跟踪

当在复杂环境中工作时，VPNS 的跟踪是其运动控制和路径规划的关键。当受到外界流体或机械干扰时，VPNS 会改变其形态。此外，一些纳米粒子会因离心力的作用在 VPNS 的边缘被抛出，另一些粒子则会因旋涡吸引力被吸入 VPNS 中。这些因素都会使跟踪任务变得更加困难。我们提出了一种基于统计的跟踪方法，该方法能够最优、鲁棒地跟踪 VPNS。这一方法利用了 VPNS 的 K 个边界点，其图像平面上的 x 与 y 坐标向量分别表示为 $X_b = [x_{b_1}, x_{b_2}, \cdots, x_{b_K}]^T$ 以及 $Y_b = [y_{b_1}, y_{b_2}, \cdots, y_{b_K}]^T$。从识别到的 VPNS 的最小边界矩形中心开始，由内向外扫描 VPNS 的粒子密度图（图 9-5）来获得这两个向量。粒子密度在边界点处急剧下降，如图 9-5 所示。利用这一特点，通过计算密度梯度可以检测到这些边界点。为了避免出现错误的检测结果，在扫描前先去除 VPNS 内部的粒子空缺。检测结果（图 9-5 中红色小圆圈）显示检测到的点正确地指示了 VPNS 的边界。由于 K 可以足够大，所以检测到的边界点的统计可以反映 VPNS 的边界，检测的鲁棒性也得到了保证。可以看出，VPNS 的边界是非光滑的，检测到的边界点分布也不均匀。我们知道圆形的旋转磁场使得稳定的 VPNS 应为椭圆形（理想圆形的实际变化）。因此，我们用 K 个边界点统计的最佳拟合椭圆来描述 VPNS 的分布。一般的椭圆方程为

$$E(a, x, y) = ax^2 + 2bxy + cy^2 + 2dx + 2fy + g = 0 \qquad (9\text{-}10)$$

其中，a 为椭圆系数的向量，即 $a = [a, b, c, d, f, g]^T$。为了用这 K 个边界点得到最优的椭圆方程，我们使欧几里得距离的平方和最小：

$$\text{Cost}(a) = \sum_{k=1}^{K} E^2(a, x_{b_k}, y_{b_k}) \qquad (9\text{-}11)$$

采用[58]中的优化方法，使代价函数最小，得到最优椭圆系数。本章将 K 设为 500，图 9-5 给出了一个有代表性的实验结果，其中拟合的椭圆很好地表示了 VPNS 的分布。其他跟踪结果如图 9-4 所示，也都表现出了良好的跟踪性能。

椭圆中心在图像平面上的坐标为

$$x_o = \frac{cd - bf}{b^2 - ac}, y_o = \frac{af - bd}{b^2 - ac} \qquad (9\text{-}12)$$

其中，x_o 与 y_o 分别为 x 方向与 y 方向上的坐标。也可以用 a 求出相关几何参数，即长轴或短轴的长度以及长轴与 x 轴之间逆时针方向的夹角。

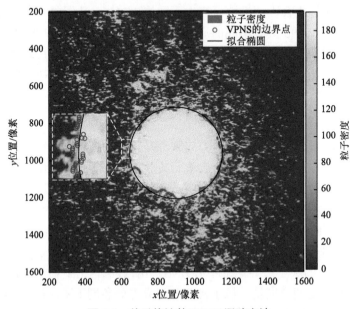

图 9-5　基于统计的 VPNS 跟踪方法

提取 500 个边界点以获得最优拟合椭圆，该椭圆能较好地描述 VPNS 的分布区域；虚线矩形内为放大的结果，以便更清楚地观察

9.5　聚集优化控制

前一节介绍了使用磁场参数恒定的旋转磁场生成 VPNS。然而，许多 PA 单元不在 VPNS 产生的流体旋涡束缚力的影响范围内，因而没有聚集到 VPNS 中。如图 9-4 所示，三种情况下形成的 VPNS 中仅分别聚集到约 62%、53% 和 47% 的粒子。在实际应用中形成的 VPNS 应聚集尽可能多的纳米粒子，以使其性能提升，如最大化货物运载能力。因此，本节的目标是通过控制磁场频率来提高纳米粒子的聚集水平。当磁场频率超过某个临界值时，VPNS 中粒子链的旋转达到所谓的失调状态[59]。在这种状态下，VPNS 的旋转频率将会降低，从而导致向内的流体旋涡束缚力减小。由于粒子链间存在向外的磁偶极子间的排斥力，使得此时 VPNS 的分布区域扩大。磁场强度越高，则失调频率越高，并且最终扩展面积越大。面积的扩大会增大 VPNS 的有效吸引区域，我们利用这一原理来使 VPNS 聚集更多的纳米粒子。当 PA 单元或较小的 VPNS 与主 VPNS 接触时，它们会被吸引到主 VPNS 中 [图 9-6（a）]。随着旋

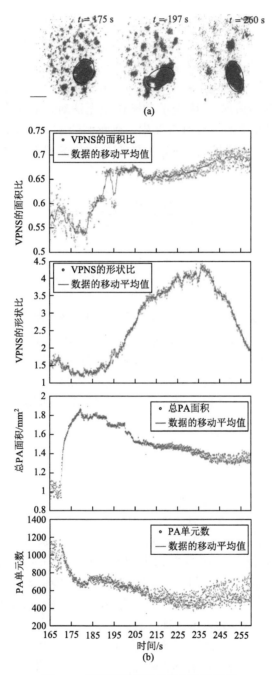

图 9-6　例 II 的聚集优化控制实验结果

（a）控制过程的图片，比例尺为 800 μm；（b）完成识别后纳米粒子集群统计参数的变化，包括 VPNS 的面积比、
形状比、总 PA 面积和 PA 单元数

涡束缚力的减小，VPNS 结构也容易受到外界干扰。此外，失调状态下的整体集群运动是不稳定的。因此，在粒子吸引结束后，需要将磁场频率调回正常值（如 8 Hz），以便进行运动。由于每个旋转频率都对应一个动态平衡状态，在达到平衡状态之前的频率变化可能会导致粒子损失甚至 VPNS 分裂（一个 VPNS 分裂成多个较小的 VPNS）。因为手动操作中无法对动态平衡状态进行检测，所以这两种不希望发生的情况时有发生。在我们的磁场频率调节方法中，我们利用面积比（$\Delta\bar{\delta}_c$）和形状比（$\Delta\bar{\gamma}_c$）的变化比例来检测集群的平衡状态，计算式如下

$$\Delta\bar{\delta}_{c_j} = \left|\frac{\bar{\delta}_{c_j} - \bar{\delta}_{c_{(j-N_d)}}}{\bar{\delta}_{c_{(j-N_d)}}}\right| \times 100\% \tag{9-13}$$

$$\Delta\bar{\gamma}_{c_j} = \left|\frac{\bar{\gamma}_{c_j} - \bar{\gamma}_{c_{(j-N_d)}}}{\bar{\gamma}_{c_{(j-N_d)}}}\right| \times 100\% \tag{9-14}$$

其中，N_d 的设置是考虑到集群状态的转变是一个相对缓慢的过程。如果 $\Delta\bar{\delta}_c$ 和 $\Delta\bar{\gamma}_c$ 都小于预设临界值，则可以认为此时达到了动态平衡，随即便可改变频率。具体执行过程如算法 9-2 所示。该算法具有收敛性，因为在某一频率确定的磁场下，VPNS 必然会达到相应的动态平衡。本方法具有检测动态平衡并即时调节磁场频率的能力，使其具有比人工控制更可靠、更高效的控制性能。

算法 9-2

用于聚集优化控制的自动频率调节算法：a' 和 b' 分别为拟合椭圆的长轴与短轴。j 和 ω 分别为离散时间点和磁场频率。η_1、η_2、η_3 和 γ_{c_f} 为预设的阈值。该算法的时间复杂度为 $O(1)$，执行频率为 10 Hz。

所有实验中，η_1、η_2、η_3 和 γ_{c_f} 分别设置为 1.8、10%、15%和 2。这些参数值的选择是可变的。η_1 越小，算法收敛越快，但对粒子聚集的提升不大。η_2、η_3 和 γ_{c_f} 增大也会导致算法收敛变快，但这些参数的值过大可能会导致形态变化时的粒子损失。以图 9-6（a）中的实验结果为例，其展示了 VPNS 在聚集优化控制过程中的不同集群状态，可以分为以下三种状态。

（1）面积扩展状态：识别并跟踪到有效的 VPNS 后，在 169 s 时将磁场频率改为 40 Hz。随后集群中所有 VPNS 都开始扩展，如图 9-6（a）中 175 s 的图片所示。扩展过程中，VPNS 面积是唯一可控的参数，其他集群参数都是被动耦合的。扩展使得 PA 总面积也增加，VPNS 吸引附近的纳米粒子，导致 PA 单元总数急剧下降，如图 9-6（b）中的数据所示。在 179 s 时，VPNS 的面积

扩展了算法设定的 η_1 倍，面积扩展状态于此时结束。过度扩展会导致 VPNS 的形态无法可逆恢复。在这种状态下，如果附近没有很多纳米粒子，VPNS 的面积比可能不会提高，但其影响范围将会扩大，这将导致后续的 VPNS 呈现合并状态。

1　$a_{c_o} \leftarrow a_{c_j};$

2　$\omega \leftarrow 40;$

3　**while** $j < \infty$ **do**

4　　**if** $\dfrac{a_{c_j}}{a_{c_o}} \geqslant \eta_1$ **then**

5　　　Break while loop;

6　$j \leftarrow 0;$

7　**while** $j < \infty$ **do**

8　　$\gamma_{c_j} \leftarrow \dfrac{a'_j}{b'_j}, \delta_{c_j} \leftarrow \dfrac{a_{c_j}}{\sum\limits_{n=1}^{N} a_n};$

9　　**if** $j \geqslant 10$ **then**

10　　　$\overline{\gamma}_{c_j} \leftarrow \sum\limits_{n=j-4}^{j} \dfrac{r_{c_n}}{5}, \overline{\delta}_{c_j} \leftarrow \sum\limits_{n=j-9}^{j} \dfrac{\delta_{c_n}}{10};$

11　　　**if** $j \geqslant 60$ **then**

12　　　　$\Delta \overline{\delta}_{c_j} \leftarrow \left| \dfrac{\overline{\delta}_{c_j} - \overline{\delta}_{c_{(j-50)}}}{\overline{\delta}_{c_{(j-50)}}} \right| \times 100\%;$

13　　　　$\Delta \overline{\gamma}_{c_j} \leftarrow \left| \dfrac{\overline{\gamma}_{c_j} - \overline{\gamma}_{c_{(j-50)}}}{\overline{\gamma}_{c_{(j-50)}}} \right| \times 100\%;$

14　　　　**if** $\Delta \overline{\delta}_{c_j} \leqslant \eta_2$ **and** $\Delta \overline{\gamma}_{c_j} \leqslant \eta_3$ **then**

15　　　　　**if** $\omega \geqslant 20$ **then**

16　　　　　　$\omega \leftarrow \omega - 5;$

17　　　　　**else**

18　　　　　　$\omega \leftarrow \omega - 2;$

19　　　　　**if** $\omega \leqslant 8$ **then**

20　　　　　　$\omega \leftarrow 8;$

21　　　　　　**if** $\overline{\gamma}_{c_j} \leqslant \gamma_{c_f}$ **then**

22　　　　　　　Break while loop;

（2）VPNS 合并状态：在 184 s 左右，流体旋涡的相互作用力使所跟踪的主 VPNS 与其他 VPNS 合并，实验数据显示其面积比显著提高。每一个 VPNS 都可以通过参数 δ_{c_j} 检测到，参数 N_d 与 $\Delta\bar{\delta}_{c_j}$ 保证了充足的合并时间。从图 9-6（a）中 197 s 时的图片可以看出，VPNS 合并后的形状会变得不规则，而且其形状比通常比 1 大得多。为了避免这两个因素引起 VPNS 分裂，需要对接下来的形状恢复状态进行监测与控制。

（3）形状恢复状态：在外加旋转磁场的作用下，VPNS 的形状最终将由不规则或细长形变为近圆形椭圆。然而，从一个动态平衡状态到另一个动态平衡状态的形状恢复过程需要不同的时间。如果通过快速降低磁场频率将 VPNS 调节到 8 Hz 时的正常状态，这将会导致 VPNS 丢失粒子，甚至分裂成多个较小的 VPNS。利用 9.4 节提出的跟踪方法，我们可以实时监测 VPNS 的形状改变（$\Delta\bar{\gamma}_{c_j}$），再与 VPNS 合并状态（$\Delta\bar{\delta}_{c_j}$）的监测结合，便可以检测到每个动态平衡状态，从而实现频率的自动调节任务。实验结果表明，从 200 s 到 260 s，VPNS 的形状恢复到正常状态（近圆形椭圆），形状比减小到 2 左右（最大值为 4.5），其终止条件由 γ_{c_f} 决定。

图 9-7 中的实验结果验证了该方法的有效性。通过聚集优化控制，三组实验中的纳米粒子聚集水平均有显著提高，例Ⅰ、例Ⅱ以及例Ⅲ中面积比分别提高 26%（由 62% 至 78%）、34%（由 53% 至 71%）及 53%（由 47% 至 72%）。值得注意的是，在与例Ⅲ相同的情况下，合并状态的 VPNS 可能同时具有极大的形状比和不均匀的粒子分布，这将导致其在形状恢复阶段发生分裂［图 9-8，289 s］。因为可以通过 $\Delta\bar{\delta}_{c_j}$ 捕捉到这种集体行为，所以也能将其归为 VPNS 的合并状态。我们给出额外的时间以用于形状恢复，如图 9-8 中 $t = 308$ s 所示。

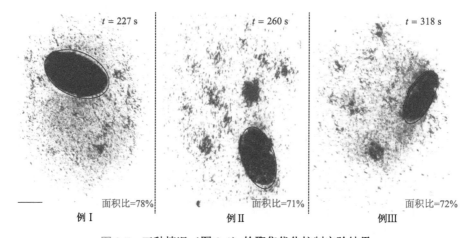

$t = 227$ s　　　　$t = 260$ s　　　　$t = 318$ s

面积比=78%　　　　面积比=71%　　　　面积比=72%

例Ⅰ　　　　　　　　例Ⅱ　　　　　　　　例Ⅲ

图 9-7　三种情况（图 9-4）的聚集优化控制实验结果

纳米粒子聚集水平显著提升；VPNS 的跟踪区域由红色椭圆标记，对背景噪声具有良好的鲁棒性；比例尺为 600 μm

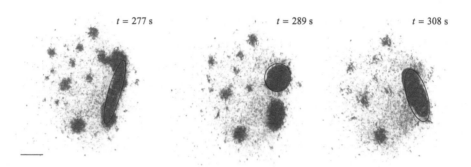

t = 277 s　　　　t = 289 s　　　　t = 308 s

图 9-8　例Ⅲ的聚集优化控制实验图片

我们提出的算法可以处理 VPNS 在这种特殊情况下发生的分裂；比例尺为 500 μm

　　为了验证 VPNS 自动生成算法的鲁棒性，包括 VPNS 识别和聚集优化控制，我们进一步用不同数量的纳米粒子在不同黏度的液体中进行了实验。由于 PVP 的黏度随浓度的增加而增大，我们通过改变 PVP 的浓度来调节液体黏度，制备了五组浓度分别为 1.0 wt%、1.5 wt%、2.0 wt%、2.5 wt% 和 3.0 wt% 的 PVP 溶液。由于不同的流体黏度对应不同的 VPNS 失调频率，因此需要对聚集优化控制中用于面积扩展的磁场频率进行调节。这五组 PVP 溶液对应的面积扩展频率分别为 40 Hz、37 Hz、35 Hz、30 Hz 以及 25 Hz。此外，我们对每种 PVP 溶液都分别用 8 μL 与 4 μL 的纳米粒子悬浮液进行了实验。实验结果如图 9-9 所示，每个 VPNS 的生成实验都重复了 5 次。这些实验证明了该算法的有效性，同时也发现纳米粒子量对 VPNS 的形成影响不大，而流体黏度对 VPNS 形成有一定影响。在进行聚集优化

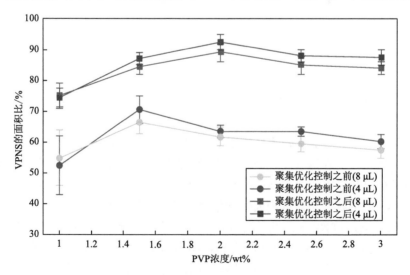

图 9-9　VPNS 自动生成算法有效性和鲁棒性的实验验证结果

每种情况下的 VPNS 生成实验都重复 5 次

控制之前（即在识别到 VPNS 的时间点内），VPNS 的面积比随 PVP 浓度增大而先增后减。这是由于流体黏度增加时，旋涡向内的束缚力增大和旋涡吸引区域减小共同作用的结果。然而，在进行聚集优化控制之后，这些实验中纳米粒子的聚集水平均显著提高（表 9-2），70%的纳米粒子聚集在最终生成的 VPNS 中。我们在不同的实验条件下观察到了不同的 VPNS 生成过程，其结果验证了基于统计的方法的鲁棒性。

由于大多数纳米粒子都聚集在 VPNS 中，因此 VPNS 可以作为一种无缆微纳机器人末端执行器执行靶向传递任务。本章后续内容介绍了基于视觉伺服的 VPNS 精确自动运动控制。

表 9-2　聚集优化控制方法对纳米粒子聚集水平的提升

PVP 浓度/wt%	纳米粒子量/μL	平均提升比例/%
1.0	8	21
	4	22
1.5	8	18
	4	16
2.0	8	27
	4	29
2.5	8	26
	4	25
3.0	8	27
	4	28

9.6　VPNS 的自动运动控制

在俯仰角不为零的旋转磁场作用下，VPNS 可以利用不平衡的阻力在基底上进行二维运动[37]。在运动过程中，由于受 VPNS 产生的流体束缚力作用，大部分纳米粒子被限制在旋涡内，使得整个集群作为一个动态实体运动。由于此时无法控制 VPNS 的形状，当通过增大俯仰角使运动速度增大时，流体阻力会超过旋涡束缚力，从而使 VPNS 的形状被拉长，纳米粒子也可能被从中抛出，如图 9-10 所示。形态变化和粒子的损失或吸收导致其运动模型的不确定性。此外，当 VPNS 呈非圆形时，取决于运动方向的流体阻力也会造成运动模型的不确定性。对于这样一个数量庞大的动态系统来说，这些复杂的不确定性使精确建模具有极大挑战性。因此，我们提出了一种无需精确运动模型的运动控制方法，并且对模型不确定性以及外部干扰具有鲁棒性。

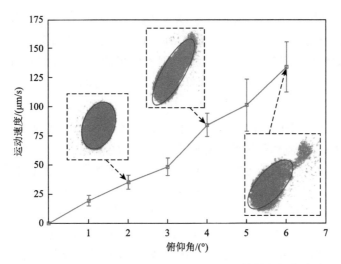

图 9-10　在 1.0 wt% PVP 溶液中 VPNS 的运动特性表征实验结果

对每个俯仰角重复 5 次实验，运动速度和形状变化水平均随俯仰角的增大而增大，
当俯仰角度大于 5°时 VPNS 分裂

9.6.1　运动特性表征

我们通过实验研究了 VPNS 的运动特性。磁场强度和频率分别保持为 5 mT 和 8 Hz。VPNS 的运动方向由旋转磁场的方向角 $\theta(t)$ 决定，运动速度通过改变俯仰角 $\alpha(t)$ 调节。表征结果如图 9-10 所示，从中可以看出运动速度与俯仰角几乎呈线性关系。俯仰角为 4°时的平均速度约为 84.6 μm/s（1 像素 = 5 μm）。VPNS 的形态随俯仰角（或运动速度）的变化而变化，形态的变化反过来也会影响运动速度。当俯仰角度大于 5°时，VPNS 甚至发生了一般不希望出现的分裂。为了防止 VPNS 形态大幅变化以及分裂，我们在设计的运动控制方案中约束了俯仰角的最大值。

9.6.2　运动控制方案的设计

我们针对上述 VPNS 控制设计中存在的问题，提出了一种基于干扰观测器的控制方法。该方法将模型的不确定性和外部干扰整合为广义扰动，极大地简化了动态建模。并且设计了一个干扰观测器来估计广义扰动，该扰动在控制输入中补偿。最后设计了最优控制器，以保证运动稳定性并且优化轨迹跟踪性能。

在世界坐标系中，VPNS 中心位置由 $\boldsymbol{p}(t)=[p_x(t),p_y(t)]^{\mathrm{T}}$ 表示。假设相机反馈的图像在视场内是均匀的。$\boldsymbol{p}(t)$ 可由式（9-15）计算：

$$\begin{bmatrix} p_x(t) \\ p_y(t) \end{bmatrix} = \begin{bmatrix} c & 0 \\ 0 & c \end{bmatrix} \begin{bmatrix} x_o(t) \\ y_o(t) \end{bmatrix} \tag{9-15}$$

其中，c 校准为 5 μm/像素，$q(t) = [x_o(t), y_o(t)]^T$ 为该跟踪方法得到的 VPNS 中心在图像平面上的坐标。由于 VPNS 是在 1 wt% PVP 溶液的低雷诺数条件下运动，所以其加速度过程可以忽略不计。由运动表征实验可知，VPNS 的动力学方程表示为

$$\begin{cases} \dot{x}_o(t) = g(\alpha(t))\cos(\theta(t)) + d_x(t) \\ \dot{y}_o(t) = g(\alpha(t))\sin(\theta(t)) + d_y(t) \end{cases} \tag{9-16}$$

其中，$g(\cdot)$ 为在某个确定的磁场频率下，$\alpha(t)$ 定义域内的单调递增的非线性函数，$g(\cdot)$ 也与 VPNS 的流体环境和分布状态有关；$d_x(t)$ 和 $d_y(t)$ 分别为 x 和 y 方向的外部干扰。由于 $g(\cdot)$ 依赖于 VPNS 的许多参数以及工作环境，而且形态改变也会导致模型的不确定性，因此无需精确模型的控制方法对 VPNS 来说具有重要意义。因为在低雷诺数下动力学可以忽略，并且由运动表征可得运动速度与俯仰角呈近似线性关系（图 9-10），所以我们将未建立的动力学模型、模型不确定性和外部扰动视作广义扰动，提出了基于线性化模型设计的干扰观测器。系统模型表示为

$$\begin{cases} \dot{x}_o(t) = a_0 u_x(t) + D_x(t) \\ \dot{y}_o(t) = a_0 u_y(t) + D_y(t) \\ u_x(t) = \alpha(t)\cos(\theta(t)) \\ u_y(t) = \alpha(t)\sin(\theta(t)) \end{cases} \tag{9-17}$$

其中，a_0 为得自运动表征实验数据的拟合常数；$\hat{\boldsymbol{D}}(t) = [\hat{D}_x(t), \hat{D}_y(t)]^T$ 为 x 和 y 方向上的广义干扰，由干扰观测器估计。此外观测器也提供系统状态估计 $\hat{\boldsymbol{x}}(t) = [\hat{x}_o(t), \hat{y}_o(t)]^T$，以处理测得的 VPNS 位置 $\boldsymbol{x}_m(t) = [x_{o_m}(t), y_{o_m}(t)]^T$ 的反馈噪声。控制器利用估计的干扰和系统状态，生成控制输入 $\boldsymbol{u}(t) = [u_x(t), u_y(t)]^T$，使 VPNS 跟踪随时间变化的预期路径 $\boldsymbol{q}_d(t) = [x_d(t), y_d(t)]^T$。我们提出的控制方案如图 9-11 所示。详细地说，本项工作使用了扩展状态观测器（ESO）[60] 作为估计函数。此外，为了优化控制，我们设计了一个没有稳态跟踪误差的带积分的线性二次控制器（LQI）[61]，可以最大限度地减小点到点运动控制时的超调。

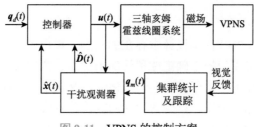

图 9-11　VPNS 的控制方案

扰动观测器用于估计广义扰动和 VPNS 的系统状态，设计控制器以使 VPNS 跟踪预期路径

9.6.3　扩展状态观测器的设计

我们设计了 ESO 来估计系统状态以及广义干扰。也可采用其他的干扰观测器来达到相同的目的[62]。所设计的 ESO 表示为

$$\begin{cases} \dot{\hat{x}}_o(t) = \hat{D}_x(t) + a_0 u_x(t) + \dfrac{\beta_1}{\varepsilon}(x_{o_m}(t) - \hat{x}_o(t)) \\ \dot{\hat{D}}_x(t) = \dfrac{\beta_2}{\varepsilon^2}(x_{o_m}(t) - \hat{x}_o(t)) \\ \dot{\hat{y}}_o(t) = \hat{D}_y(t) + a_0 u_y(t) + \dfrac{\beta_3}{\varepsilon}(y_{o_m}(t) - \hat{y}_o(t)) \\ \dot{\hat{D}}_y(t) = \dfrac{\beta_4}{\varepsilon^2}(y_{o_m}(t) - \hat{y}_o(t)) \end{cases} \tag{9-18}$$

其中，$\beta_1 \sim \beta_4$ 为相关常数；ε 也为常数。如果由式（9-19）定义的系数矩阵为赫尔维茨矩阵，并且广义干扰的导数是有界的，则 ESO 是收敛的。此外，ε 越小，则估计值的收敛速度越快，估计误差越小，但 ESO 对噪声的过滤性能将会降低。

$$E = \begin{bmatrix} -\beta_1 & 1 & 0 & 0 \\ -\beta_2 & 0 & 0 & 0 \\ 0 & 0 & -\beta_3 & 1 \\ 0 & 0 & -\beta_4 & 0 \end{bmatrix} \tag{9-19}$$

9.6.4　LQI 控制器的设计

LQI 控制器是最优全状态反馈律的组合，即线性二次调节器（LQR），它总能提供一个具有宽相位裕度（＞60°）的本质稳定的闭环系统，并且对反馈有消除稳态跟踪误差的附加积分作用。在不考虑广义干扰的情况下，式（9-17）系统模型的状态空间表示为

$$\begin{cases} \dot{x}(t) = Ax(t) + Bu(t) \\ y = Cx(t) \end{cases} \tag{9-20}$$

其中，

$$A = 0^{2 \times 2}, B = \begin{bmatrix} a_0 & 0 \\ 0 & a_0 \end{bmatrix}, C = \begin{bmatrix} 1 & 0 \\ 0 & 1 \end{bmatrix} \tag{9-21}$$

跟踪误差的积分定义为

$$\varepsilon(t) = \begin{bmatrix} \varepsilon_x(t) \\ \varepsilon_y(t) \end{bmatrix} = \begin{bmatrix} \int_0^t (x_d(\tau) - \hat{x}_o(\tau))\mathrm{d}\tau \\ \int_0^t (y_d(\tau) - \hat{y}_o(\tau))\mathrm{d}\tau \end{bmatrix} \tag{9-22}$$

由式（9-20）和式（9-22）可得

$$\dot{\varepsilon}(t) = x_d(t) - \hat{x}(t) \tag{9-23}$$

假设 ESO 精确估计了系统状态，将式（9-20）与式（9-23）结合，得到增广系统方程为

$$\underbrace{\begin{bmatrix} \dot{\hat{x}}(t) \\ \dot{\varepsilon}(t) \end{bmatrix}}_{\dot{\tilde{x}}(t)} = \underbrace{\begin{bmatrix} A & 0 \\ -C & 0 \end{bmatrix}}_{\tilde{A}} \underbrace{\begin{bmatrix} \hat{x}(t) \\ \varepsilon(t) \end{bmatrix}}_{\tilde{x}(t)} + \underbrace{\begin{bmatrix} B \\ 0 \end{bmatrix}}_{\tilde{B}} \underbrace{u(t)}_{\tilde{u}(t)} + \begin{bmatrix} 0 \\ x_d(t) \end{bmatrix} \tag{9-24}$$

对于新系统式（9-24），LQI 算法最小化了以下二次代价函数：

$$J = \int_0^\infty [\Delta \tilde{x}^{\mathrm{T}}(t) Q \Delta \tilde{x}(t) + \Delta \tilde{u}^{\mathrm{T}}(t) R \Delta \tilde{u}(t)] \mathrm{d}t \tag{9-25}$$

其中，$\Delta \tilde{x}(t) = \tilde{x}(t) - \tilde{x}(\infty)$ 且 $\Delta \tilde{u}(t) = \tilde{u}(t) - \tilde{u}(\infty)$，$x(\infty)$ 和 $u(\infty)$ 分别为点到点控制过程的最终稳定系统状态和输入；Q 和 R 为对称的、正定的权重矩阵，分别用于惩罚增广系统状态和控制效果。我们在此只惩罚跟踪误差的积分，以最小化跟踪超调，不影响系统状态的收敛。因此，Q 和 R 设置为

$$Q = \begin{bmatrix} 0^{2\times 2} & 0^{2\times 2} \\ 0^{2\times 2} & I_2 \end{bmatrix}, \ R = \begin{bmatrix} R_x & 0 \\ 0 & R_y \end{bmatrix} \tag{9-26}$$

其中，I_2 为 2 阶的单位矩阵。通过这种 Q 和 R 的选择方法，只需要对一个参数进行 x 或 y 方向的调节，这使得控制器的操作更加人性化和简便。R 增大会减小所需的最大控制输入，也会使速度波动减小，从而减少形状变化或粒子损失。但同时跟踪的收敛时间会增加。若满足系统式（9-24）的可控性和可检测性，则存在以下最优控制律：

$$\begin{cases} u(t) = K_i \varepsilon(t) - K\hat{x}(t) \\ [K - K_i] = R^{-1} \tilde{B} S \end{cases} \tag{9-27}$$

其中，S 为相关连续时间黎卡提方程的解：

$$S\tilde{A} + \tilde{A}^{\mathrm{T}} S - S\tilde{B} R^{-1} \tilde{B}^{\mathrm{T}} S + Q = 0 \tag{9-28}$$

最终算得输入磁场参数如下

$$\begin{cases} \alpha_x(t) = u_x(t) - \dfrac{1}{a_0} \hat{D}_x(t) \\ \alpha_y(t) = u_y(t) - \dfrac{1}{a_0} \hat{D}_y(t) \\ \alpha(t) = \mathrm{sat}\left(\sqrt{\alpha_x^2(t) + \alpha_y^2(t)}, \alpha_{\max} \right) \\ \theta(t) = \arctan 2(\alpha_y(t)/\alpha_x(t)) \end{cases} \tag{9-29}$$

其中，对所估计的广义干扰进行了补偿，$\alpha_{\max}$ 是允许的最大磁场俯仰角。本章将 $\alpha_{\max}$ 设置为 $4°$。$\mathrm{sat}\,(a, c)$ 返回 a 和 c 之间较小的值。

9.7 运动控制对比实验

我们将上述运动控制方案离散化（采样时间为 0.25 s），并根据前两节中 ESO 和 LQI 控制器的相关函数，通过试错仿真调节其参数。ESO 的参数设置为：$\beta_1 = \beta_2 = \beta_3 = \beta_4 = 1$，$\varepsilon = 0.9$。对于 LQI 控制器，在不考虑干扰的情况下，模拟点到点控制过程，以达到控制输入饱和与收敛速度之间的平衡。模拟结果如图 9-12 所示，最终得到 R_x 和 R_y 均为 5000。结果表明 LQI 控制可以消除传统 PI（比例-积分）控制中存在的较大超调。我们采用了经仿真调整后的控制参数在图 9-2 的系统中执行了该控制方法，通过点到点控制实验验证该控制方案的稳定性和最优性能，然后通过跟踪一个圆形参考轨迹来评估其轨迹跟踪性能。

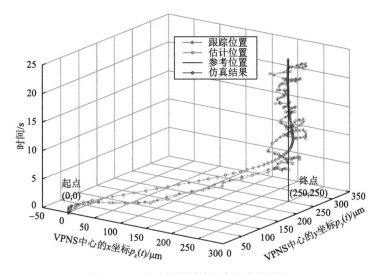

图 9-12　点到点控制的仿真和实验结果

实验的稳定时间和超调量与仿真值吻合较好；虽然 VPNS 的形状变化会引起模型的不确定性和干扰，但该控制方法能保证预期的点到点控制性能

（1）点到点控制：在实验中，VPNS 在控制下从一个点移动到另一个点，运动距离约为 350 μm。如图 9-12 所示，我们设计的 ESO 很好地估计了 VPNS 的位置，误差足够小，这表明该方法具有高精度的干扰估计。通过控制器的干扰补偿，实验结果中的控制性能（如超调、稳定时间等）与采用线性化模型且不考虑广义干扰的模拟结果一致。此外，LQI 控制器大的稳定裕度保证了在外界干扰下的控制稳定性，如 VPNS 形状变化所产生的流体作用力。

（2）轨迹跟踪控制：以一条圆形路径作为参考轨迹，以此评价该控制方案

的轨迹跟踪性能。预期速度是 20 μm/s。图 9-13（a）中的实验结果展示了高精度的轨迹跟踪，在图 9-13（a）放大的插图中也可以清楚地看到估计误差足够小。为使轨迹跟踪误差可视化，由 $|e| = \sqrt{(x_d(t) - \hat{x}_0(t))^2 + (y_d(t) - \hat{y}_0(t))^2}$ 算得的误差范数如图 9-13（b）所示。最大跟踪误差约为 40 μm，小于 VPNS 体长的 5%。由于 VPNS 为椭圆形，流体阻力取决于其运动方向，其运动模型会随着磁场方向角的动态调整而变化。图 9-13（c）中变化的广义干扰反映了这种效应。此外，VPNS 的动态形状变化［见图 9-13（d）中的波动］验证了该运动控制方法的鲁棒性。从图 9-13（d）可以看出，聚集在 VPNS 中的纳米粒子损失率小于 5%。因此，我们提出的运动控制方法保证了纳米粒子的高传输效率。为了进行性能对比，我们也进行了传统的 PI 控制，其参数由 MATLAB 在式（9-20）中线性化模型的基础上进行调节。实验结果绘制在图 9-13（a）和（b）中。结果表明这种控制方案的最大轨迹跟踪误差是我们的控制方案的两倍以上，且 VPNS 的运动发生了剧烈振荡，导致较多的纳米粒子黏附在基底上或者从 VPNS 的边界被抛出。VPNS 的 PI 控制的另一个缺点是控制性能不稳定，这是由于 VPNS 模型不确定性强。相比而言，我们提出的控制方法对广义扰动进行了补偿，保证了控制性能的鲁棒性。

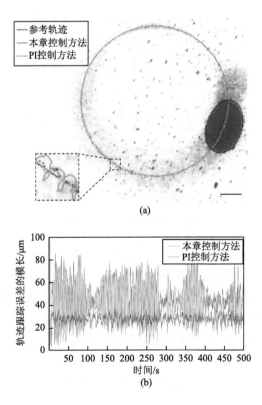

(a)

(b)

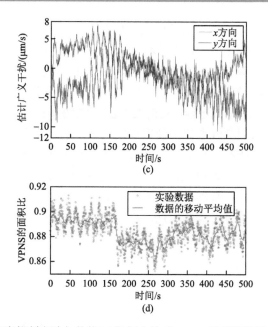

图 9-13　用本章控制方法与传统 PI 控制方法对 VPNS 进行轨迹追踪的实验结果

（a）参考轨迹、两种控制方法的跟踪位置以及本章控制方法的预期位置（黄线），红色椭圆是由本章跟踪方法得到的 VPNS 跟踪区域，虚线矩形为放大的跟踪结果，以便更清晰地观察，比例尺为 500 μm；（b）两种控制方法的跟踪误差模长-|e(t)|；（c）本章控制方法的总干扰 $\hat{D}_x(t)$ 和 $\hat{D}_y(t)$ 的估计；（d）本章控制方法的面积比变化

　　总体而言，实验结果证明了该控制方案对 VPNS 高效、高精度的轨迹跟踪，并通过对干扰的估计和补偿，保证了良好的控制鲁棒性。

9.8　磁性纳米粒子群的实时分布监测及自动控制

9.8.1　集群分布面积/密度的监测

　　在一些靶向递送应用中，磁性纳米粒子不仅需要到达目标位置，还需要覆盖目标区域或到达局部递送/治疗所需的密度，如局部热疗[63]。纳米粒子集群分布区域或分布密度的精确控制是实现这一目标的关键技术。根据我们提出的集群统计，可以由分布中心和分布半径来定量描述纳米粒子群的分布（图 9-1）。分布密度（即分布圆内所有 PA 单元面积与分布圆面积之比）可由式（9-30）计算：

$$d_{S_j} = \frac{A_S}{\pi R_{S_j}^2} \frac{\sum U_{i_j} \in c_j\, a_{i_j}}{\sum a_{i_j}} \tag{9-30}$$

其中，A_S 为在施加扩散磁场之前纳米粒子群的总 PA 面积 ［图 9-14（a），0 s］；c_j 为在时间点 j 时的分布圆，其半径为 R_{S_j}；a_{i_j} 为在时间点 j 的 PA 面积。这些参数为实时监测纳米粒子集群的分布提供了一种新方法。我们利用[29]中提出的动态磁场对顺磁性纳米粒子集群进行了扩散实验，以测试基于统计的分布监测方法的性能。算法以 10 Hz 的频率运行，实时实验结果如图 9-14 所示。动态磁场引起纳米粒子链的三维状态周期性变化，使得反馈图像中的 PA 面积也发生动态变化。但由于分布圆是得自所有 PA 单元的统计，因此得到的数据可以很好地描述纳米粒子集群的分布状态 ［图 9-14（b）］。实验得到了从 0 s 到 22 s 纳米粒子集群分布面积和分布密度的变化，最终的分布面积扩大了约 3 倍，分布密度变为了初始密度的四分之一。将这种分布监测方法与运动控制相结合，可以实现集群以所需密度向某一区域精确定向传输。

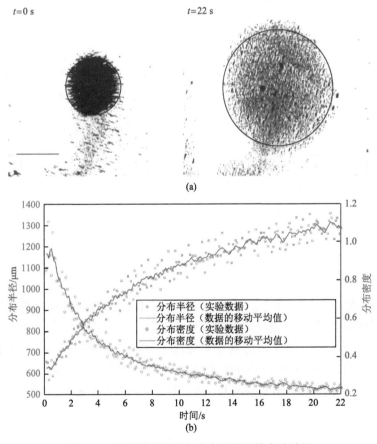

图 9-14　纳米粒子集群分布实时监测的实验结果

（a）纳米粒子集群在分散实验中的初始状态和最终状态：VPNS 到达目标位置时对应初始状态，图中蓝色圆圈是使用集群统计算得的分布圆，比例尺为 500 μm；（b）分布半径和分布密度的变化图，以 10 Hz 的频率实时算得

9.8.2　集群分布面积的控制

在基于统计的集群分布面积实时跟踪的基础上，本节展示了对集群分布面积的定量、自动化控制。通过调节旋转磁场的频率可以控制集群分布面积。如 9.5 节所示，可以利用失调现象来扩大分布面积。同样地，如果我们想从扩展状态将分布面积减小，就应该降低磁场频率。我们将磁场强度设置为 5 mT，频率设置为 8 Hz，以形成正常状态的 VPNS。随后用频率为 40 Hz 的磁场使 1 wt%的 PVP 溶液面积扩展，也就是说，如果参考面积大于当前面积，则将磁场频率设为 40 Hz。对于面积收缩的控制，如 9.5 节所述，当集群状态由扩展状态变为正常状态时，分布面积减小。在整个控制过程中，VPNS 都处于形状恢复状态。因此，我们采用 9.5 节介绍的频率调节算法（算法 9-2）来控制面积收缩过程。在参考跟踪算法中，当面积达到参考值时便将场强设置为 0 mT。

我们进行了有效性验证实验，其中需要对分布面积的不同参考进行跟踪。由于纳米粒子集群的分布面积大小取决于其粒子数量，因此将其归一化分布面积 $\left(\dfrac{A_{S_j}}{A_{S_o}}\right)$ 作为参考更加合理，其中 A_{S_j} 和 A_{S_o} 分别代表时间点 j 时和开始时刻的集群分布面积。实验从正常状态的 VPNS 开始，归一化分布面积的参考值依次设置为 1、1.5、2、2.5 和 1。实验结果如图 9-15 所示，其中红色区域表示形状恢复状态，

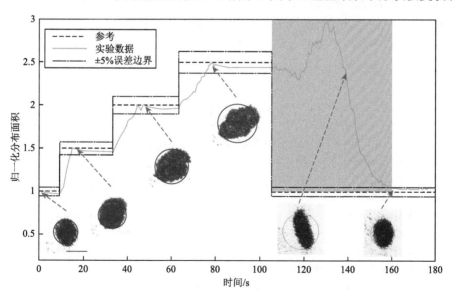

图 **9-15**　集群分布面积的控制实验结果

纳米粒子集群从 VPNS 的正常状态开始，参考依次设置为 1、1.5、2、2.5 和 1；图像中的蓝色圆圈是使用集群统计算得的分布区域，红色区域表示形状恢复状态，比例尺为 600 μm

蓝色圆圈表示被跟踪的分布面积。结果表明，可以将分布面积定量地控制在可达的归一化分布区域上限（约 2.8）内。参考跟踪误差小于 5%，可逆面积控制表明该控制方法能有效地跟踪周期性变化的参考。

9.9 本章总结

　　本章介绍了本课题组提出的一种顺磁性纳米粒子集群的全自动控制方法。我们从一个均匀分布的纳米粒子集群出发，建立了集群统计并进行了实时统计，在此基础上自动生成并识别了有效的 VPNS。随后通过对具有不同初始条件的纳米粒子集群进行实验，验证了该识别算法的鲁棒性。我们还提出了一种利用 500 个边界点对 VPNS 的分布进行最优跟踪的方法，该方法对背景噪声、形状变化、粒子损失和粒子吸收具有鲁棒性。此外，为了提高纳米粒子的利用率，我们设计了聚集优化控制方法。实验结果表明，在不同的初始条件和流体黏度下，粒子的聚集水平均有显著提高。由于大部分纳米粒子都聚集在了 VPNS 中，我们提出的运动控制方法可以保证高精度的轨迹跟踪。在该方法中，LQI 控制器和干扰观测器分别以最小的超调量和鲁棒性提供了最优的跟踪性能。最后，我们展示了用统计方法实时监测集群分布面积及分布密度，并实现了对集群分布面积的控制。本项工作为磁性纳米粒子集群的自动控制提供了一条新的有效途径，同时也为磁性微群的定量、自动化控制奠定了基础。由于我们建立的统计方法对成像分辨率没有特殊要求，并且考虑了纳米粒子及集群中 PA 单元的所有相关参数，因此该方法也可以用于描述其他形式的微纳机器人集群在不同成像方式下的集群状态。

参 考 文 献

[1] Sitti M, Ceylan H, Hu W, et al. Biomedical applications of untethered mobile milli/microrobots. Proceedings of the IEEE, 2015, 103(2): 205-224.

[2] Nelson B J, Kaliakatsos I K, Abbott J J. Microrobots for minimally invasive medicine. Annual Review of Biomedical Engineering, 2010, 12(1): 55-85.

[3] Li J, de Ávila B E F, Gao W, et al. Micro/nanorobots for biomedicine: delivery, surgery, sensing, and detoxification. Science Robotics, 2017, 2(4): eaam6431.

[4] Jing W, Chowdhury S, Guix M, et al. A microforce-sensing mobile microrobot for automated micromanipulation tasks. IEEE Transactions on Automation Science and Engineering, 2018, (99): 1-13.

[5] Lalande V, Gosselin F P, Vonthron M, et al. *In vivo* demonstration of magnetic guidewire steerability in a MRI system with additional gradient coils. Medical Physics, 2015, 42(2): 969-976.

[6] Kummer M P, Abbott J J, Kratochvil B E, et al. Octomag: an electromagnetic system for 5-dof wireless micromanipulation. IEEE Transactions on Robotics, 2010, 26(6): 1006-1017.

[7] Leon L, Warren F M, Abbott J J. Optimizing the magnetic dipole-field source for magnetically guided cochlear-implant electrodearray insertions. Journal of Medical Robotics Research, 2018, 3(1): 1850004.

[8] Xu T, Gao W, Xu L P, et al. Fuel-free synthetic micro-/nanomachines. Advanced Materials, 2017, 29(9): 1603250.

[9] Silva A K A, Silva E L, Egito E S T, et al. Safety concerns related to magnetic field exposure. Radiation & Environmental Biophysics, 2006, 45(4): 245-252.

[10] Berry M V, Geim A K. Of flying frogs and levitrons. European Journal of Physics, 1997, 18(4): 307-313.

[11] Felfoul O, Mohammadi M, Taherkhani S, et al. Magnetoaerotactic bacteria deliver drug-containing nanoliposomes to tumour hypoxic regions. Nature Nanotechnology, 2016, 11(11): 941-947.

[12] Loghin D, Tremblay C, Mohammadi M, et al. Exploiting the responses of magnetotactic bacteria robotic agents to enhance displacement control and swarm formation for drug delivery platforms. The International Journal of Robotics Research, 2017, 36(11): 1195-1210.

[13] Li J, Li X, Luo T, et al. Development of a magnetic microrobot for carrying and delivering targeted cells. Science Robtics, 2018, 3(19): eaat8829.

[14] Yan X, Zhou Q, Vincent M, et al. Multifunctional biohybrid magnetite microrobots for imaging-guided therapy. Science Robotics, 2017, 2(12): eaaq1155.

[15] Wang X, Luo M, Wu H, et al. A three-dimensional magnetic tweezer system for intraembryonic navigation and measurement. IEEE Transactions on Robotics, 2018, 34(1): 240-247.

[16] Wu Z, Troll J, Jeong H H, et al. A swarm of slippery micropropellers penetrates the vitreous body of the eye. Science Advances, 2018, 4(11): eaat4388.

[17] Servant A, Qiu F, Mazza M, et al. Controlled *in vivo* swimming of a swarm of bacteria-like microrobotic flagella. Advanced Materials, 2015, 27(19): 2981-2988.

[18] Martel S. Magnetic navigation control of microagents in the vascular network: challenges and strategies for endovascular magnetic navigation control of microscale drug delivery carriers. IEEE Control Systems, 2013, 33(6): 119-134.

[19] Yang G Z, Bellingham J, Dupont P E, et al. The grand challenges of science robotics. Science Robotics, 2018, 3(14): eaar7650.

[20] Rubenstein M, Cornejo A, Nagpal R. Programmable selfassembly in a thousand-robot swarm. Science, 2014, 345(6198): 795-799.

[21] Kantaros Y, Johnson B V, Chowdhury S, et al. Control of magnetic microrobot teams for temporal micromanipulation tasks. IEEE Transactions on Robotics, 2018, 34(6): 1-18.

[22] Chung S J, Paranjape A A, Dames P, et al. A survey on aerial swarm robotics. IEEE Transactions on Robotics, 2018, 34(4): 837-855.

[23] Becker A T. Controlling swarms of robots with global inputs: breaking symmetry//Kim M, Julius A A, Cheang U K. Microbiorobotics(Second edition). New York, USA: Elsevier, 2017: 3-20.

[24] Diller E, Giltinan J, Sitti M. Independent control of multiple magnetic microrobots in three dimensions. The International Journal of Robotics Research, 2013, 32(5): 614-631.

[25] Denasi A, Misra S. Independent and leader-follower control for two magnetic micro-agents. IEEE Robotics and Automation Letters, 2018, 3(1): 218-225.

[26] Shahrokhi S, Lin L, Ertel C, et al. Steering a swarm of particles using global inputs and swarm statistics. IEEE Transactions on Robotics, 2018, 34(1): 207-219.

[27] Ceylan H, Giltinan J, Kozielski K, et al. Mobile microrobots for bioengineering applications. Lab on a Chip, 2017, 17(10): 1705-1724.

[28] Gao Y, van Reenen A, Hulsen M A, et al. Disaggregation of microparticle clusters by induced magnetic

dipole-dipole repulsion near a surface. Lab on a Chip, 2013, 13(17): 1394-1401.

[29] Yu J, Xu T, Lu Z, et al. On-demand disassembly of paramagnetic nanoparticle chains for microrobotic cargo delivery. IEEE Transactions on Robotics, 2017, 33(5): 1213-1225.

[30] Martel S, Mohammadi M. Using a swarm of self-propelled natural microrobots in the form of flagellated bacteria to perform complex micro-assembly tasks. International Conference on Robotics and Automation, Anchorage, Alaska. 2010: 500-505.

[31] Wang W, Kishore V, Koens L, et al. Collectives of spinning mobile microrobots for navigation and object manipulation at the air-water interface. 2018 IEEE/RSJ International Conference on Intelligent Robots and Systems(IROS), Madrid. 2018: 1-9.

[32] Yigit B, Alapan Y, Sitti M. Programmable collective behavior in dynamically self-assembled mobile microrobotic swarms. Advanced Science, 2019, 6(6): 1801837.

[33] Xie H, Sun M, Fan X, et al. Reconfigurable magnetic microrobot swarm: multimode transformation, locomotion, and manipulation. Science Robtics, 2019, 4(28): eaav8006.

[34] Vach P J, Walker D, Fischer P, et al. Pattern formation and collective effects in populations of magnetic microswimmers. Journal of Physics D: Applied Physics, 2017, 50(11): 11LT03.

[35] Kaiser A, Snezhko A, Aranson I S. Flocking ferromagnetic colloids. Science Advances, 2017, 3(2): e1601469.

[36] Yu J, Wang B, Du X, et al. Ultra-extensible ribbonlike magnetic microswarm. Nature Communications, 2018, 9(1): 3260.

[37] Yu J, Yang L, Zhang L. Pattern generation and motion control of a vortex-like paramagnetic nanoparticle swarm. The International Journal of Robotics Research, 2018, 37(8): 912-930.

[38] Hong Y, Diaz M, Córdova-Figueroa U M, et al. Light-driven titanium-dioxide-based reversible microfireworks and micromotor/micropump systems. Advanced Functional Materials, 2010, 20(10): 1568-1576.

[39] Ilday S, Makey G, Akguc G B, et al. Rich complex behaviour of self-assembled nanoparticles far from equilibrium. Nature Communications, 2017, 8: 14942.

[40] Xu T, Soto F, Gao W, et al. Reversible swarming and separation of self-propelled chemically powered nanomotors under acoustic fields. Journal of the American Chemical Society, 2015, 137(6): 2163-2166.

[41] Kagan D, Balasubramanian S, Wang J. Chemically triggered swarming of gold microparticles. Angewandte Chemie, 2011, 123(2): 523-526.

[42] Martel S, Mohammadi M, Felfoul O, et al. Flagellated magnetotactic bacteria as controlled mri-trackable propulsion and steering systems for medical nanorobots operating in the human microvasculature. The International Journal of Robotics Research, 2009, 28(4): 571-582.

[43] Kokot G, Kolmakov G V, Aranson I S, et al. Dynamic self-assembly and self-organized transport of magnetic microswimmers. Scientific Reports, 2017, 7(1): 14726.

[44] Deng Z, Mou F, Tang S, et al. Swarming and collective migration of micromotors under near infrared light. Applied Materials Today, 2018, 13: 45-53.

[45] Lam A T, Samuel-Gama K G, Griffin J, et al. Device and programming abstractions for spatiotemporal control of active microparticle swarms. Lab on a Chip, 2017, 17(8): 1442-1451.

[46] Xie H, Régnier S. Three-dimensional automated micromanipulation using a nanotip gripper with multi-feedback. Journal of Micromechanics and Microengineering, 2009, 19(7): 075009.

[47] Khalil I S, Magdanz V, Sanchez S, et al. The control of self-propelled microjets inside a microchannel with time-varying flow rates. IEEE Transactions on Robotics, 2014, 30(1): 49-58.

[48]　Xu T, Yu J, Yan X, et al. Magnetic actuation based motion control for microrobots: an overview. Micromachines, 2015, 6(9): 1346-1364.

[49]　Folio D, Ferreira A. Two-dimensional robust magnetic resonance navigation of a ferromagnetic microrobot using pareto optimality. IEEE Transactions on Robotics, 2017, 33(3): 583-593.

[50]　Khalil I S, Pichel M P, Abelmann L, et al. Closed-loop control of magnetotactic bacteria. The International Journal of Robotics Research, 2013, 32(6): 637-649.

[51]　Chowdhury S, Jing W, Cappelleri D J. Controlling multiple microrobots: recent progress and future challenges. Journal of Micro-Bio Robotics, 2015, 10(1-4): 1-11.

[52]　Diller E, Floyd S, Pawashe C, et al. Control of multiple heterogeneous magnetic microrobots in two dimensions on nonspecialized surfaces. IEEE Transactions on Robotics, 2012, 28(1): 172-182.

[53]　Martel S. Magnetic nanoparticles in medical nanorobotics. Journal of Nanoparticle Research, 2015, 17(2): 75.

[54]　Arcese L, Fruchard M, Ferreira A. Adaptive controller and observer for a magnetic microrobot. IEEE Transactions on Robotics, 2013, 29(4): 1060-1067.

[55]　Li S, Batra R, Brown D, et al. Particle robotics based on statistical mechanics of loosely coupled components. Nature, 2019, 567(7748): 361.

[56]　Deng H, Li X, Peng Q, et al. Monodisperse magnetic single-crystal ferrite microspheres. Angewandte Chemie, 2005, 117(18): 2842-2845.

[57]　Zhou Q, Petit T, Choi H, et al. Dumbbell fluidic tweezers for dynamical trapping and selective transport of microobjects. Advanced Functional Materials, 2017, 27(1): 1604571.

[58]　Fitzgibbon A, Pilu M, Fisher R B. Direct least square fitting of ellipses. IEEE Transactions on Pattern Analysis and Machine Intelligence, 1999, 21(5): 476-480.

[59]　Mahoney A W, Nelson N D, Peyer K E, et al. Behavior of rotating magnetic microrobots above the step-out frequency with application to control of multi-microrobot systems. Applied Physics Letters, 2014, 104(14): 144101.

[60]　Han J. A class of extended state observers for uncertain systems. Control and Decision, 1995, 10(1): 85-88.

[61]　Kwakernaak H, Sivan R. Linear Optimal Control Systems. New York: Wiley-Interscience, 1972: 1.

[62]　Chen W H, Yang J, Guo L, et al. Disturbance-observer-based control and related methods—an overview. IEEE Transactions on Industrial Electronics, 2016, 63(2): 1083-1095.

[63]　Wang B, Chan K F, Yu J, et al. Reconfigurable swarms of ferromagnetic colloids for enhanced local hyperthermia. Advanced Functional Materials, 2018, 28(25): 1705701.

第10章

磁性纳米粒子条状集群的生成及运动控制

自然界中存在着各式各样的由动物自发组成的结构（如鸟群与虫群），这些结构是由大量个体之间的局部交流形成的。机器人系统可以通过算法设计和无线通信来模拟一些自然界中的复杂集群结构。然而，在微观尺度上创造出一个能实现集体行为的集群机器人系统仍然具有挑战性。除了旋涡型纳米粒子集群，即VNPS，通过调节外加磁场，不同类型的集群现象可被触发，本课题组提出了一种利用振荡磁场使顺磁性纳米粒子重构成条状集群的方法，并分析了其机理。通过调整外加磁场，能使微群（microswarm）以极高的长宽比进行可逆伸缩，并能使其进行分裂以及合并。此外，我们还对微群在遭遇固体边界时的行为进行了研究，展示了在有导向的情况下，该胶体微群能够通过狭窄的通道网络到达多个目标位置，并且具有较高的到达率和集群形态稳定性。

10.1 引言

在自然界中，成千上万乃至数以百万计的生物个体仅通过局部交流便能形成各种各样的集群，如细菌群落[1, 2]、鸟群、虫群[3]。通过形成集群结构，这些个体可以根据它们所接触的环境大幅改变集群形态。受此启发，在机器人领域，具备集群智能的各类机器人系统已有报道[4, 5]，这是模仿自然界中一些集群行为的成果。最近，有报道已经实现了上千个机器人的可编程自组装[6]，这攻克了大规模机器人集群的物理和算法难关。这些研究成果依赖于无线通信来规划和分配每个机器人。然而，由于在小尺度上集成处理器、传感器和驱动器的难度较高，这种方法很难实现。因此，在微/纳米尺度上设计和开发人造微群需要其他方法。胶体是探索生物系统中集群行为基本原理的极佳选项，其间的物理或化学相互作用可以视作"交流"[7, 8]。这些材料通过如规律性结晶[9-13]、自组装胶体装置[14-18]、团簇[19, 20]和聚集[21]等静态及动态自组装过程，在构建复杂系统中起着基本模块的重要作用，可以帮助我们理解生物系统集群行为的基本原理。然而，因为相关的基本机理、介质之间的相互作用和适当的驱动方法仍有待研究，所以模仿自然界中的集群行为仍然具有挑战性。此外，要实现与某些生命系统类似的集体形态转换，可能需要适当的驱动方法以及微纳机器人之间的可编程化相互作用[22-24]。

　　本章将会介绍我们利用程序控制的振荡磁场在二维平面上形成的微群，即一种具有动态平衡结构的可重构条状顺磁性纳米粒子微群（reconfigurable ribbon-like paramagnetic nanoparticle swarm，RPNS）。我们研究了微群的产生机理，展示了微群超高长宽比的可逆伸缩，同时也展示了微群的其他可逆重构行为，包括受控分裂和两个子集群的合并。该微群可以在固体表面附近进行完全可控的二维运动，即使在具有多种边界条件的复杂环境中也能保持稳定的形态。最后，我们证明了微群能以较高的到达率经过通道网到达多个目标位置，并且能在液体中进行非接触式的微操控。

10.2　条状顺磁性纳米粒子微群的生成

　　用于驱动的振荡磁场 B 如图 10-1（a）所示。首先在一个方向上施加交变磁场 B_{AC}，$B_{AC} = A \sin(2\pi f t)$，其中常数 A 为该磁场的幅值，f 为振荡频率。在垂直方向上施加均匀磁场 B_C，磁场强度为恒定值 C，定义幅值比为 $\gamma = A/C$。叠加过后的磁场 [图 10-1（a），红色箭头] 具有随时间变化的角速度和磁场强度。在 o 点，角速度的值最大，场强的值最小。当幅值比 γ 增加 [图 10-1（b）]，则振荡角度变大，如果保持振荡频率不变，则角速度也增加（$\omega_2(t) > \omega_1(t)$）。同时，由于 B_{AC} 的大小是固定的，所以 C_2 变得比 C_1 小。在磁场中，顺磁性纳米粒子会形成链状结构，于是我们将单条纳米粒子链作为研究中的基本模块。链的长度与外加磁场的强度有关[25]。当叠加磁场指向 a 或 b 时，磁场强度达到最大值，增强了短纳米粒子链之间的磁性吸引作用，从而形成了较长的粒子链 [图 10-1（c）]。磁场指向 o 时强度最小，此时粒子链较短 [图 10-1（d）]。图 10-1（e）为振荡频率为 1 Hz 时，链长随时间变化的关系图。蓝色曲线表示由数学模型计算的结果，与红色曲线表示的实验数据吻合较好。因为在模型中的假设是形成单条粒子链；而在实验中，邻近的链之间的相互作用会导致粒子链束的形成。所以实验中粒子间吸引力比模型中粒子间吸引力大，形成的链更加稳定。因此，在实验中形成了更长的链。

　　RPNS 的生成过程如图 10-1（f）所示。纳米粒子链最初是分散且均匀分布的，当施加振荡磁场后，纳米粒子在短时间内（$t = 2.0$ s）局部聚集成动态结构。子集群之间在进行了一系列的自发合并过程后，便形成了动态的稳定条状微群（$t = 33.0$ s）。实际上，施加振荡磁场可以显著改变顺磁性纳米粒子的集体行为。

图 10-1（g）为微群形态与所加磁场（即磁场的振荡频率和幅值比 γ）之间的关系图。当 γ 较小时（如区域Ⅰ所示），纳米粒子会形成大量不可控的链状结构，它们不稳定并且有伸长倾向。当 γ 增加时（区域Ⅱ），会形成动态平衡的 RPNS。如果纳米粒子受到区域Ⅲ对应磁场的驱动，就会形成多个具有长链结构的团簇。插图中的绿色方形区域表示 γ 变化后所对应的振荡磁场。在灰色阴影区域无法形成形态规则的微群。

RPNS 的生成过程示意图如图 10-2（a）所示。棒表示顺磁性纳米粒子链，红色和蓝色部分分别表示链的不同磁化性质。在阶段Ⅰ，分散的纳米粒子链由黑色棒体表示。由于此时没有施加磁场，它们的分布是无规律的。在阶段Ⅱ开始时施加振荡磁场。以有两条长粒子链的初始情况为例进行分析（这一机制也适用于有更多粒子链形成时的初始情况）。链随着磁场振荡（见阶段Ⅱ的左边部分），此时的振荡方向用绿色箭头表示，链沿 x 轴的分布用黄色虚线表示。在阶段Ⅲ，长链被拆解成了几条较短的链。并且由于此时角速度较大，磁场强度较小，可以合理地假设磁相互作用不足以驱动粒子链。因此，在场强达到最大值之前（阶段Ⅳ），每条分裂出的链的中心位置都保持不变。然后，随着场强的增大，链与链之间的相互作用变强，链之间相互吸引，使得它们沿 x 轴的分布区域变窄，如图 10-2（a）的阶段Ⅳ及阶段Ⅴ所示。在这两个阶段中，周围将有更多的粒子链被吸引。另一半过程如阶段Ⅵ～Ⅷ所示。最后，这些长链被拆解成了更短的链，并且通过链与链之间的磁性吸引所产生的重构行为在阶段Ⅷ形成了更加紧密的微群。红色矩形内为条状形态的微群，红色箭头表示沿 x 轴的明显收缩。

流体作用是使微群形成的另一个关键因素。我们将微群看作一组振荡的椭球体，模拟了 RPNS 产生的流量剖面，如图 10-2（b）和（c）所示。在 0 s 时，椭球体角速度最大，此时流场达到最大值。随后产生的强劲流场会随着时间逐渐消失，如 $t = 0.01\ s$ 所示。因此，所产生的流体总是围绕着微群，使微群免于与外部物体接触，从而增强了微群作为一个实体的稳定性。图 10-2（d）和（e）为自由粒子在流场中反应的模拟结果。通过图 10-2（e）中的轨迹可以看出，这些粒子首先被吸引到微群中，然后在微群的尖端附近被抛出。微群产生的流场对沿其长边的介质有排斥作用。最终，主要由于流体排斥作用与磁吸引作用的平衡，动态稳定的微群形态得以维持。

在 RPNS 的生成过程中，粒子链间的磁相互作用是使 RPNS 重构的主要原因。同时，流体阻力是粒子链在磁场减小时解体的原因。当磁场强度达到最小值时，如果流体阻力矩能够将粒子链拆解，我们提出的形成 RPNS 的方法仍然是可行的。因此，可以缩小 RPNS 的尺寸，直到其他粒子与粒子之间的相互作用（如静电力、范德瓦耳斯力和毛细作用力）开始起到显著增强粒子之间的连接强度的作用。在这种情况下，阻力矩与其他作用力相比而言不够强，粒子链的长度几乎保持不变，就可能会阻碍 RPNS 的形成。当纳米粒子的直径大于 100 nm 时,我们的方法仍然可行。

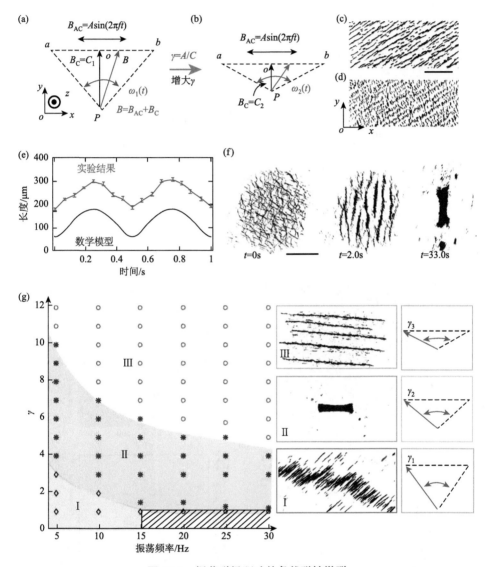

图 10-1　振荡磁场驱动的条状磁性微群

(a)振荡磁场示意图:红色箭头表示磁场,即 B_C 和 B_{AC} 的叠加结果,磁场角速度用 $\omega(t)$ 表示,幅值比为 $\gamma = A/C$,本章中 A 为 10 mT;(b)幅值比增大时的振荡磁场示意图;(c)磁场指向 a 或 b(场强最大)时形成的粒子链,比例尺为 400 μm;(d)磁场指向 o(场强最小)时形成的粒子链 [(c)和(d)中施加的振荡频率为 3 Hz];(e)振荡磁场驱动下粒子链长度与时间的关系,每个数据点表示 3 次实验的平均值,误差棒表示标准差(SD);(f)RPNS 的生成过程,比例尺为 800 μm;(g)微群形态与驱动磁场的关系图,绿色矩形内为不同微群形态对应的振荡磁场示意图,阴影区域内不能形成规则的微群

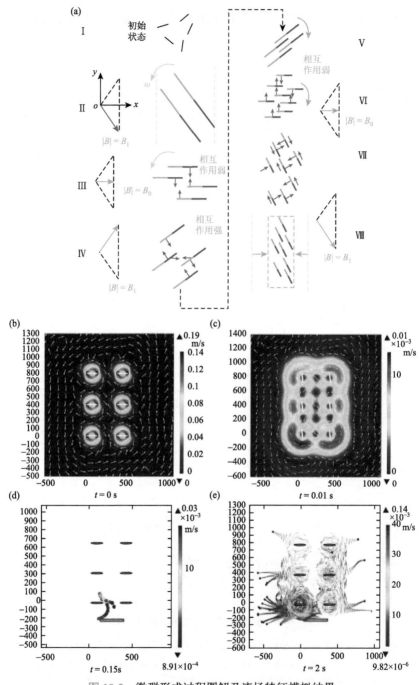

图 10-2　微群形成过程图解及流场特征模拟结果

（a）RPNS 形成过程原理图：棒状体表示纳米粒子链，红色和蓝色部分分别表示链的不同磁性；（b）和（c）一组振荡椭球体分别在 $t=0\,\text{s}$ 和 $t=0.01\,\text{s}$ 时产生的流场的模拟结果，幅值比为 3，振荡频率为 20 Hz；（d）$t=0.15\,\text{s}$ 时，30 个直径为 10 μm 的自由粒子排列运动时其端部的模拟结果，粒子在 $t=0$ 时从红色矩形中释放；（e）$t=2\,\text{s}$ 时粒子的轨迹

多模式重构

与具有刚性整体结构的微纳机器人[23, 26]相比，RPNS 有更灵活的形态和更多的自由度。图 10-3（a）展示了 RPNS 可逆伸缩的实验结果。$t = 0$ s 时，在强度为 10 mT、γ 为 3 的振荡磁场驱动下，形成了单个 RPNS。$t = 3$ s 时，将 γ 增加到 5，RPNS 开始伸长，绿色箭头表示伸长方向。RPNS 的初始长宽比约为 4，当 $t = 17$ s 时，长宽比增加到 22。然后将 γ 调回 3，RPNS 便逐渐收缩回到初始形状 [图 10-3（a），36 s]。

在某些情况下，特别是当纳米粒子的浓度较低时，可能会产生多个 RPNS。此时，由于远距离下流体相互作用较弱，一些子集群不被彼此吸引，因而不能自发合并。图 10-3（b）显示了两个 RPNS 的受控合并过程。最初，在低纳米粒子浓度（7.5 μg/mm^2）下施加振荡磁场（10 mT，$\gamma = 3$，30 Hz），形成了两个相隔较远的 RPNS。它们之间的相对距离在超过 1min 的时间里都保持不变，因此我们认为这两个微群之间的距离超出了流体相互作用的有效范围。$t = 5$ s 时，将链长轴的方向 [图 10-3（a），绿色虚线] 调整到与微群中心的连线 [图 10-3（b），红色虚线] 重合。然后，在 $t = 13$ s 时，将 γ 增加到 5，微群形态显著伸长。当微群伸长到互相接触后，它们合并成一个整体。若把 γ 减少到 3，合并后的微群能够重新收缩。最终，我们实现了将两个独立的子群合并成一个稳定的 RPNS 的过程。RPNS 的分裂行为也可以通过调整磁场来实现[图 10-3(c)]。首先是形成一个RPNS并将其伸长，然后将磁场的振荡平面调到与实验平面垂直[图 10-3(c)插图，$t = 1$ s]。由于纳米粒子链间磁性排斥力的作用，微群形态发生显著扩张 [图 10-3（c），绿色箭头]。然后将振荡平面调到平行于实验平面（与基底一致），便形成了多个粒子群。

RPNS 的长宽比 α 与幅值比 γ 之间的关系如图 10-3（d）所示。对单条曲线来说，当 γ 较小时，α 几乎保持不变。然后当 γ 的值超过引发伸长的比值（即 $\gamma = 4$）时，α 显著增加。同时，最大 α 随所加磁场振荡频率的增大而增大。为了引发 RPNS 的伸长，链需要被充分拆解以便重构。因此，较大的 γ 和较高的振荡频率能增强重构过程。当振荡频率为 30 Hz 时，α 随着时间的变化关系如图 10-3（e）所示。当将 γ 调到 5 时，这些曲线都先迅速上升，然后逐渐平缓。

我们还实现了 RPNS 的可控分裂，如图 10-3（f）所示。在一种受控制的方式下，RPNS 能被分成 2～7 个大小几乎相同的子集群。在一些情况下，由原始 RPNS 的两个尖端形成的子集群比由中间部位形成的子集群要长，这是由微群中间及两端不同的结构所导致的。这一受控分裂的过程是通过旋转磁场与振荡磁场的结合实现的。生成 RPNS 后，整个微群在外加磁场的驱动下以恒定的角速度在平面内旋转，达到磁力矩与液体阻力矩的平衡。通过调节旋转频率，可以在可控的条件下将 RPNS 分成不同数量的子集群。

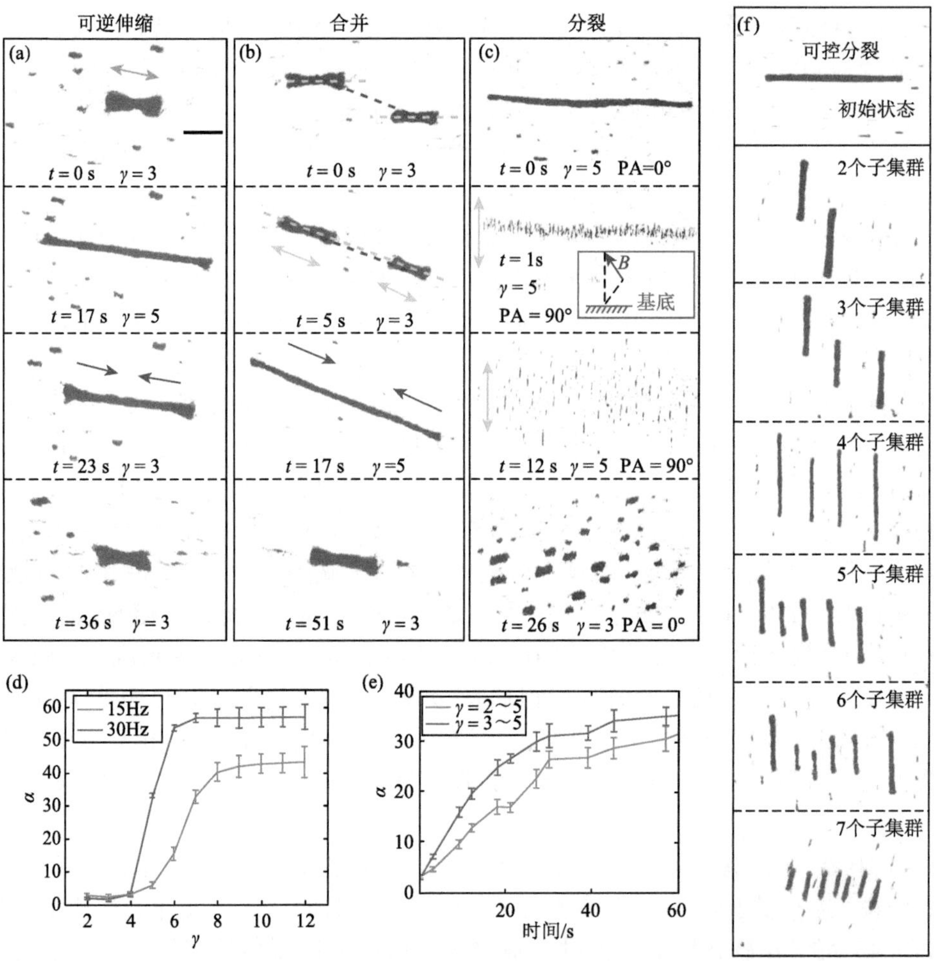

图 10-3 微群形态重构

（a）RPNS 可逆伸缩过程：绿色箭头表示伸长方向，红色箭头表示收缩方向；（b）两个独立的 RPNS 的合并过程：RPNS 的长轴由绿色虚线标出，两个微群中心的连线则由红色虚线表示，伸长和收缩方向分别用绿色和红色箭头表示；（c）RPNS 的分裂过程：PA 表示磁场俯仰角；（d）长宽比 α 与幅值比 γ 的关系图；（e）RPNS 的长宽比与时间的关系，所加振荡频率为 30 Hz，蓝色曲线表示幅值比从 2 增加到 5 时的结果，红色曲线表示幅值比从 3 增加到 5 时的结果，误差棒表示标准差；（f）RPNS 的受控分裂；（d）和（e）中每个数据点表示 3 次实验的平均值

10.4 集群的可控运动

物体接近固体边界时，阻力系数会增大[27]。利用这一机理，如果给驱动磁场加上一个俯仰角，纳米粒子链上下部分所受到的流体阻力将会不同。为了研究微群在狭窄环境中的导航运动，我们首先研究了不同边界条件下微群的行为，如图 10-4（a）～（d）及所示。图 10-4（a）和（b）分别是将一个 RPNS（红色矩形内）导向圆柱体与平面。当微群接近障碍物表面时，外加磁场仍然驱使微群朝着红点箭头的方向移动。短时间后，引导 RPNS 离开障碍物。从图中绿色矩形区域中可以看出，在这个过程中，微群形态是稳定的，只有一小部分粒子丢失。图 10-4（a）和（b）的实验结果显示，当 RPNS 尖端遭遇障碍物时能保持自身稳定性。如图 10-4（c）所示，当一个有角度的障碍物侵入微群时，微群也能保持稳定。此外，图 10-4（d）展示了一个运动方向倾斜于固体表面的 RPNS。磁场驱动该微群沿着红点箭头的方向运动，最终 RPNS 沿着固体表面移动（绿色箭头）。同时，由于与固体表面之间的流体排斥作用，微群在运动过程中不与表面接触。因此，基于这些研究结果可以得出，即使在具有不同边界的复杂环境中，或在亚毫米级的流速下，RPNS 也具有良好的形态稳定性。

此外，我们在图 10-4（e）中展示了 RPNS 通过半圆形通道到达多个目标位置的过程。该通道由两部分组成：半圆形部分和三个作为目的地的分支。RPNS 的实时位置由绿色条形在整体视图［图 10-4（e），蓝色矩形］中标记出来。从 0 s 到 88 s，RPNS 成功地通过了通道的半圆形部分。在运动过程中，大部分纳米粒子都被限制在微群内，整个微群形态保持着动态稳定。当 RPNS 在 $t = 113$ s 接近分支入口时，将幅值比增加到 6，能观察到 RPNS 的长宽比有显著的增加，大约从 6 增加到 28。然后将振荡磁场的方向角增加到 90°，从而形成多个子集群。由于这些子集群具有较高的形态稳定性，可以在控制下驱动它们进入三个分支通道，而且不存在结构崩溃的风险。为了进一步展示 RPNS 运动的可控性和灵活性，我们使用 RPNS 作为机器人末端执行器对四个聚苯乙烯微珠进行非接触式微操控［图 10-4（f）］。这些微珠是随机分布的（红点的圆圈内），被 RPNS 尖端产生的流动一个接一个地推动。结果，四个微珠经过"拾起和放置"过程排成了一列。此外，如果微珠的平均直径小于 40 μm，一些微珠将会被吸入 RPNS 中，而不是被 RPNS 推动。

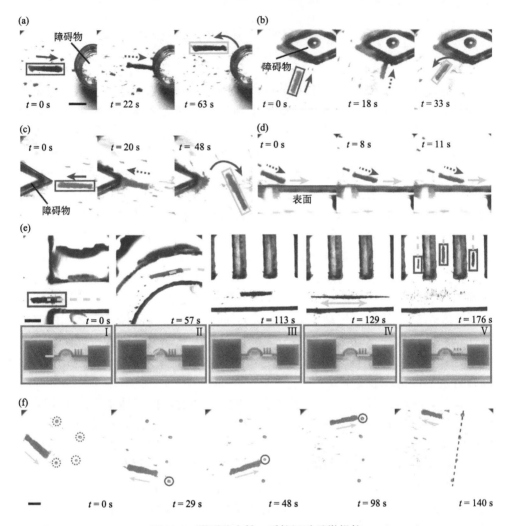

图 10-4   微群稳定性、受控运动及微操控

（a）～（c）RPNS 在不同边界条件（圆柱面、平面、尖角柱体）下的行为；（d）RPNS 沿着倾斜于平面的轨迹运动；（e）RPNS 通过半圆形通道到达三个目标位置过程展示，RPNS 由红色矩形标出，绿色虚线表示导航的方向，每张微观图像下方的蓝色矩形内显示的是通道网络全貌，其中绿色条形表示 RPNS 的实时位置；（f）使用 RPNS 对聚苯乙烯微珠进行非接触操控，红点圆圈表示随机分布的微珠，绿色箭头表示 RPNS 的移动方向，红色的圆圈表示被操纵的微珠。本图中，运动过程的幅值比为 3.5，用于图形伸长的幅值比为 6，俯仰角为 8°，振荡频率为 30 Hz，比例尺为 600 μm

　　基于微群的尖端引起的流体流动，可以将微群作为应用于微流体装置中的微小操纵工具 [图 10-5（a）]。图中显示了一个微通道系统，其左半部分充满了蓝色染料，而纳米粒子链位则于右室。在 $t = 20\,s$ 时，生成了 RPNS，并使其向微通道移动。由于其尖端产生的流动，蓝色染料被推回到左室中，如 40 s 时所示。继续等待约 140 s 后，

蓝色染料也没有扩散到右室或者微通道内。我们做了另一组蓝色染料自由扩散的实验作为对照。此外，RPNS 还可以用作分选装置，如图 10-5（b）所示。首先，$t = 0$ s 时，在流体通道中将三个直径 70 μm 的圆珠与数百个直径 15 μm 的小珠混合。RPNS 形成后通过磁场导向，使其朝着这些小球移动。由于微群尖端的强烈流体流动，直径 70 μm 的圆珠被 RPNS 捕获并随着微群一起移动。而小球（直径 15 μm）的行为则大相径庭，其中一些直接被流场推到一边（如绿色箭头所示），另一些则被吸入微群中，然后在微群尖端附近的位置被抛出。结果小颗粒被推到一边，而大颗粒则被牢牢地抓在条状微群的前端。最终，当 RPNS 通过微通道时 ［图 10-5（b），$t = 150$ s］，选择性地分选出了大颗粒，而小颗粒被留在通道内部。

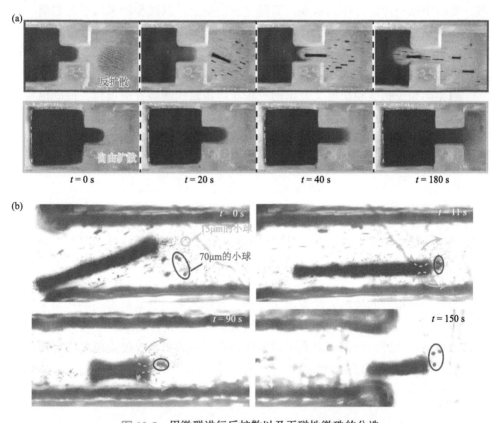

图 10-5　用微群进行反扩散以及无磁性微珠的分选

（a）条状微群在微通道中引起的反扩散；（b）在微通道利用微群从直径 15 μm 的微珠中分选出直径 70 μm 的微珠，红色椭圆标记的是直径 70 μm 的微珠，绿色椭圆标记的是部分直径 15 μm 的微珠。如图中绿色箭头所示，一部分小的微珠被微群尖端产生的流动推到一边；另一些小微珠则被吸入微群中，然后在微群尖端附近的位置被抛出

10.5 实验方法

　　在实验中，我们使用之前报道的溶剂热法[28]制备了直径为 500 nm 的磁性纳米粒子。为了实现磁驱动，首先将合成的纳米粒子超声清洗 5min。然后将一滴纳米粒子溶液（8 μL，0.6 wt%）滴入充满去离子水（约 1.5 mL）的容器中。基于我们的实验方法，为了生成动态稳定的 RPNS，每次实验所需要的顺磁性纳米粒子最低质量为 10 μg。再在容器下方放置永磁铁使分散的纳米粒子聚集。磁铁在小范围内轻微移动，以便更好地聚集粒子。随后将纳米粒子团移到电磁装置的工作区域。实验中以一片硅片作为基底，其抛光表面朝上，以减少纳米粒子的黏附，同时增强观察时的对比度。为了使纳米粒子链分布均匀，采用之前报道的频率为 20 Hz 的动态磁场[29]将粒子团打散并分散开来。经过拆解过程后，纳米粒子便可用于进一步的磁驱动实验。

　　磁驱动和控制实验在前文介绍的三轴亥姆霍兹线圈装置中进行。控制信号由计算机生成，然后将电流输入线圈，在工作区域内产生磁场。通过在控制程序中输入数学表达式，我们可以利用这一装置生成特定的振荡磁场。

10.6 本章总结

　　本章介绍了一种利用程序控制的振荡磁场使顺磁性纳米粒子形成具有高形态稳定性的条状动态微群的方法。这种动态微群具有可逆的各向异性变形能力，其长宽比的变化能超过一个数量级，并且还具有受控分裂及合并的能力。这一方法加深了对微群的形成、重构以及导航运动的理解，我们的工作也从多个方面为了解微群行为和相应的控制方法提供了支持。微群的形成及其形态控制在很大程度上依赖于粒子与粒子之间的相互作用，这或许能为了解生命系统中复杂的形态转变铺平道路。此外，我们还研究了微群在具有不同边界条件的高度局限环境中的导航运动及其形态稳定性。微群还可以为一些实际应用提供灵感和方案，如靶向传递、用于微制造和微操控的无掩模条状图案化。

参 考 文 献

[1]　Felfoul O, Mohammadi M, Taherkhani S, et al. Magneto-aerotactic bacteria deliver drug-containing nanoliposomes to tumour hypoxic regions. Nature Nanotechnology, 2016, 11(11): 941-947.

[2]　Martel S, Mohammadi M, Felfoul O, et al. Flagellated magnetotactic bacteria as controlled mri-trackable propulsion and steering systems for medical nanorobots operating in the human microvasculature. The International Journal of Robotics Research, 2009, 28(4): 571-582.

[3]　Anderson C, Theraulaz G, Deneubourg J L. Self-assemblages in insect societies. Insectes Sociaux, 2002, 49(2):

99-110.

[4]　Groß R, Bonani M, Mondada F, et al. Autonomous self-assembly in swarm-bots. IEEE Transactions on Robotics, 2006, 22(6): 1115-1130.

[5]　Tolley M T, Lipson H. On-line assembly planning for stochastically reconfigurable systems. The International Journal of Robotics Research, 2011, 30(13): 1566-1584.

[6]　Rubenstein M, Cornejo A, Nagpal R. Programmable self-assembly in a thousand-robot swarm. Science, 2014, 345(6198): 795-799.

[7]　Zhang J, Luijten E, Grzybowski B A, et al. Active colloids with collective mobility status and research opportunities. Chemical Society Reviews, 2017, 46(18): 5551-5569.

[8]　Gao Y, Beerens J,van Reenen A, et al. Strong vortical flows generated by the collective motion of magnetic particle chains rotating in a fluid cell. Lab on a Chip, 2014, 15(1): 351-360.

[9]　Chen Q, Bae S C, Granick S. Directed self-assembly of a colloidal kagome lattice. Nature, 2011, 469(7330): 381-384.

[10]　Mao X, Chen Q, Granick S. Entropy favours open colloidal lattices. Nature Materials, 2013, 12(3): 217-222.

[11]　Ma F, Wang S, Wu D T, et al. Electric-field-induced assembly and propulsion of chiral colloidal clusters. Proceedings of the National Academy of Sciences, 2015, 112(20): 6307-6312.

[12]　Palacci J, Sacanna S, Steinberg A P, et al. Living crystals of light-activated colloidal surfers. Science, 2013, 339(6122): 936-940.

[13]　Yan J, Bloom M, Bae S C, et al. Linking synchronization to self-assembly using magnetic Janus colloids. Nature, 2012, 491(7425): 578-581.

[14]　Belkin M, Snezhko A, Aranson I, et al. Driven magnetic particles on a fluid surface: pattern assisted surface flows. Physical Review Letters, 2007, 99(15): 158301.

[15]　Snezhko A, Aranson I S. Magnetic manipulation of self-assembled colloidal asters. Nature Materials, 2011, 10(9): 698-703.

[16]　Snezhko A, Belkin M, Aranson I, et al. Self-assembled magnetic surface swimmers. Physical Review Letters, 2009, 102(11): 118103.

[17]　Tasci T, Herson P, Neeves K, et al. Surface-enabled propulsion and control of colloidal microwheels. Nature Communications, 2016, 7: 10225.

[18]　Sawetzki T, Rahmouni S, Bechinger C, et al. In situ assembly of linked geometrically coupled microdevices. Proceedings of the National Academy of Sciences of the United States of America, 2008, 105(51): 20141-20145.

[19]　Ahmed D, Baasch T, Blondel N, et al. Neutrophil-inspired propulsion in a combined acoustic and magnetic field. Nature Communications, 2017, 8(1): 770.

[20]　Yan J, Han M, Zhang J, et al. Reconfiguring active particles by electrostatic imbalance. Nature Materials, 2016, 15(10): 1095-1099.

[21]　Kaiser A, Snezhko A, Aranson I S. Flocking ferromagnetic colloids. Science Advances, 2017, 3(2): e1601469.

[22]　Dai B H, Wang J Z, Xiong Z, et al. Programmable artificial phototactic microswimmer. Nature Nanotechnology, 2016, 11(12): 1087-1092.

[23]　Xu T, Hwang G, Andreff N, et al. Planar path following of 3-D steering scaled-up helical microswimmers. IEEE Transactions on Robotics, 2015, 31(1): 117-127.

[24]　Yu J, Yang L, Zhang L. Pattern generation and motion control of a vortex-like paramagnetic nanoparticle swarm. The International Journal of Robotics Research, 2018, 37(8): 912-930.

[25] van Reenen A, de Jong A M, den Toonder J M, et al. Integrated lab-on-chip biosensing systems based on magnetic particle actuation-a comprehensive review. Lab on a Chip, 2014, 14(12): 1966-1986.

[26] Steager E B, Sakar M S, Magee C, et al. Automated biomanipulation of single cells using magnetic microrobots. International Journal of Robotics Research, 2013, 32(3): 346-359.

[27] Sing C E, Schmid L, Schneider M F, et al. Controlled surface-induced flows from the motion of self-assembled colloidal walkers. Proceedings of the National Academy of Sciences of the United States of America, 2010, 107(2): 535-540.

[28] Deng H, Li X, Peng Q, et al. Monodisperse magnetic single-crystal ferrite microspheres. Angewandte Chemie, 2005, 117(18): 2842-2845.

[29] Yu J, Xu T, Lu Z, et al. On-demand disassembly of paramagnetic nanoparticle chains for microrobotic cargo delivery. IEEE Transactions on Robotics, 2017, 33(5): 1213-1225.

第11章

用可重构微群模仿蚁桥的结构与功能以实现微电子应用

本章中采用顺磁且导电的功能化 Fe_3O_4 纳米粒子作为基本模块,利用上一章描述的条状集群技术组建了模仿蚁桥结构和功能的微群系统。由于该微群能以极高的长宽比实现可逆伸缩。因此,可以用功能化纳米粒子在两个断开的电极之间搭建一个导电通道。此外,我们还展示了微群可以作为微开关修复损坏的微电路、构成柔性电路,在电子领域展现了广阔的应用前景。

11.1 ▶ 引言

群居昆虫的集群行为在它们的生命活动中起着至关重要的作用,如觅食、筑巢以及在恶劣环境中生存[1, 2]。蚁群的自发组合便是其中最引人注目的集体行为之一,蚁群能借此形成各种复杂的结构,如蚁桥、营地、蚁筏等[3]。例如,为了穿越难以通过的地形,蚂蚁用它们的下颚、跗骨爪和跗骨上的黏性垫抓住其他蚂蚁的身体,从而形成活动、灵活、强健的链状蚁桥,以此帮助蚁群穿过个体无法逾越的鸿沟。自然界中的这种具有群体级功能的自组装行为是个体无法实现的,对科学家尤其是机器人领域的研究人员来说有极大的吸引力。

受群居昆虫的启发,机器人领域的研发人员开发出了具有集体能力的人造机器人集群,其集体能力来源于个体部件之间的局部交互。与自然界中的集群结构类似,机器人集群能够集体完成单个机器人无法完成的任务,包括任务的排序和分配[4, 5]、大型结构的构造[6, 7]、指定的形态转换[8, 9]等等[10-12]。此外,在微米及纳米尺度,微纳机器人集群可以执行人类自身无法完成的任务,它们的应用可以进一步扩展到各个工程领域,如靶向传输[13]、微操作[14]和微电子领域[15]。然而,由于硬件的集成与小型化的难关,传统的机器人集群中的物理和算法设计很难应用于微纳机器人集群,因此需要新的方法。在这方面,胶体是探索小尺度下集群行为指导原则的极具前景的平台[16],因为其易于批量制造、具有极佳的尺寸可控性,其间存在各种各样的相互作用,包括磁偶极子作用[17-20]、毛细作用力[21]、范德瓦耳斯力[22]等等[23]。基于对各组件和其间相互作用的精心设计，可以通过静态或动态自组装对各种复杂系统进行编程控制[24-28]。然而，模仿具有群级功能的群居昆虫的集体行为仍然具有挑战性，因为引发胶体自组装成具有所需功能的特定结构的基本原理和适当的驱动策略尚未得到充分研究。

在上一章中，我们利用顺磁性 Fe_3O_4 纳米粒子，通过施加程序控制的振荡磁场，开发了一种可重构的条状微群（RPNS），该微群具有可逆伸缩的能力［图 11-1（a）］[29]。在本章中，我们进一步对组成微群的粒子进行了设计，即通过连续的金表面涂层来实现 Fe_3O_4 纳米粒子的功能化，使其具有顺磁性同时还具有导电性。在外加振荡磁场的无线驱动下，这种功能化的磁性纳米粒子可以在两个断开的电极之间自组成微群。如图 11-1（b）所示，通过分散个体之间的局部交流，蚂蚁大军能用它们的身体构成跨越崎岖地形的蚁桥，以此帮助它们行进与运输食物。而我们的微群可以通过磁偶极子之间的相互作用转变成具有超高长宽比的链状结构，并以功能化纳米粒子形成导电通路。虽然微群中的相互作用和蚁桥是不同的，但是其结构和功能与蚁桥是类似的。此外，我们还展示了微群的可编程操控、精度高、长期稳定等优点。

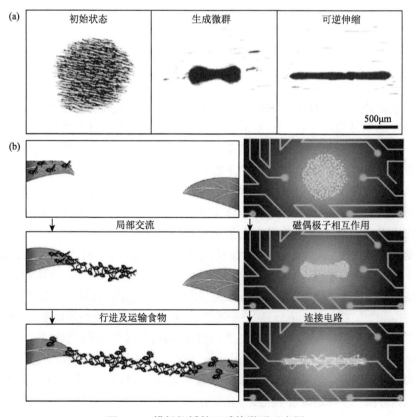

图 11-1　模拟蚁桥的可重构微群示意图

（a）振荡磁场下微群的形成及可逆伸缩过程；（b）蚁桥与可重构微群的形成步骤，它们分别用于蚁群行进与电路连接

11.2　Fe₃O₄-Au（核-壳）纳米粒子的制备

对于具有所需结构和功能的微群，其构建模块的设计至关重要。为了实现微群在电子领域的应用，它的组成粒子需要同时具有磁性和导电性，我们以连续的金表面涂层进行 Fe_3O_4 磁性纳米粒子的功能化达到了这一目的。制备过程共分四步，如图 11-2（a）所示。首先采用水热法[30]制备具有球状结构的 Fe_3O_4 纳米粒子。然后将纳米粒子分散在弱碱性缓冲溶液中，随后加入多巴胺，通过原位聚合过程[31]在粒子表面形成一层聚多巴胺（PDA）层（Fe_3O_4@PDA）。其次带负电荷的金纳米粒子在带正电荷的 PDA 层上静电固定，这将作为金表面涂层的"种子"（Fe_3O_4@PDA@Seeds）。最后，采用化学镀的方法使金"种子"生长，从而在纳米粒子表面形成连续的金涂层（Fe_3O_4@PDA@Au）[32]。

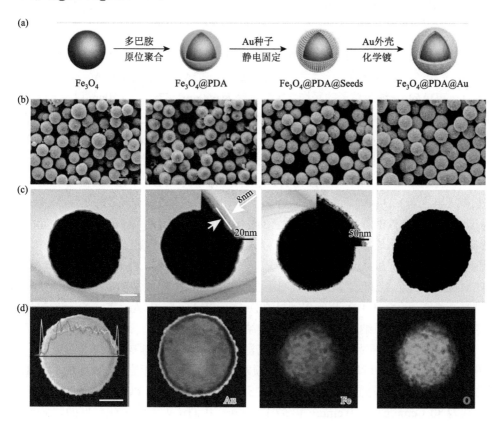

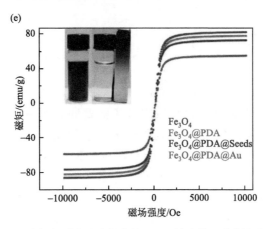

图 11-2 用金表面涂层功能化的 Fe_3O_4 纳米粒子的制备与表征

（a）制备过程示意图；（b）纳米粒子在每个制备阶段的 SEM 图像，比例尺为 1 μm；（c）纳米粒子在每个制备阶段的 TEM 图像，比例尺为 200 nm，插图分别为 Fe_3O_4@PDA 和 Fe_3O_4@PDA@Seeds 的表面放大形貌；（d）Fe_3O_4@PDA@Au 纳米粒子中元素分布的 EDX 分析，黄色和橙色曲线分别代表了 Au 和 Fe 元素在黑线上的含量变化，比例尺为 200 nm；（e）纳米粒子在每个制备阶段的磁滞回线，插图展示 Fe_3O_4@PDA@Au 纳米颗粒可以被永磁铁吸引

图 11-2（b）中的扫描电镜（SEM）图像显示，经一次制备便可批量合成形状规则、粒径分布小的纳米粒子。Fe_3O_4、Fe_3O_4@PDA、Fe_3O_4@PDA@Seeds 以及 Fe_3O_4@PDA@Au 纳米粒子的平均直径分别约为 660nm、675nm、670nm 以及 675 nm，这表明表面功能化并没有导致粒子的尺寸发生显著变化。相比之下，随着制备过程的进行，粒子表面形貌发生了显著变化，这一点可以通过图 11-2（c）中的透射电镜（TEM）图像得到证实。与裸露的 Fe_3O_4 的表面相比，Fe_3O_4@PDA 表面包覆了一层光滑的 PDA 涂层（薄至 8 nm）。当分散在 pH 为 2.0 的酸性溶液中时，PDA 涂层表现出极强的正电性，其 ζ 电位为 19.3 mV；而制备好的 Au"种子"平均直径为 7 nm，其 ζ 电位为–36.4 mV，因此可以通过高效的静电自组装促进它的黏附（Fe_3O_4@PDA@Seeds 带有小突起的粗糙表面形貌证明了这一过程的发生）。然后将合成的纳米粒子浸入金化学镀溶液中，在还原剂的帮助下促进 Au"种子"的生长，形成致密的金涂层，使 Fe_3O_4@PDA@Au 在 TEM 图像中完全不透明。此外，我们还进行了能量色散 X 射线分析（EDX），结果如图 11-2（d）所示，从中可以得出制得的 Fe_3O_4@PDA@Au 中 Au、Fe、O 元素的分布情况，进一步证明了纳米粒子表面存在连续的金涂层。

我们利用振动样品磁强计（VSM）测量了各个制备阶段纳米粒子的磁性，如图 11-2（e）所示。可以发现它们都是顺磁性的，饱和磁化强度从裸露的 Fe_3O_4 时的 84.3 emu/g 逐渐降低，Fe_3O_4@PDA、Fe_3O_4@PDA@Seeds 以及 Fe_3O_4@PDA@Au 分别为 80.1 emu/g、75.0 emu/g 和 57.1 emu/g。我们认为饱和磁化强度的降低是由单位质量所含磁性物质的比例降低所致。然而，功能化后的纳米粒子对永磁体仍表现出较强的响应（如插图所示），这说明仍能通过磁驱动产生该纳米粒子微群。

微群的集体行为

　　功能化纳米粒子的集群行为由振荡磁场无线驱动［图 11-3（a）］。磁场 B 由两部分组成：沿振荡方向的正弦交变磁场 $B_{OSC} = A\sin(2\pi ft)$，其中常量 A 为振幅，f 为输入振荡频率，t 为时间；垂直于振荡方向的均匀磁场 B_C，其具有恒定的磁场强度 C。我们定义了一个幅值比（$\gamma = A/C$）。本章 A 总是固定为 10 mT，γ 通过改变 B_C 的磁场强度（即 C 的值）来调节。此外，将 B_C 在 x-y 平面上的投影和 x 轴之间的夹角定义为方向角 α，而 B_C 和 x-y 平面之间的夹角称为俯仰角 β。因此，磁场 B 具有随时间变化的方向和场强。

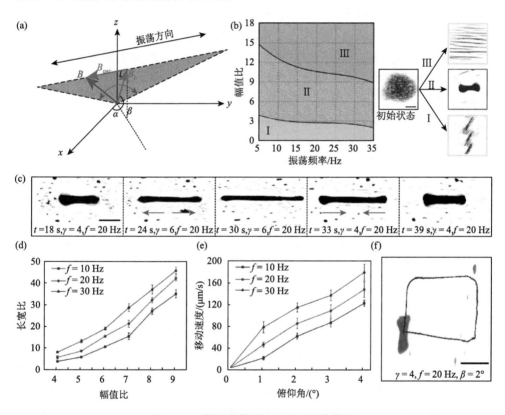

图 11-3　利用振荡磁场驱动可重构微群

（a）磁场示意图，红色箭头表示磁场 B，它是正弦交变场 B_{OSC} 和均匀磁场 B_C 的叠加（蓝色箭头），黑色的双向箭头表示 B_{OSC} 的方向。灰色区域和红点箭头分别是 B 的振荡平面和振荡方向，α 为磁场的方向角，β 为俯仰角；（b）微群形态与输入振荡频率和幅值比的关系图；（c）通过改变幅值比实现微群的可逆伸缩，红色箭头表示伸缩方向；（d）输入幅值比和振荡频率对微群长宽比的影响；（e）幅值比为 4 时，俯仰角和振荡频率对微群移动速度的影响；（f）微群沿正方形路径的可控导航，其运动轨迹由蓝线表示；所有误差棒都表示标准偏差（$n = 3$），所有比例尺均为 500 μm

输入的磁场参数对微群的形成行为有显著影响。幅值比 γ 和振荡频率 f 决定微群是否可以生成，如图 11-3（b）所示。在形成过程中，功能化纳米粒子先是均匀地分散在基底上。如果 γ 太低（区域 I），将会形成大量的链状结构，然后集群以不规则的形态在平面上振荡。然而，过度增加 γ 使其超出临界值（区域 III）会导致形成数个平行的条状微群，且它们的伸长无法控制。只有区域 II 中 γ 与 f 的适合搭配才能形成具有稳定形态的微群。在这种情况下，一旦施加振荡磁场，相邻的纳米粒子便会自发形成几个小的子微群，可以通过调整方向角使这些子微群进一步聚集成一个动态平衡的条状微群。

我们之前的工作已经很好地解释了微群形成过程的机理（见第 10 章）[29]。我们假设磁场在初始状态有最大的振荡振幅（$B_{OSC} = A$，$B_C = C$）。此时，磁场强度最大而振荡角速度最小，所以分散的纳米粒子将会形成长链并随磁场振荡。然后随着时间的推移，场强不断减小，角速度不断增加，直到磁场达到最低振荡振幅（$B_{OSC} = 0$，$B_C = C$）。在这个过程中，由于磁场强度逐渐变小而流体阻力变大，长链将被拆解成短链。随着磁场继续振荡，短链之间的相互作用随着磁场强度的增大而增强，使短链相互吸引。因此，纳米粒子链的分布区域变窄。这一过程的不断重复使纳米粒子链的分布越来越紧密，当磁与流体的作用达到平衡时，便形成了具有稳定形态的微群。

进一步关注区域 II，可以发现改变 γ 和 f 能引起微群的形态变换，如图 11-3（c）所示。例如，当 γ 为 4、f 为 10 Hz 时，形成了相对而言宽且短的微群，其长宽比为 3.2。单独或同时提高 γ 和 f 的值将导致微群的伸长，当 $\gamma = 9$、f 为 30 Hz 时，会形成长宽比高达 45.3 的窄而长的链状结构 [图 11-3（d）]。值得注意的是，将 γ 和 f 降到初始值可以使微群重新恢复到原来的形态，这说明了微群的形态变化是可逆并且完全可控的。此外，除了磁场的输入参数外，作为基本模块的纳米粒子的性质（浓度、直径、Au 涂层厚度等）对微群的形成和形态变化也有不可忽视的影响。

在产生稳定的微群后，可以通过调整俯仰角来驱动其运动。在不同的振荡频率下，平移速度 v 和俯仰角 β 之间的关系如图 11-3（e）所示。当 $\beta = 0°$，微群自身位置长时间保持不变。逐渐增加 β 能驱动并加速微群移动，并且移动速度的增加与频率 f 成正比。当将 β 与 f 分别设置为 4° 和 30Hz 时，微群能达到最高约 180 μm/s 的速度，说明微群能够进行高效的运动。此外，当 β 从 0° 减小到 −4°，微群会以大致相同的速度进行反向运动。我们没有深入研究磁场 β 的绝对值超过 4° 时的情况，因为微群在这种情况下不能保持稳定的形态。最后，结合方向角和俯仰角，我们可以操控微群沿着任意预期的轨迹运动。图 11-3（f）展示了微群成功地沿着一条方形路径运动，这说明了它运动的高度可控性。

11.4　模仿蚁桥的结构和功能以用于电路连接

在确定了纳米粒子的组成及在程序控制的振荡磁场下的群群行为后，我们利用微群模仿蚁桥的结构和群群功能，使其在两个孤立电极之间自发组成了导电通路。如图 11-4（a）所示，将 3 μL Fe_3O_4@PDA@Au 的纳米粒子溶液（2 mg/mL）和 1.5 mL 的 0.1 wt%PVP 溶液滴在基板上。先将纳米粒子通过永磁铁聚集在电极周围，随后施加幅值比 $\gamma = 4$ 以及频率 $f = 20Hz$ 的振荡磁场来生成动态稳定的条状微群。随后通过设置俯仰角 $\beta = 2°$ 并逐步调整方向角 α，将微群导向两个孤立的电极中间，并使其与电极排成一行。接着将俯仰角归零，缓慢增大幅值比，使链状微群两端分别接触两个电极，然后停止施加磁场。最后，小心地去除多余的溶液，并在空气或烘箱中干燥基板，便由微群构建了用于电路连接的导线。

整个过程中两个分离的电极之间电阻的变化如图 11-4（b）所示。在实验开始时，电阻几乎是无限大的。添加纳米粒子后，由于溶液的微弱电导率，电阻降到 110 kΩ 左右。当连接电极的链状微群形成后，电阻仅略微减小到约 90 kΩ，这可能是由于组成微群的粒子之间存在着极小的水滴[33]。随着在空气中自然干燥过程的进行，电阻在约 20min 的时间内不断减少。最后基板完全干燥，获得了电阻的最小值 50 Ω，这表明微群成功地实现了两个电极之间的电路连接。此时，功能化的纳米粒子密集地聚集在微群中，相互之间有直接的物理接触，从而通过其金表面涂层构成了导电网络。值得注意的是，将微群放入温度为 60℃ 的烤箱中可将干燥时间缩短至 10min 以下，且最终的电阻更低，也就是说可以获得更高的电导率。

此外，我们还分别使用 Fe_3O_4、Fe_3O_4@PDA 以及 Fe_3O_4@PDA@Seeds 纳米粒子作为微群的基本构建模块进行了对照实验。如图 11-4（c）所示，Fe_3O_4 和 Fe_3O_4@PDA 形成的微群由于组成粒子的电导率低，表现出大于 0.7 MΩ 的电阻。此外，Fe_3O_4@PDA@Seeds 也不能自组装成具有可接受电阻的导电通路。也就是说，仅仅用分散的 Au 粒子包覆纳米粒子不足以连接电极，从而说明了用连续的金表面涂层进行 Fe_3O_4 功能化的必要性。此外，若将 Fe_3O_4@PDA@Au 微群的电阻作为长宽比的函数（如插图所示），可以发现这两个参数之间存在近似线性的关系，类似于金属导体的导电性质。再考虑到输入的振荡磁场可以很好地调节微群的长宽比，于是可以得出相应结论：我们不仅能利用微群实现电路连接，而且可以主动调节相应的电阻值。

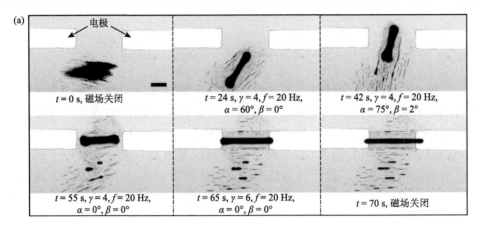

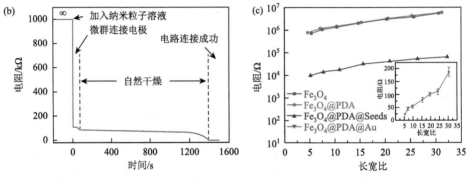

图 11-4 用微群实现微电路连接

（a）两个分离微电极之间的连接过程，下方给出了实时输入磁场参数，比例尺为 500 μm；（b）连接过程中两微电极间电阻的变化，所有引起电阻变化的影响因素都由黑色箭头标出；（c）分别由 Fe_3O_4、Fe_3O_4@PDA、Fe_3O_4@PDA@Seeds 以及 Fe_3O_4@PDA@Au 构成的微群的长宽比对电阻的影响；误差棒表示标准差（$n = 3$）

11.5　微群在电子领域的应用

　　微群具有高度的可控性和电路连接能力，是一种能应用于各种微电子器件中的极具前景的工具。例如，它可以作为微开关，如图 11-5（a）所示。我们制作了一个有四条电路的微电路系统，连通每条电路都将使相应的一组排列成"C"、"U"、"H"、"K"字样产生 LED 发光。由于微群的灵活性，我们可以根据需要方便直观地连接特定的分离电极，如图 11-5（b）所示。此外，微群形成的链状结构可在乙醇中利用超声处理去除，使电路恢复到开路状态，以便进行后续操作，这证明了微群具有作为微开关的功能。

　　另一个例子是微群可以用来修复损坏的微电路。如果长期处于腐蚀环境中或被尖锐物体划伤，电子设备可能会因为局部电路损坏而失灵，最常见的修复方法之一是手工钎焊。然而，这种方法通常具有加工精度相对较低的缺点，容易造成短路，特别是对布线密集的设备。相比而言，微群是另一种可供选择的方法。如图 11-5（c）所示，修补过程包括三个步骤：滴入一定量纳米粒子溶液，通过磁场形成微群，干燥。这种方法非常简单有效，能在一组相互之间间隔距离低至 200 μm 左右的导线中连接破损的目标电路，并且对其他导线没有影响。此外，我们发现在使用微群进行连接后，电路能够在至少数月的时间内正常工作，并且其性能没有明显下降。因此，这种模仿蚁桥的微群具有良好的可定制性，以及可控、高精度、可去除和高强度等特点，在微电子领域有着广阔的应用前景。

此外，微群的电路连接能力也可用于柔性器件。柔性电子设备是目前最热门的研究课题之一，它能与各种刚性或柔性空间物体以安全、舒适、无损的方式进行紧密接触，能应用于可穿戴设备、电子皮肤、可植入电极等领域[34]。我们选择了聚对苯二甲酸乙二醇酯（PET）薄膜作为基板进行演示，这种薄膜被广泛用于柔性印制电路板制造。首先在基板上镀上一对分离的铜电极，然后在 PET 薄膜上形成微群（与在刚性基板上的形成方式相同）。前面提及纳米粒子溶液中含有少量 PVP，所以形成的链状结构在干燥后能够牢固地粘附在基板上，即使反复弯曲 PET 薄膜也不会破坏该结构，如图 11-5（d）所示。此外，我们还尝试表征和量化弯曲对微群电阻的影响。例如，当弯曲曲率半径大于 15 mm 时，电阻约为 24.8 Ω，几乎与平直状态时相同。进一步增大变形曲率会导致电导率逐渐降低，即使弯曲半径为 1 mm 时，电阻仍然低至 25.9 Ω，这表明将微群大幅度弯曲也只会使其产生微小的电阻变化（4.4%）[图 11-5（e）]。另外，我们反复将微群弯曲到弯曲半径为 1 mm 的状态 100 次，来评价其抗疲劳性能。如图 11-5（f）所示，可以发现电阻只增加了 5.9%，这说明微群能实现稳定性极高的良好电路连接。

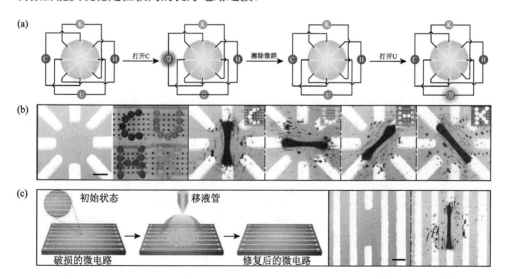

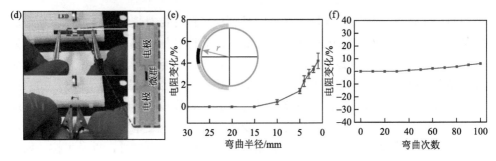

图 11-5　模仿蚁桥的微群在电子领域的应用

（a）使用微群作为微开关的原理图：在初始状态下，所有电路都是断开的，此时"C"、"U"、"H"、"K"LED 阵列关闭，随后在基板上生成微群，控制其连接竖直相对的两个电极，红色的"C"LED 阵列被点亮，在乙醇中通过声波清除微群后可将微开关恢复至开路状态，从而实现可重复开关；（b）微群开关的实验演示，每个 LED 阵列都可以根据需要被点亮，比例尺为 500 μm；（c）用微群修复破损微电路的原理图及相应的实验结果：我们通过将纳米粒子溶液滴在破损部位、生成微群并逐步蒸发多余溶液以完成这一过程，比例尺为 250 μm；（d）将微群应用于柔性设备：形成微群来连接柔性 PET 薄膜上的两个独立电极，弯曲薄膜对微群的结构与功能没有影响；（e）弯曲曲率半径对微群电阻的影响，插图为半径的示意图，误差棒表示标准差（$n = 3$）；（f）将微群弯曲至曲率半径为 1.0 mm 的状态 100 次后的抗疲劳性能

11.6　本章总结

　　综上所述，我们模仿蚁桥的结构和功能开发了一种微群系统，该系统能够为电子搭建一条跨越阻隔的导电通路，这些阻隔对单个粒子来说是无法逾越的鸿沟。我们通过简单的制备过程制得了具有分层结构的 $Fe_3O_4@PDA@Au$ 纳米粒子，它具有顺磁性内核和致密的金表面涂层，可以被用作微群的基本构件模块。基于磁偶极子间的相互作用，我们通过外加振荡磁场生成微群，并通过调节输入磁场参数控制微群的产生、形态转化和导航运动等集体行为。微群中纳米粒子的设计及其间的相互作用使我们能够用它作为微开关、修复破损的微电路、构成具有特殊优点的柔性电路，展现出了在电子领域的广泛应用前景。在未来，我们可以通过修改表面功能化过程来为纳米粒子定制其他不限于磁和电的性质，以此赋予微群新的集群行为和功能，从而使我们能更好地理解和模仿生命系统中复杂的集体行为。

参 考 文 献

[1]　Hölldobler B, Wilson E O. The Ants. Cambridge: Harvard University Press, 1990.

[2]　Mlot N J, Tovey C A, Hu D L. Fire ants self-assemble into waterproof rafts to survive floods. Proceedings of the National Academy of Sciences of the United States of America, 2011, 108(19): 7669-7673.

[3]　Anderson C, Theraulaz G, Deneubourg J L. Self-assemblages in insect societies. Insectes Sociaux, 2002, 49(2): 99-110.

[4]　Garattoni L, Birattari M. Autonomous task sequencing in a robot swarm. Science Robotics, 2018, 3(20): eaat0430.

[5]　Krieger M J B, Billeter J B, Keller L. Ant-like task allocation and recruitment in cooperative robots. Nature, 2000, 406: 992-995.

[6]　Werfel J, Petersen K, Nagpal R. Designing collective behavior in a termite-inspired robot construction team. Science, 2014, 343(6172): 754-758.

[7]　Gauci M, Chen J, Li W, et al. Clustering objects with robots that do not compute. Proceedings of the 2014 International Conference on Autonomous Agents and Multi-Agent Systems, Liverpool, United Kingdom. 2014: 421-428.

[8]　Rubenstein M, Cornejo A, Nagpal R. Programmable self-assembly in a thousand-robot swarm. Science, 2014, 345(6198): 795-799.

[9]　Mathews N, Christensen A L, O'Grady R, et al. Mergeable nervous systems for robots. Nature Communications, 2017, 8: 439.

[10]　Yang G Z, Bellingham J, Dupont P E, et al. The grand challenges of science robotics. Science Robotics, 2018, 3(14): eaar7650.

[11]　O'Grady R, Groß R, Christensen A L, et al. Self-assembly strategies in a group of autonomous mobile robots. Autonomous Robots, 2010, 28(4): 439-455.

[12]　Halloy J, Sempo G, Caprari G, et al. Social integration of robots into groups of cockroaches to control self-organized choices. Science, 2007, 318(5853): 1155-1158.

[13]　Felfoul O, Mohammadi M, Taherkhani S, et al. Magneto-aerotactic bacteria deliver drug-containing nanoliposomes to tumour hypoxic regions. Nature Nanotechnology, 2016, 11(11): 941-947.

[14]　Martel S, Mohammadi M. Using a swarm of self-propelled natural microrobots in the form of flagellated bacteria to perform complex micro-assembly tasks. International Conference on Robotics and Automation, 2010: 500-505.

[15]　Gracias D H, Tien J, Breen T L, et al. Forming electrical networks in three dimensions by self assembly. Science, 2000, 289(5482): 1170-1172.

[16]　Zhang J, Luijten E, Grzybowski B A, et al. Active colloids with collective mobility status and research opportunities. Chemical Society Reviews, 2017, 46(18): 5551-5569.

[17]　Lu C, Tang Z. Advanced inorganic nanoarchitectures from oriented self-assembly. Advanced Materials, 2016, 28(6): 1096-1108.

[18]　Yan J, Bloom M, Bae S C, et al. Linking synchronization to self-assembly using magnetic Janus colloids. Nature, 2012, 491(7425): 578-581.

[19]　Yu J, Yang L, Zhang L. Pattern generation and motion control of a vortex-like paramagnetic nanoparticle swarm. The International Journal of Robotics Research, 2018, 37(8): 912-930.

[20]　Snezhko A, Aranson I S. Magnetic manipulation of self-assembled colloidal asters. Nature Materials, 2011, 10(9): 698-703.

[21]　Breen T L, Tien J, Scott R, et al. Design and self-assembly of open, regular, 3D mesostructures. Science, 1999, 284(5416): 948-951.

[22]　Gobre V V, Tkatchenko A. Scaling laws for van der waals interactions in nanostructured materials. Nature Communications, 2013, 4: 2341.

[23]　Miele E, Raj S, Baraissov Z, et al. Dynamics of templated assembly of nanoparticle filaments within nanochannels. Advanced Materials, 2017, 29(37): 1702682.

[24]　Palacci J, Sacanna S, Steinberg A P, et al. Living crystals of light-activated colloidal surfers. Science, 2013, 339(6122): 936-940.

[25]　Cademartiri L, Bishop K J M. Programmable self-assembly. Nature Materials, 2015, 14: 2-9.

[26] Whitesides G M, Grzybowski B. Self-assembly at all scales. Science, 2002, 295(5564): 2418-2421.

[27] Mao X, Chen Q, Granick S. Entropy favours open colloidal lattices. Nature Materials, 2013, 12(3): 217-222.

[28] Chen Q, Bae S C, Granick S. Directed self-assembly of a colloidal kagome lattice. Nature, 2011, 469(7330): 381-384.

[29] Yu J, Wang B, Du X, et al. Ultra-extensible ribbon-like magnetic microswarm. Nature Communications, 2018, 9: 3260.

[30] Deng H, Li X, Peng Q, et al. Monodisperse magnetic single-crystal ferrite microspheres. Angewandte Chemie, 2005, 117(18): 2842-2845.

[31] Lee H, Dellatore S M, Miller W M, et al. Mussel-inspired surface chemistry for multifunctional coatings. Science, 2007, 318(5849): 426-430.

[32] Choi C K K, Zhuo X, Chiu Y T E, et al. Polydopamine-based concentric nanoshells with programmable architectures and plasmonic properties. Nanoscale, 2017, 9(43): 16968-16980.

[33] Li J, Shklyaev O E, Li T, et al. Self-propelled nanomotors autonomously seek and repair cracks. Nano Letters, 2015, 15(10): 7077-7085.

[34] Wang C, Wang C, Huang Z, et al. Materials and structures toward soft electronics. Advanced Materials, 2018, 30(50): 1801368.

第12章

集群运动的生物混合吸附剂
——高效去除有毒重金属

环境科学作为集群运动的另一重要应用，近日也吸引了很多研究者的目光。环境中重金属离子的不断累积正对生物系统构成严重威胁。利用各种微/纳米材料和微/纳米操控的吸附手段可以快速、高效地去除各种污染物。我们通过在经水热处理的真菌孢子上原位生长磁性 Fe_3O_4 纳米粒子，制得了一种生物杂化吸附剂。这种有机/无机多孔孢子@Fe_3O_4 生物杂化吸附剂（porous spore@Fe_3O_4 biohybrid adsorbents，PSFBA）具有多孔结构和高吸附性成分，能够有效吸附和去除重金属离子。与磁驱动微纳机器人技术相结合可以使磁性 PSFBA 实现可控集群运动，相比静态的吸附剂，它对多种重金属离子的吸附能力更强且吸附时间更短。我们展示了通过磁驱动使 PSFBA 以集群形式进入狭窄流体通道的实验。当利用磁驱动微纳机器人集群技术使这些吸附剂在污水中运动时，污水中的铅离子浓度迅速从 5 ppm① 降低到 0.9 ppm，其效果优于静态且未经加工的吸附剂。此外，这种磁驱动的 PSFBA 经过简单的分离和后处理后便可重新使用，四次连续的循环实验很好地支撑了这一结果。生物实体与微纳机器人集群移动技术的结合将为环境修复中污染物的净化铺出一条极具前景的道路。

12.1 ▶ 引言

重金属被广泛应用于工业、农业和各种人类活动中，然而过度使用使其进入水源中并在整个食物链中累积，成为长久以来生态环境和公众健康的严重威胁[1]。许多重金属，如铜、镍、钴、锌、镉、铬、铅等，都被证明对生物体具有蓄积毒性并具有较长的生物半衰期。即使是微量的重金属，久而久之也可能导致皮肤病、呼吸系统疾病以及一些癌症[2, 3]。在过去的几个世纪里，环境中重金属的逐渐累积已为我们敲响警钟，因此当务之急便是开发新的材料和技术，以一种绿色、高效、

① 1ppm=10^{-6}。

可重复使用的方式去除重金属。人们提出了许多化学、物理和生物方法来处理重金属污染，包括化学沉淀、膜过滤法、吸附、离子交换和电化学处理技术等等[4-6]。

吸附法操作简单、效率高、副产物危害小，被普遍认为是一种经济有效的重金属污染处理方法[7, 8]。一般来说，吸附性能在很大程度上取决于吸附剂的性质。迄今为止，已有大量的有关功能材料作吸附剂的报道，这些材料都展现出了良好的去除污染能力[9-11]。源自生物体的天然材料由于来源丰富、数量繁多并且具有多糖、蛋白质、肽聚糖、磷壁酸等成分，正逐渐被用作吸附剂。得益于对金属离子的新陈代谢以及上述优点，如细菌、真菌、藻类等微生物，在存活时或死亡后都能大量吸收重金属[12-14]。这使得它们能在成分复杂的溶液中快速而高效地分离出金属离子，使其浓度从 ppm 级降到 ppb①级。这些微生物来源丰富、环境友好、吸附能力强，是实现以绿色高效的方法去除重金属的理想生物吸附材料[15]。然而，这种生物吸附过程仍是建立在本征扩散传质上，即使吸附剂有着优异的表面化学成分和结构，其去除效率的提高也受到了极大的限制。此外，吸附剂的收集和重复利用也限制了实际工作效率。因此有必要引入其他方法来加速传质同时实现重复利用。

新兴的微/纳米技术能在微/纳米材料中引入新的维度，因而在解决上述挑战时大有可为[16, 17]。目前已有文献报道成功使用化学催化的微纳机器人清除多种污染物[18-20]。与静态微/纳米级修复材料相比，这些动态的微纳机器人具有更强的吸附能力（约为 4～5 倍）以及更短的处理时间（对于相同容量仅需 1/5 的原时间）[20, 21]。连续运动不仅可以加快扩散以及液体混合，而且利于在狭窄空间内的操作。然而，目前的研究主要集中在以贵金属铂作为 H_2O_2 分解的催化剂，从而实现化学催化自驱动[21, 22]。这种运动无法长时间持续，而且可能会受废水复杂成分的影响而导致催化剂中毒[23]。此外，这种微纳机器人对制造工艺和原材料有很高的要求。因此，开发用于环境修复的高效、低成本的微纳机器人技术具有一定的挑战性。磁驱动微纳机器人技术因其远程且精确的控制、可重复使用、生物相容性以及实用性而受到广泛关注[24, 25]。此外，磁驱动微纳机器人可控的集群行为使它们表现出更强的能力，这是因为作为一个群体移动会加剧对流以及混合[26, 27]。得益于磁性微纳机器人技术与自然生物材料的结合，具有多种功能的生物杂化磁性微纳机器人正在生物医学领域崭露头角[28, 29]。从这种生物杂化微纳机器人身上汲取经验，可以给我们带来环境修复的灵感，尤其是对于污染物的去除。我们希望对现有微生物进行适当的磁化处理，从而将生物质的良好吸附能力与磁性微纳机器人技术相结合，简便地制备出生物混合杂化吸附剂。由此所得的生物混合杂化吸附剂可作为动态微纳机器人，是有机生物体组分与无机磁性组分的完美结合。

---

① 1ppb=10^{-9}。

在本章研究中，我们通过在经简单预处理的真菌孢子上原位生长磁性 Fe_3O_4 纳米粒子，制得了具备受控运动能力的生物混合杂化吸附剂。得益于预处理后的灵芝孢子与 Fe_3O_4 粒子层的协同作用，制得的 PSFBA 展现出强大的去除污水中重金属的能力，并且在外加磁场作用下可作为磁性微机器人进行可控运动。采用磁驱动微纳机器人集群移动技术可使这种磁性 PSFBA 具有更高的吸附能力与更短的去除时间。此外，可以很容易地用磁铁收集使用后的 PSFBA，通过简单的酸处理和超声再分散，便可将其重新用于循环去污过程。

12.2 结果与讨论

PSFBA 的制造方法详见实验部分，其一般步骤为原始孢子的水热处理，以及随后磁性纳米粒子的化学浴沉积（chemical bath deposition，CBD）。如图 12-1 所示，首先对灵芝孢子进行水热处理，使其产生大小不一的孔隙以及部分组分的转化。随后沉积 Fe_3O_4 纳米粒子，便获得了能在受污染溶液中可控游动的 PSFBA。利用经水热处理的孢子和磁性纳米粒子的固有吸附特性[30, 31]，这种生物杂化吸附剂可以通过磁驱动下的集群运动快速去除污水中的重金属。这些群集的 PSFBA 在使用后可通过恒定的磁场收集，浸入稀酸并且超声再分散后便可重新使用。

生物孢子在自然界中随处可见且数量丰富，由于其复杂的三维结构和作为传统草药的治疗作用，现已被广泛用于生物模板合成以及生物医学应用[32-34]。已有报道制得了多种基于孢子的杂化物，它们都具有优异的性能[32, 35, 36]。真菌孢子作为一种遗传载体，其组成类似于天然的真菌类生物质。虽然之前没有关于将真菌孢子作为生物吸附剂的报道，但考虑到天然真菌生物质对金属离子固有的吸附能力，我们选择用灵芝孢子制备生物杂化吸附剂。如图 12-2 所示，完整的孢子具有液滴状的形态，平均尺寸为 $6\sim10~\mu m$。放大图像显示其表面粗糙且有褶皱，并分布有一些直径为 $100\sim400~nm$ 的小孔 [图 12-2（b）]。从破开的孢子扫描电镜图中可以看到它具有空心结构以及双层孢子壁，壁间隙为 $0.5\sim1~\mu m$ [图 12-2（c）]。然而天然孢子具有相对较低的比表面积（$6.7~m^2/g$），这种结构特征使其吸附能力不尽如人意。此外，有报道称灵芝孢子的双壁中含有大量的几丁质（约 60%），这是一种坚硬且适应性强的含氮多糖，可与重金属离子螯合[37-39]。傅里叶变换红外光谱（FTIR）[图 12-2（k）] 中大量的羧基、羟基和含氮基团以及 XRD 图谱 [图 12-2（j）] 中的非晶态峰都表明孢子内存在几丁质。上述结构和组成特征，加上 $-29.0~mV$ 的高表面负电荷，使灵芝孢子不仅可以作为生物吸附剂，而且容易用纳米材料对其进行进一步的功能化。然而，其固有的低比表面积和几丁质的存在仍然限制了它的吸附能力。

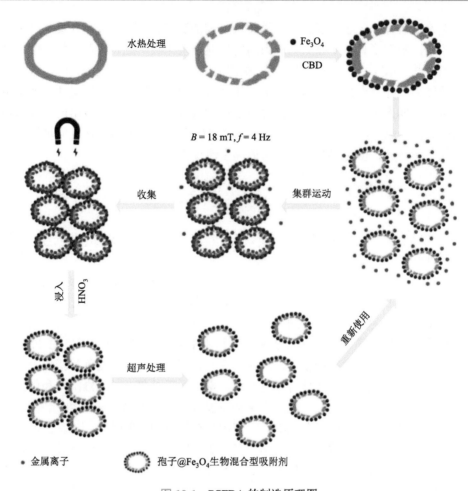

水热处理

• Fe₃O₄

CBD

$B = 18 \text{ mT}, f = 4 \text{ Hz}$

收集　　　　　集群运动

浸入 HNO₃

超声处理

重新使用

• 金属离子　　　○ 孢子@Fe₃O₄生物混合型吸附剂

图 12-1　PSFBA 的制造原理图

通过外加磁场使其进行连续集群运动以去除重金属离子和循环利用过程

　　为了提高吸附能力，我们希望通过水热处理获得具有高比表面积的孢子。在 180℃ 加热 24h 后，孢子液滴状的形态保持良好［图 12-2（d）］。值得注意的是，放大后的图片显示孢子壁上形成了许多大小不一的孔［图 12-2（e）～（f）］，这使得其比表面积增加到 146.6 m²/g。此外，从图 12-2（j）、（k）中可以看出水热处理后的多孔孢子（porous hydrothermally-treated spores，PHS）与原始孢子具有相似的峰，这说明 PHS 继承了灵芝孢子中丰富的官能团。这可能是因为水热条件下几丁质发生部分脱乙酰基或分解。这一过程形成的产物，如壳聚糖，由于暴露出了游离氨基，能比几丁质螯合更多的金属（5～6倍）[40]。稳定的表面负电荷、多孔结构以及有利的衍生物将使 PHS 具有强的吸附能力。进一步赋予 PHS 磁性可以得到磁性多孔生物杂化吸附剂，从而实现重复利用以及在狭小空间内的操作。如图 12-2（g）～（i）所示，即使在表面生长 Fe_3O_4 纳米粒子，孢子液滴状形态及多孔特征仍然没有改变。这些纳米粒子的大小约为 20～100 nm，均匀包覆在 PHS 的孢子壁上，在外表面形成厚度约为 140 nm 的 Fe_3O_4 粒子层。它们的随机聚集使得一部分孢子壁仍然处于暴露状态，并且导致比表面积增大。XRD 图谱 [图 12-2（j）] 中的特征峰对应 Fe_3O_4 相与生物孢子，表明形成了有机/无机 PSFBA。此外，对比它们的 FTIR 光谱可以发现官能团得到了很好的保留 [图 12-2（k）]。重要的是，随着纳米粒子的积累，PSFBA 的比表面积不断增加，并且由于沉积过程氨基的去质子化以及羧基在碱性铵溶液中的分解，其表面负电荷也增多。上述的这些特征，连同已报道的 Fe_3O_4 的吸附能力[31, 41]，使我们制得的 PSFBA 吸附能力优于原始孢子和 PHS。

设计良好的 PSFBA 除了吸附性能提高之外，由于磁性 Fe_3O_4 纳米粒子的成功包覆，还表现出良好的超顺磁性。可以利用磁驱动微纳机器人技术控制磁性 PSFBA 在液体中运动，从而增强扩散传质以及实现远程、无线微操控，最终使吸附加速并且实现在难以到达区域的吸附。因此，我们首先研究了磁性 PSFBA 的运动性能，以达到优化操控和完成复杂任务的目的。利用磁驱动技术，可以将 PSFBA 作为微机器人，操控其在外加磁场作用下以不同的方式在溶液中进行运动。如图 12-3（a）所示，超过 13 s 的追踪轨迹展示了 PSFBA 在污水中运动 60min 后仍能进行规则、连续且可控的运动。此外，图 12-3（b）中的定量分析显示了 PSFBA 在纯水和污水中不同时刻的平均速度。在污水中的速度随着时间的推移几乎保持稳定（约 28.2 μm/s）。与纯水相比仅下降了约 10%，说明这种动态生物混合微纳机器人吸附剂不受其他离子和 pH 的干扰，具有良好的稳定性。这种磁驱动运动也具有良好的可控性，可以通过调节外加磁场参数来控制。因此，利用磁驱动微纳机器人技术可以使 PSFBA 以持续且高效的方式运动，并能实现精确控制与导航，以用于长时间的重金属去除过程。现有的燃料驱动修复微机器人易受许多因素影响，如燃料、被测样品的性质、复杂的结构设计以及不良副反应[42, 43]，PSFBA 的性能与之相比更加优越。再与静态的吸附剂相比，PSFBA 的运动是其优势所在，能使它性能提升、易于在复杂环境中操作并且在使用后能简便地进行后处理。

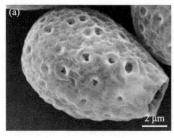
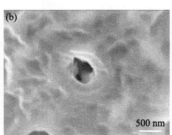
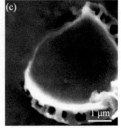

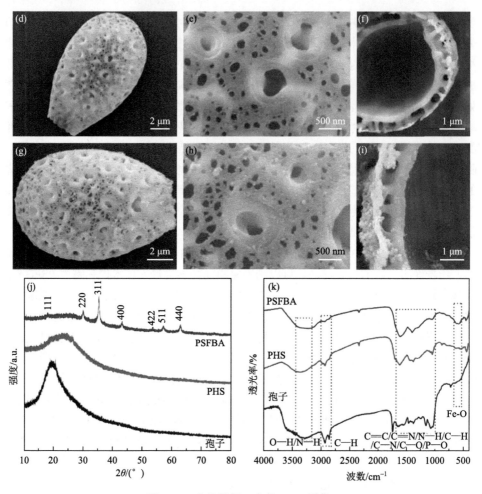

图 12-2　产物的低、高倍 SEM 图像

（a）～（c）原始孢子；（d）～（f）PHS；（g）～（i）PSFBA；（j）原始孢子、PHSs 和 PSFBA 的 XRD 图谱；
（k）原始孢子、PHSs 和 PSFBA 的 FTIR 光谱；

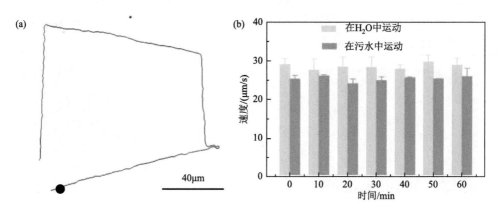

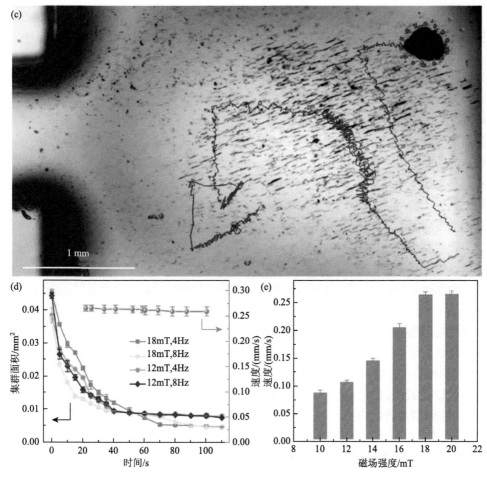

图 12-3　单个磁性 PSFBA 和 PSFBA 集群的游动行为

（a）在污水中运动 60min 后的 13s 追踪轨迹；（b）在纯水与污水中运动不同时间后的速度对比；（c）集群生物
混合吸附剂在污水中超过 86s 的连续运动轨迹图，磁场场强 18 mT，频率 4 Hz；（d）运动过程中动态 PSFBA 集
群的面积、速度与时间的关系；（e）PSFBA 集群的速度取决于磁场强度

　　然而，在实际的环境修复中，往往需要使用大量的动态生物杂化吸附剂来大规模去除重金属污染物。单独一个 PSFBA 的运动并不适用于这种情况，因此有必要对动态 PSFBA 的集群行为进行研究。之前有报道，磁性微纳机器人能像一些有生命的微生物一样表现出集体或集群行为[44]。这种集体移动或集群运动的微纳机器人能完成单个微纳机器人无法胜任的特殊任务[45,46]。在此基础上，我们进一步研究了磁性 PSFBA 集群的运动规律，以期将其投入实际应用。在外加磁场作用下，数十个磁性 PSFBA 表现出同方向的同步运动，这说明了用磁场控制集群运动的可行性。即使当磁性 PSFBA 的数量增加到成千上万个时，PSFBA 集群也能像扫地机器人一样作为一

个整体运动，表现了大量 PSFBA 良好的集群运动能力 [图 12-3（c）]。图 12-3（d）进一步显示了在不同的磁场参数下，PSFBA 集群的面积随着时间的推移逐渐减小。高的磁场强度会使群集的生物混合吸附剂面积减小，有利于进行可控运动；而频率的变化对面积没有明显的影响，这是由于磁相互作用占主导地位以及其他表面弱相互作用诱导聚集。PSFBA 集群的速度随着时间的推移或面积的减小保持稳定，这说明 PSFBA 的聚集没有改变它的移动速度 [图 12-3（d）]。如图 12-3（e）所示，更高的磁场强度使 PSFBA 集群产生更快的移动速度，达到 266.3 μm/s 后即使继续增加场强，速度也保持稳定。在去污操作完成后，可将处于收缩和聚集状态的 PSFBA 集群在超声作用下重新分散。通过上述运动分析以及与单个动态吸附剂或分散的静态吸附剂进行比较，可以看出这种运动可控的 PSFBA 集群由于具有更强的传质能力以及更大的反应面积，对环境污染物具有优异的吸附与去除能力。

我们利用 COMSOL Multiphysics 的机械旋转及变形模块对动态 PSFBA 周围的流体流场进行了模拟。无论是单独还是集群的吸附剂，它们的运动都能导致周围流体的定向流动与混合。如图 12-4（a）所示，单个 PSFBA 的运动导致其周围流体的定向流动（如白色箭头所示）。其速度可以达到 900 μm/s，而产生的流场只局限在吸附剂附近的小范围区域内。当 PSFBA 数量增加时，多个 PSFBA 分散运动所产生的流场速度最大值似乎没有明显变化。由于单个吸附剂运动产生的小流场的叠加，分散的 PSFBA 会产生较大的流场或低速流动影响区 [图 12-4（b）]。值得注意的是，当这些分散的 PSFBA 聚集起来并集群运动时，它们会产生更高的定向流动速度以及更大范围的流体旋转，如图 12-4（c）所示。当有成千上万个 PSFBA 时，在模拟中可以将 PSFBA 集群视作一个像扫地机器人一样运动的整体，如图 12-4（d）所示。它的运动产生了显著的流场和高达 3500 μm/s 的流动速度，远远大于单个 PSFBA 与分散的 PSFBA。这样的高流速与大流场加剧了溶液内溶质的扩散与混合，同时也加快了其中的反应，从而使 PSFBA 能够快速且高效地吸附并去除污染物。基于上述运动特性和仿真分析，磁性 PSFBA 可以直接作为微机器人集群，高效地去除污水中的重金属。

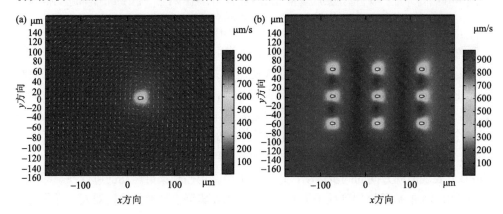

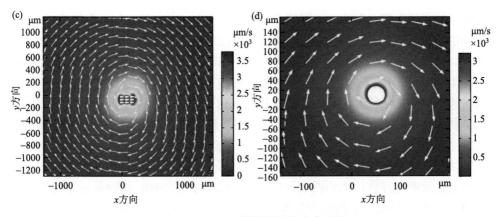

图 12-4　PSFBA 周围流场的仿真结果

（a）单个运动 PSFBA；（b）数个运动 PSFBA；（c）数个 PSFBA 的集群；（d）成千上万个 PSFBA 的集群；
白色箭头表示流体流速方向，彩色等值线表示由图例标记的流速大小

　　我们进行了相关的概念验证实验，以验证动态 PSFBA 去除重金属离子的能力。所有去除实验均在含 5 ppm 重金属离子的水溶液中进行，没有任何其他添加物。考虑吸附剂的集群运动，被测样品的密度在被污染溶液中保持 0.2 mg/mL（约 $1 \times 10^4 \sim 1 \times 10^5$ mL^{-1}）不变。图中所有的测试值都是在相同条件下三次独立实验结果的平均值。图 12-5（a）给出了 PSFBA 集群在受污染溶液中静止或者运动 60 min 后，对 Pb(II)、Cd(II)、Hg(II)、Mn(II)、Co(II)、Ni(II)、铁离子等多种重金属离子的去除能力。静态和运动的磁性 PSFBA 集群均表现出一定的去除能力，其去除率分别为 27.3%～48.3%（静态）以及 29.2%～85.2%（集群运动），这是因为 PSFBA 继承自灵芝孢子的官能团具有良好的离子螯合能力。值得注意的是，集群运动能力使得动态 PSFBA 对重金属离子（铁离子除外）的去除效率明显提高（约 2～3 倍）。这可能是由于在 PSFBA 的制备过程中 PHS 吸附铁离子达到了饱和，并且铁离子也有可能被释放到被测溶液中。然而铁离子的释放量很低（每 0.2 mg 的 PSFBA 释放约 20 ng），对 PSFBA 磁性的影响微不足道，因而也不会影响 PSFBA 的长时间使用以及循环利用。上述结果表明，PSFBA 的集群运动产生的流体流动与混合加快了传质，从而加速了重金属离子的吸收，其效果优于通常依赖扩散产生的吸附。

　　为了进一步评价动态 PSFBA 去除能力的提升程度，我们以 Pb(II)离子为例对其去除过程进行了比较。控制 PSFBA 集群在受污染溶液中停留或者运动不同时间（0min、5min、10min、15min、20min、30min、40min 以及 50min），0min 组受污染溶液中只含有铅离子，没有加入 PSFBA。图 12-5（b）显示了分别用静态和运动的 PSFBA 集群去除铅离子时，在 50min 内处理时间对离子含量的影响。当 PSFBA 集群在受污染溶液中处于静止状态时，由于扩散导致的吸附会使铅浓

度随时间缓慢下降，在 50min 时降至 57.4%［图 12-5（b）灰线］。与静止时相比，运动的 PSFBA 集群在 15min 内便可从受污染溶液中迅速去除一半以上（剩余 48.7%）的铅。值得注意的是，随着处理时间延长至 50 min，铅浓度可降至初始值的 18.9%。去除效率如此大幅的提高可能是由 PSFBA 集群运动和旋转所引起的微对流使扩散加快所致。正如之前文献的报道[47, 48]，运动维度的引入不仅增加了重金属向 PSFBA 表面的运动以及它们之间接触的机会，而且可以使大量 PSFBA 很好地群集在受污染溶液中，易于到达难以到达的位置。相比而言，静态的 PSFBA 聚集体在没有磁场作用的情况下扩散速度较慢，并随时间推移逐渐沉到底部，使得与重金属的相互作用大幅减少。图 12-5（d）中的 EDX 图像显示了使用后的 PSFBA 表面存在明显的铅元素分布，证明了污水中铅离子的成功去除。而在未使用过的 PSFBA 的 EDX 图像中没有发现铅的分布，直接证明了 PSFBA 对铅离子的吸附。PSFBA 表面对铅离子的高效吸附能力可归结于源自孢子的表面官能团（羧基和氨基）以及 Fe_3O_4 纳米粒子优异的吸附能力[49, 50]。官能团上存在的氧基团、孤对电子和离域 π 电子可以作为路易斯碱，使 PSFBA 能与作为路易斯酸的重金属离子结合[47, 51]。

此外，PSFBA 的结构在去污过程中没有被明显地影响或破坏，仍保持其初始状态，如图 12-5（d）所示。这一发现使得 PSFBA 可以在清洗后重新使用，循环测试实验进一步支撑了这一点。将使用过的 PSFBA 进行循环利用，四个循环去除过程的综合去除效率如图 12-5（c）所示。每个循环过程持续 50min，并且实验条件与上述去除铅离子的研究相同。经稀硝酸简单处理 1h 后便可实现对使用后的 PSFBA 的再利用。即使有少量 Fe_3O_4 被稀硝酸侵蚀溶解，这一处理过程对 PSFBA 的整体形态结构以及磁驱动和连续再利用均无明显影响。采用磁控制从受污染溶液中移除使用过的 PSFBA 后，对剩余溶液进行电感耦合等离子体质谱（ICP-MS）分析以获取其铅离子浓度。经过四个连续的循环后，被重复利用的 PSFBA 在进行集群运动下展现出超过 78% 的去除率，与初次使用及后续循环时的去除率（约 80.8%～85.3%）相当。这些结果表明了 PSFBA 在去除污染物方面的巨大潜力。

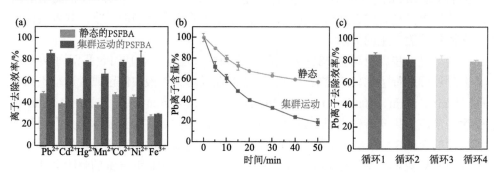

图 12-5　使用静态与动态 PSFBA 集群的修复效果对比

（a）对几种重金属离子的去除效率；（b）修复时间对铅去除效果的影响；（c）后处理过的 PSFBA 集群的再利用效率，误差棒表示标准差；（d）用于去污后的磁性 PSFBA 的 SEM 及相应的 EDX 图像，显示了 C、O、Fe、Pb 的分布情况；比例尺为 1 μm

12.3　本章总结

　　本课题组通过对灵芝孢子进行简单水热处理并随后进行化学沉积，开发出了一种基于多孔结构和磁性覆层的磁性生物杂化吸附剂。PHS 从灵芝孢子中继承了丰富的表面官能团，赋予了这种生物杂化吸附剂更多的活性位置以及更强的螯合能力，可以更好地捕捉重金属离子。Fe_3O_4 纳米粒子不仅能使生物杂化吸附剂进行连续、可控的集群运动，实现高效的扩散分离，同时其自身也具有较高比表面积，可以进行物理吸附。由于引入了大小不一的孔洞、高吸附能力的组分以及纳米粒子，制得的 PSFBA 比生物原材料具有更好的去除污染物的能力。与静态吸附剂相比，以集群模式运动的 PSFBA 去除多种重金属的时间更短，效率更高。在外加磁场作用下，它们能够在 15min 内使污水中的 $Pb(II)$ 从 5 ppm 快速降到 2.4 ppm，最终在处理时间为 50min 时降到 0.9 ppm。此外，这些 PSFBA 可以被导向高度局限的流体通道中用以去除其中的重金属。经过简单的酸再生处理，可以将它们快速分离并循环利用。与现有的燃料驱动吸附剂相比，这种新型的运动基生物杂化吸附剂为环境修复提供了一个更好的动态平台。这种生物杂化技术也可以扩展到其他生物材料，如微藻、细菌、花粉粒和酵母菌等，以用于微纳机器人制造及环境应用。

参 考 文 献

[1]　Azizullah A, Khattak M N K, Richter P, et al. Water pollution in Pakistan and its impact on public health—a review.Environment International, 2011, 37(2): 479-497.

[2]　Jaishankar M, Tseten T, Anbalagan N, et al. Toxicity, mechanism and health effects of some heavy metals. Interdisciplinary Toxicology, 2014, 7(2): 60-72.

[3]　Li Z, Ma Z, Kuijp T J V D, et al. A review of soil heavy metal pollution from mines in China: pollution and health risk assessment. Science of the Total Environment, 2013, 468: 843-853.

[4]　Santhosh C, Velmurugan V, Jacob G, et al. Role of nanomaterials in water treatment applications: a review. Chemical Engineering Journal, 2016, 306: 1116-1137.

[5]   Ersahin M E, Ozgun H, Dereli R K, et al. A review on dynamic membrane filtration: materials, applications and future perspectives. Bioresource Technology, 2012, 122: 196-206.

[6]   Khin M M, Nair A S, Babu V J, et al. A review on nanomaterials for environmental remediation. Energy & Environmental Science, 2012, 5(8): 8075-8109.

[7]   Adeleye A S, Conway J R, Garner K, et al. Engineered nanomaterials for water treatment and remediation: costs, benefits, and applicability. Chemical Engineering Journal, 2016, 286: 640-662.

[8]   Li R, Zhang L, Wang P. Rational design of nanomaterials for water treatment. Nanoscale, 2015, 7(41): 17167-17194.

[9]   Lu F, Astruc D. Nanomaterials for removal of toxic elements from water. Coordination Chemical Reviews, 2018, 356: 147-164.

[10]   Aragay G, Pons J, Merkoçi A. Recent trends in macro-, micro-, and nanomaterial-based tools and strategies for heavy-metal detection. Chemical Reviews, 2011, 111(5): 3433-3458.

[11]   Fu F, Wang Q. Removal of heavy metal ions from wastewaters: a review. Journal of Environmental Management, 2011, 92(3): 407-418.

[12]   Saha B, Orvig C. Biosorbents for hexavalent chromium elimination from industrial and municipal effluents. Coordination Chemical Reviews, 2010, 254(23-24): 2959-2972.

[13]   Gupta V K, Nayak A, Agarwal S. Bioadsorbents for remediation of heavy metals: current status and their future prospects. Environmental Engineering Research, 2015, 20(1): 1-18.

[14]   Bilal M, Shah J A, Ashfaq T, et al. Waste biomass adsorbents for copper removal from industrial wastewater—a review. Journal of Hazardous Materials, 2013, 263(2): 322-333.

[15]   Kavamura V N, Esposito E. Biotechnological strategies applied to the decontamination of soils polluted with heavy metals. Biotechnology Advances, 2010, 28(1): 61-69.

[16]   Wang J, Chen C. Biosorbents for heavy metals removal and their future. Biotechnology Advances, 2009, (2): 27: 195-226.

[17]   Li J, de Ávila B E F, Gao W, et al. Micro/nanorobots for biomedicine: delivery, surgery, sensing, and detoxification. Science Robotics, 2017, 2(4): eaam6431.

[18]   Moo J G S, Pumera M. Chemical energy powered nano/micro/macromotors and the environment. Chemistry-A European Journal, 2015, 21(1): 58-72.

[19]   Jurado-Sánchez B, Wang J. Micromotors for environmental applications: a review. Environmental Science: Nano, 2018, 5(7): 1530-1544.

[20]   Wang H, Potroz M G, Jackman J A, et al. Bioinspired spiky micromotors based on sporopollenin exine capsules. Advanced Functional Materials, 2017, 27(32): 1702338.

[21]   Wang H, Khezri B, Pumera M. Catalytic DNA-functionalized self-propelled micromachines for environmental remediation. Chem, 2016, 1(3): 473-481.

[22]   Jurado-Sánchez B, Sattayasamitsathit S, Gao W, et al. Self-propelled activated carbon Janus micromotors for efficient water purification. Small, 2015, 11(4): 499-506.

[23]   Moo J G S, Wang H, Zhao G, et al. Biomimetic artificial inorganic enzyme-free self-propelled microfish robot for selective detection of Pb^{2+} in water. Chemistry-A European Journal, 2014, 20(15): 4292-4296.

[24]   Fischer P, Ghosh A. Magnetically actuated propulsion at low Reynolds numbers: towards nanoscale control. Nanoscale, 2011, 3(2): 557-563.

[25]   Chen X Z, Hoop M, Mushtaq F, et al. Neutralization kinetics of bovine viral diarrhea virus by hyperimmune serum:

one or multi-hit mechanism. Applied Materials Today, 2017, 9(1): 37-45.

[26]　Yu J, Wang B, Du X, et al. Ultra-extensible ribbon-like magnetic microswarm. Nature Communications, 2018, 9(1): 3260.

[27]　Wang B, Chan K F, Yu J, et al. Reconfigurable swarms of ferromagnetic colloids for enhanced local hyperthermia. Advanced Functional Materials, 2018, 28(25): 1705701.

[28]　Yan X, Zhou Q, Yu J, et al. Magnetite nanostructured porous hollow helical microswimmers for targeted delivery. Advanced Functional Materials, 2015, 25(33): 5333-5342.

[29]　Yan X, Zhou Q, Vincent M, et al. Multifunctional biohybrid magnetite microrobots for imaging-guided therapy. Science Robotics, 2017, 2(12): eaaq1155.

[30]　Zhang Y, Chan K F, Wang B, et al. Spore-derived color-tunable multi-doped carbon nanodots as sensitive nanosensors and intracellular imaging agents. Sensors and Actuators B: Chemical, 2018, 271: 128-136.

[31]　Zhang W X. Nanoscale iron particles for environmental remediation: an overview. Journal of Nanoparticle Research, 2003, 5(3-4): 323-332.

[32]　Mundargi R C, Potroz M G, Park S, et al. Lycopodium spores: a naturally manufactured, superrobust biomaterial for drug delivery. Advanced Functional Materials, 2016, 26(4): 487-497.

[33]　Banerjee J, Biswas S, Madhu N, et al. A better understanding of pharmacological activities and uses of phytochemicals of Lycopodium clavatum: a review. Journal of Pharmacognosy Phytochemistry, 2014, 3(1): 207-210.

[34]　Lu Q Y, Sartippour M, Brooks M, et al. Ganoderma lucidum spore extract inhibits endothelial and breast cancer cells *in vitro*. Oncology Reports, 2004, 12(3): 659-662.

[35]　Mundargi R C, Potroz M G, Park S, et al. Natural sunflower pollen as a drug delivery vehicle. Small, 2016, 12(9): 1167-1173.

[36]　Potroz M G, Mundargi R C, Gillissen J J, et al. Plant-based hollow microcapsules for oral delivery applications: toward optimized loading and controlled release. Advanced Functional Materials, 2017, 27(31): 1700270.

[37]　Ma J, Fu Z, Ma P, et al. Breaking and characteristics of Ganoderma lucidum spores by high speed entrifugal shearing pulverizer. Journal of Wuhan University of Technology(Materials Science Edition), 2007, 22(4): 617-621.

[38]　Kumar M N V R. A review of chitin and chitosan applications. Reactive and Functional Polymers, 2000, 46(1): 1-27.

[39]　Dursun A Y, Uslu G, Tepe O, et al. A comparative investigation on the bioaccumulation of heavy metal ions by growing *Rhizopus arrhizus* and *Aspergillus niger*. BioChemical Engineering Journal, 2003, 15(2): 87-92.

[40]　Bailey S E, Olin T J, Bricka R M, et al. A review of potentially low-cost sorbents for heavy metals. Water Research, 1999, 33(11): 2469-2497.

[41]　Kumari M, PittmanJr C U, Mohan D. Heavy metals [chromium(VI)and lead(II)] removal from water using mesoporous magnetite(Fe_3O_4)nanospheres. Journal of Colloid & Interface Science, 2015, 442: 120-132.

[42]　Xu T, Gao W, Xu L P, et al. Fuel-free synthetic micro-/nanomachines. Advanced Materials, 2017, 29(9): 1603250.

[43]　Zhao G, Viehrig M, Pumera M. Challenges of the movement of catalytic micromotors in blood. Lab on a Chip, 2013, 13(10): 1930-1936.

[44]　Liu C, Xu T, Xu L P, et al. Controllable swarming and assembly of micro/nanomachines. Micromachines, 2017, 9(1): 10.

[45]　Yu J, Xu T, Lu Z, et al. On-demand disassembly of paramagnetic nanoparticle chains for microrobotic cargo delivery. IEEE Transactions on Robotics, 2017, 33(5): 1213-1225.

[46] Suk H H, Yan L, Joo Beom E, et al. Responsive alginate-cisplatin nanogels for selective imaging and combined chemo/radio therapy of proliferating macrophages. Quantitative Imaging in Medicine and Surgery, 2018, 8(8): 733-742.

[47] Vilela D, Parmar J, Zeng Y, et al. Graphene-based microbots for toxic heavy metal removal and recovery from water. Nano Letters, 2016, 16(4): 2860-2866.

[48] Parmar J, Vilela D, Villa K, et al. Micro-and nanomotors as active environmental microcleaners and sensors. Journal of the American Chemical Society, 2018, 140(30): 9317-9331.

[49] Yan G, Viraraghavan T. Heavy-metal removal from aqueous solution by fungus Mucor rouxii. Water Research, 2003, 37(18): 4486-4496.

[50] Hu J, Chen G, Lo I M C. Removal and recovery of Cr(VI)from wastewater by maghemite nanoparticles. Water Research, 2005, 39(18): 4528-4536.

[51] Zhao G, Ren X, Gao X, et al. Removal of Pb(II)ions from aqueous solutions on few-layered graphene oxide nanosheets. Dalton Transactions, 2011, 40(41): 10945-10952.

第13章

微纳机器人的未来应用与挑战

微纳机器人领域自诞生以来便受到了社会各界的广泛关注。这种可以小至纳米尺度的机器人，能将多种多样的能量转化为动力，是人类在微观世界中的"双手"。本书前面的章节以本实验室的研究成果为中心，介绍了微纳机器人发展、设计、控制以及集群的相关研究进展。微纳机器人的实际应用一直以来都是人们关注的热点，在这方面，本书中介绍了利用微纳机器人实现细菌毒素的检测、导电通道的构建、有毒重金属的去除等。近年来，科学家们在微纳机器人的设计、制造、驱动与控制等方面取得了令人瞩目的研究成果，赋予了微纳机器人强大的力量以及多样的功能，使得它们有望广泛应用于生物医学、环境保护以及安全与工业等领域。在不久的将来，微纳机器人将从实验室中走进人们的日常生活，为提升人们的生活质量做出重要贡献。本章将重点介绍微纳机器人在生物医学领域的未来应用与挑战。

13.1 微纳机器人在医学领域的未来应用

在微纳机器人的诸多未来应用中，生物医学领域的应用是最令人期待的。与具有大型机械结构的传统机器人不同，医疗机器人需要小型化的部件和智能材料来与人体组织相适应，并进行精确复杂的操作。目前机器人系统在微创手术中已被广泛采用，例如，达芬奇手术机器人便能将外科医生的肢体动作转换为医疗器械微小而精确的移动，从而提升手术的精度与成功率。随着机械臂的技术提升，达芬奇手术机器人变得更加灵活。近期，单孔微创机械人手术系统更可以透过单一切口，把多支手术工具及一个镜头放进患者体内，在患者体内如鼻咽、下咽部、前列腺和结肠等部位进行多个复杂而精密的手术程序[1]。然而现有的医疗机器人尺寸仍相对较大且缺乏柔性，很难深入到人体内某些难以到达的部位，如细小狭窄的腔道以及具有生物屏障的部位等。微纳机器人的出现为医疗机器人的发展注入了活力，提供了新的思路。它们仿佛是为体内医疗应用而生的，其微小的尺寸、多样化的功能结构以及可精确操控的特性完美地契合了生物医学应用的需求，将为医疗领域的发展带来巨大的变革。

随着微纳机器人领域研究的日益成熟、新的成果不断涌现，科学家们已经开始思考并尝试将它们用于实际的临床医疗中，特别是体内医疗。这是微纳机器人发展中最激动人心也是最为困难的一步，需要全世界科研人员的共同努力。有不少世界各地的研究团队正积极合作，结合各方研究的所长，携手研究和促进微纳机器人的技术应用于临床[2, 3]。虽然距离真正的体内应用尚有一段距离，但可以肯定的是，人体内的世界将是属于微纳机器人的舞台。它们将会成为最优秀的“外科医生”，能通过复杂的生物介质或狭窄的毛细血管进入人体中进行局部诊断、切取活检标本、靶向药物递送等。

微纳机器人的驱动不需要任何电池或者电线，光能、热能、电能都可以作为它们的动力源。而本书中重点介绍的用于微纳机器人驱动的磁场具有低强度、低频率，能够有效地穿透生物组织且对生物体无害，是微纳机器人驱动的理想选择。此外，许多微纳机器人是由具有生物相容性的材料制成的，不会使人体产生排斥反应，并且可以在完成任务后自动降解。现有的研究成果表明，微纳机器人能有效地穿透生物组织，并且在生物体内长时间保持进行高效运动的能力。这些尺寸微小、可无线操控的机器人与现有的侵入式医疗机器人以及被动型药物载体相比有过之而无不及，将成为未来医疗机器人的重要发展方向，对医学领域的各个方面产生重大影响。

在本书中多次提及的靶向递送是微纳机器人体内应用的重要方向之一，很多微纳机器人结构以及集群的设计便是以实现人体内的靶向给药为目标。现有的体内药物递送载体通常依赖于体循环，缺乏主动的控制与精确的导航，往往无法到达指定部位，在血液循环中流失，降低药物递送的效率及造成不同的副作用。而理想的体内药物递送载体需要具备一些独特的能力，包括主动性递送、可控的药物装载与释放以及穿透某些人体组织的能力。微纳机器人作为一种新型的药物运输工具，仿佛是根据靶向给药的需求“量身打造”的一般，是未来体内靶向药物递送的理想载体。这些微纳机器人能像货车一样载着治疗所需的药物，经人体内的血管或穿过某些组织主动地快速到达病变区域，在释放药物后自行降解，从而提高治疗效果并减少药物的副作用。

利用微纳机器人进行靶向药物递送的研究目前尚处于初期阶段，研究人员利用人造微型管道以及仿生流体模拟人体内的场景，已经取得了不错的进展。本实验室提出的孢子微机器人以及由纳米粒子组成的微群便能用于药物递送，在前文中有关于体外实验的介绍。在微通道中，微纳机器人可以携带着药物灵活自如地运动，由化学、物理或生物方式驱动，并在外部条件改变时释放自身运载的药物。这些引发药物释放的外界因素包括温度、光、磁场以及 pH 等。在未来的体内靶向给药中，可以根据不同的应用部位来选择适合的驱动方式以及药物释放条件。

例如，应用于胃部的微纳机器人可以设计成由胃酸驱动，在获得持续动力的同时使自身分解，在指定位置（如胃壁处）释放药物并且不留下有毒物质。使用热敏感材料或 pH 敏感材料包覆可使微纳机器人在人体内的特定位置被激活，避免因"药不对症"而伤害身体其他部位。在微纳机器人驱动中广泛应用的磁场同样也能作为靶向给药中药物释放的信号。某些具有特殊结构设计的微纳机器人在磁场变化时会自动打开"舱门"，释放其内部的药物。而通过调整磁场同样也能使携带着药物的微纳机器人集群在到达目标区域后自动分散，将药物留下后自身被排出体外。目前，研究人员已在动物的胃肠道以及眼球等部位进行了微纳机器人靶向给药的体内试验。相信在不久之后，人体内的血管、内脏、大脑甚至特定的细胞之中也能看见它们的身影，它们将携带着药物准确地到达指定位置，真正实现"药到病除"。

外科手术通常需要复杂且精准的操作，利用机器人系统帮助医生进行手术可以大幅降低手术的难度并提高成功率，从而实现高精度的微创手术。然而，与某些人体结构相比，现有的医疗机器人尺寸仍然相对较大，它们在面对人体内一些难以到达的部位时同样无能为力。微纳机器人或许是突破医疗机器人发展瓶颈的关键，这些能在人体内自由移动的微型机器人将极大地提升外科手术的精度，解决目前的许多医学难题。这些微纳机器人同样可以由多种方式驱动，并且针对不同的任务设计成不同的形状，能够直接穿透或获取细胞组织，进行精确手术。与现有外科手术不同的是，它们能在人体内最细的毛细血管中运动，进行细胞水平的微操作。例如，将微纳机器人设计成钳子或爪子的形状，便能利用它们在人体内难以触及的部位捕获组织和细胞，用于活体组织检查。与传统的微型手术钳相比，它们摆脱了线缆的束缚，并且更加灵活，可根据外部信号的变化打开或关闭。利用磁场穿透能力强的特性，可以驱动纳米级的磁性"手术刀"在人体内进行精确的手术，如创建细胞级的切口以作为药物传输通道，或是直接切除病变组织。超声波和一些具有生物相容性的化学燃料能为微纳机器人提供强大的动力，同样可以作为微纳机器人在生物体内进行手术时的动力源。再配合特殊的形状设计（如子弹形），微纳机器人能以极快的速度轻易地穿透较厚的生物组织，将药物快速送入人体深处，或是直接破坏、切除病变组织。结合精确的医学成像与控制系统，微纳机器人可以使未来手术的精度提升至细胞甚至亚细胞水平，在精准手术方面具有极大的应用前景。

微纳机器人能灵活运动、易于表面功能化的特性使其可以在成分复杂的生物介质中有效地捕获并分离目标分析物，在疾病诊断方面具有巨大潜力。传统的临床检测方法主要依赖被动扩散进行，难以同时实现低成本、高灵敏度以及短检测时间。相比之下，微纳机器人可以通过连续不断的运动加剧溶液的混合、加强被测物质的扩散并引发动态反应，最终加快反应速率、展现出更强的检测能力。其表面包覆的受体能与特定的生物分子相结合，保证了检测的可靠性、敏感性以及特异性。本实验室使用荧光磁性孢子微机器人实现了针对难辨梭菌毒素高选择性、高灵敏度的远程检测（详见第 4 章）。对于其他的目标物质（如蛋白质、核酸、癌细胞等），都可以利用相应的受体与微纳机器人搭配，以达到快速检测的目的[4, 5]。除了在细胞外部环境中检测目标物，微纳机器人还能进入细胞之中，对深藏于细胞内部的某些物质（如遗传物质）进行检测。在未来，将微纳机器人应用于检测威胁人们身体健康的致病细菌和毒素可以使临床诊断以更快的速度进行。对于传统检测方法难以查明的致病原因，微纳机器人也能深入人体之中一探究竟。这将在很大程度上帮助疾病的早期防治，有利于提高人们的生活质量[4]。

当然，微纳机器人在医疗领域的应用不会局限于上述几个方面。例如，与生物传感的原理类似，微纳机器人也可以作为强大的解毒工具，用于体内毒素的清除。而同一个微纳机器人或许也能集多种功能于一身，如在外加磁场引导下到达体内指定位置后进行手术切除病变组织并释放治疗药物，或是在检测到特定毒素后自动将其吸收。对于体内应用来说，使用先进的医学成像设备对微纳机器人在体内的位置以及状态进行观察是必不可少的一环，精确的控制装置同样十分重要。随着这一领域的不断发展、新型功能的不断开发（如将微纳机器人与自动控制系统相结合），微纳机器人的能力将变得越来越强。它们不仅可以作为受人们控制的高效医疗工具，甚至自身也能成为医术高超的"医生"，能在复杂的体内环境中自主完成疾病诊断到治疗的整个过程。

13.2 医疗微纳机器人未来发展的挑战

将微纳机器人投入实际应用，尤其是医学相关应用中是这一领域科研人员的共同梦想，一直以来都激励着研究者们不断为微纳机器人设计新型组成结构、开发新型驱动机制。经过数十年的努力，微纳机器人已经成为集纳米技术与机器人系统的优点于一身的新型多功能平台。它们能在复杂的微通道中快速而精确地移动、携带大量"货物"进行长途运输、在成分复杂的生物液体中精确捕获或分离目标物质。微纳机器人的这些功能展示了它们在体内应用中的巨大潜力，然而应用于人体之中绝非易事，目前的实验研究也大多是在体外环境中进行的。想要充分发挥这些微纳机器人的潜力，将其广泛投入实际应用，需要付出巨大的努力并解决一系列难题。

在医学伦理中最著名的概念"primum non nocere"（拉丁语意思是首要考虑切勿伤害到患者），即任何的医疗技术都不应该伤害到患者。因此，医疗微纳机器人在体内应用的安全问题和副作用是医学应用研究中的最大挑战。应用于体内的微纳机器人必须具高生物兼容性，避免对患者身体造成伤害。同时，微纳机器人需要具可生物降解性，或可被病人身体排出体外的特性。此外，医疗微纳机器人研究中另一难题就是"医疗微纳机器人的'杀手级'应用在哪里？"。虽然微纳机器人经过多年的研究后已经展示出多种具有体内应用潜力的功能，但现时仍未有研究人员在临床或临床前成功展现微纳机器人具体可以应用的部位和可以治疗的疾病。因此，探索医疗微纳机器人应用的临床前以及临床研究在今后将会是此领域中最重要的课题，以证明医疗微纳机器人的前景和价值。

从工程学角度来看，在微纳机器人领域，运动是永恒的研究主题，人体内微纳机器人的驱动同样是一个关键的技术问题。在现有的许多体外实验中，微纳机器人由化学燃料（如 H_2O_2）驱动，可以达到较高的运动速率。然而，这些化学燃料通常对人体来说是有害的，并且驱动过程需要消耗活性物质（如镁、锌、铝），无法保持长时间的稳定运动，不适合直接应用于体内。因此，微纳机器人体内应用所面临的一个重大挑战便是找到一种具有生物相容性、可精确调控并且长期稳定的动力源。基于这些方面的考量，有学者提出利用生物体液中的一些成分（如血糖或尿素）为酶功能化的微纳机器人提供动力；或是将微纳机器人与一些微生物或细胞结合，利用这些生物体自身的运动能力来进行移动。由外场驱动的微纳机器人无需化学燃料便能进行持续运动，在人体内有极大的应用前景。例如，本书中重点介绍的磁场，能穿透人体组织并对人体无害，而且可以根据需要进行调节，非常适合于体内应用。此类微纳机器人与化学燃料驱动的微纳机器人相比速度较慢，而且其驱动系统较为复杂，需要精心设计以保证控制精度。

不管是以何种方式驱动的微纳机器人，它们的制造材料都需要满足一定的要求。首先，应用于体内的微纳机器人需要使用具有生物相容性的材料制备，以保证其不会对人体组织造成毒害作用。人体内有着错综复杂的血管网络以及变化的环境成分，因此多种不同类型的智能材料（如生物材料、响应材料、软材料）也需要被应用于微纳机器人中，以应对复杂的人体环境并赋予微纳机器人更多的功能。例如，柔软、可变形的微纳机器人在人体内可自由地通过最细的血管而不造成堵塞，由响应材料制成的微纳机器人可根据外界条件的变化对自身进行调整。大多数微纳机器人都需要在完成指定任务后消失，因此它们的成分应该是可生物降解的，这也需要根据具体的应用部位选择合适的可降解材料。作为植入物留在体内、监测器官功能的微纳机器人则需要使用稳定性强的材料。总而言之，微纳机器人的设计有很大一部分属于材料科学，研究人员需要不断寻找或开发新型材料以满足医疗微纳机器人的各方面需要。尖端加工制造方法（如 3D 纳米打印技术）的飞速发展以及新型智能材料的出现使得大规模制造高质量、低成本的医用微纳机器人成为可能，将加快微纳机器人投入实际应用的脚步。

在临床应用中，研究人员需要能够清楚地看到人体内的微纳机器人。然而，目前的成像技术，如放射、超声、红外和磁共振成像普遍缺乏足够的分辨率和灵敏度。医学中常用的核磁共振成像一般能分辨出直径约 300μm 的结构，足以用于血管的成像。具有更高磁场强度（10T 左右）的磁共振成像可分辨 100μm 的结构，但设备价值昂贵。而且磁共振成像的分辨率会随着扫描速度的提高而降低。在体内应用中，理想的成像设备至少应该能够分辨出距离皮肤 10 cm 以下尺寸为 50μm 左右的微纳机器人，并且在它们移动时（速度为每秒几十微米）也能较好地追踪。科研人员需在改进成像设备的同时也可以考虑令微纳机器人发出更强的信号以提升成像效果。

同时，我们也认为，医疗微纳机器人虽然有望可以到达在现时医疗器具难以到达的部位做治疗，但单靠微纳机器人做长距离的体内运送是非常困难。为了加快医疗微纳机器人于人体内的应用和转化，一个值得尝试的手段是利用现有的医疗工具作微纳机器人的递送手段。例如，先通过介入式导管等的医疗工具在病灶附近的部位释放微纳机器人集群，然后主动地把微纳机器人驱动到狭窄的腔道或具有特殊生物屏障的病灶部位。结合现有的医疗导管技术和微纳机器人技术，有望降低微纳机器人在体内动态环境下的流失和长距离运送的难度，以实现局部诊疗的目的。

医疗微纳机器人发展中所面临的挑战远远不止于此。微纳机器人集群比单个的微纳机器人具有更强大的功能，它们在靶向给药中能运载更多的药物，在成像系统中也可以大幅提高可辨识度，能执行许多单个机器人无法完成的任务[5,6]。然而，集群的运动与形态控制更加难以实现，仍需大量的研究。微纳机器人的智能化也是需要解决的难题，未来微纳机器人的生物医学操作将需要使其与现代成像系统和反馈控制系统相结合，以实现单个微纳机器人或微纳机器人集群的自动控制。

医疗机器人的发展离不开跨学科的合作。例如，微创手术中的利器——内镜手术机器人[7]便是医学专家丰富的临床经验与机械工程专家精妙的机械设计结合的成果。微纳机器人作为一门交叉学科，其发展必然也需要跨学科的合作。要想实现微纳机器人在医疗等领域的应用，机器人技术、材料科学、电子工程、机械工程、自动化工程、计算机科学、生物医学等领域的研究者们应通力合作，共同攻克难关。此外，科学研究也不能闭门造车，微纳机器人的发展需要放眼世界，不同国家、不同院校、不同课题组之间的交流合作更容易碰撞出不一样的火花。香港中文大学与苏黎世联邦理工学院（ETH Zurich）、伦敦帝国学院（Imperial College London）以及约翰·霍普金斯大学（Johns Hopkins University）于2020年合作成立了"医疗机械人创新技术中心"[3]，医疗微纳机器人便是该中心的重点研究方向之一。我们期待这一国际跨学科合作平台能成为微纳机器人蓬勃发展的沃土以及培养优秀微纳机器人研究者的摇篮，帮助微纳机器人早日登上临床医疗应用的舞台。

展望未来，微纳机器人领域的研究将始终充满活力，研究者们的奇思妙想也将不断涌现。未来的微纳机器人可以继续从自然生物体中获取灵感，模仿它们可变形的结构、适应环境的能力、集群行为，甚至自我进化和自我复制的能力。当困扰微纳机器人发展的难题被一一解决之后，理查德·费曼所构想的"能进入体内的外科医生"或许便会成为现实，电影《奇妙旅程》中的场景也将出现在人们的日常生活之中。而属于微纳机器人的"奇妙旅程"才刚刚开始，它的未来充满着无限的可能，将由我们共同书写。

参 考 文 献

[1]　香港中文大学. 中大完成全球首个多专科单孔微创机械人手术临床研究, 证明新技术有效深入以往难达位置进行精准治疗. https://www.cpr.cuhk.edu.hk/sc/press_detail.php?id=2955[2020-02-01].

[2]　香港中文大学. 港韩瑞三地学者联手研究顶尖医学科技——创新纳米技术治疗消化道及心血管疾病. https://www.cpr.cuhk.edu.hk/sc/press_detail.php?id=2659[2020-02-01].

[3]　香港中文大学. 中大与世界顶尖学府加强跨学科医疗机械人研究合作——重塑医学诊断和治疗的未来发展. https://www.cpr.cuhk.edu.hk/sc/press_detail.php?1=1&1=1&id=2969[2020-02-01].

[4]　Materials Views Editorial Department. 功能化微/纳米机器人的检测和移除应用. https://www.materialsviews-china.com/2019/02/33732/[2020-2-01].

[5]　Zhang C. Swarms of microrobots show there is power in numbers—To transform microrobots into swallowable surgeons, researchers are taking advantage of their strength in swarms. https://cen.acs.org/materials/molecular-machines/Swarms-micror obots-show-power-numbers/97/i41[2020-02-01].

[6]　Wang C. Hong Kong scientists develop new 'nano-swarm' robots. https://edition.cnn.com/2018/09/04/health/nano-swarm-robots-intl/index.html[2020-02-01].

[7]　香港中文大学. 中大在内镜技术取得重大突破——成功完成全港首宗无创内镜机械人手术. https://www.cpr.cuhk.edu.hk/sc/press_detail.php?1=1&1=1&id=1213[2010-02-01].

关键词索引